世界名犬
驯养百科

THE COMPLETE
DOG
BREED
BOOK

（英）吉姆·丹尼斯-布莱恩 编著　　章华民 译

河南科学技术出版社
·郑州·

目　录

护理和训练

犬类介绍

INTRODUCTION TO DOGS

什么是犬？ （WHAT IS A DOG?）

犬类从野生肉食动物进化为家庭宠物的过程深受人类干预的影响，人们仅用数百年时间便繁育出犬类的众多品种，但计划繁育并未消除野狼祖先赋予犬类的基本生物特征。

犬是群居动物

犬类的进化

所有犬类都拥有其共同的祖先——野生灰狼。尽管这种血缘关系在某些品种（如德国牧羊犬或狐狸犬）身上特征明显，表现为狼族头型和竖耳，但在另外一些品种身上却难觅踪迹，如小贵宾犬和圣伯纳犬。从遗传学角度来说，任何品种的犬都带有与狼近乎相同的基因。从野生灰狼到今天已知的众多驯化犬类的进化相当快。这一进程起初是渐进的，犬的体型和大小变化并无规律，但当人类开始选育所需特征突出的犬只时，进程开始加速。

源自野性

犬类是人类最早驯化的动物，但究竟野狼于何时、何地从野外进入人类居住地并与人为伴仍然没有定论。考古学帮助我们缩小了犬类进化时间和地域的可能范围。研究发现，人类骨骼和犬类遗骸共存的墓葬最早见于中东，这表明犬类从野狼进化为驯化动物的演变过程最可能的发源地应该是中东，时间约为1.5万年前。

早期的野狼可能为食物和散落的废弃物所吸引而悄然接近人类部落居住地，这些伺机觅食的狼往往被人类猎杀而获取其肉和皮毛。随着时间的流逝，人类开始驯化喂养失去父母的狼崽，它们作为群居动物很容易为人类所豢养。狼充当捕猎助手和防范入侵者接近的警卫等优秀潜质一经发现，便开始服务人类部落，犬类的驯化也拉开了序幕。据推测，在早期选育过程中，人们只挑选喂养那些体格强壮、易于驯养或对猎物嗅觉敏锐的狼。数百年后，对狼的选育开始复杂化。人们对狼的皮毛、肤色、脾性和特殊技能进行精心改良和培育，最终繁殖出成百上千种犬，它们体型繁多，大小各异。犬类喂养者为了培养理想品质而采用的选育方法在岁月中发生了变化，一些犬种

犬科谱系图：

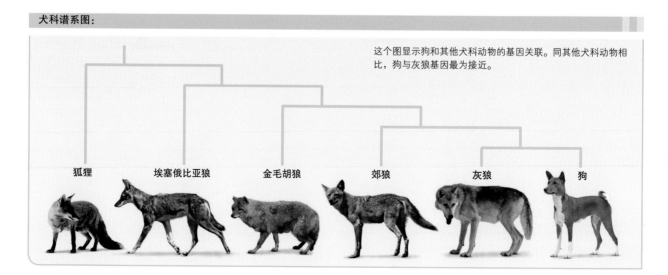

这个图显示狗和其他犬科动物的基因关联。同其他犬科动物相比，狗与灰狼基因最为接近。

狐狸　　埃塞俄比亚狼　　金毛胡狼　　郊狼　　灰狼　　狗

犬科动物的体型使之成为高效的捕猎者。图中的魏玛猎犬完全保留了祖先的体型，奔跑速度惊人且优雅。

特性被逐渐淘汰，而另外一些则被固定为培养标准，许多犬类新品种都是在过去的150年里由选育者引入的。

犬类DNA

在过去，一个犬种的历史资料由文字记录、图片和该品种以往培育者和主人传承下来的其他信息组成。今天，DNA（脱氧核糖核酸）分析技术可以让人们跟踪像毛色和体型大小这样的犬类特征的遗传历程，并且研究不同犬种之间的异同。最重要的是，研究犬类DNA可以发现哪些犬种会有特定的遗传性疾病和遗传病风险（见338、339页）。科学家在2005年利用一只拳师犬的基因排列出第一个完整的犬类基因组（一个生物体拥有的完整基因信息）。即使运用基因技术，弄清一个特定犬种的培育史也并非易事。一些犬种虽被认为是古老品种，但基因证据表明它们其实是现代犬种的衍生品。除个别犬种外，今天人们已知的大多数犬种的繁育历史不早于19世纪。

犬的解剖

肉食动物的生存依赖其发现和捕捉猎物的高效率的身体构造，这种生理特征在犬类身上非常典型。虽然人类花费了大量精力来改造犬类体型，但所有犬类的基本身体构造是相同的。

犬类的骨骼结构经过进化能很好地提供速度、力量和灵活性。高度灵活的脊椎和自由运动的前肢能使犬以大距离的跨步奔跑。犬类最重要的骨骼特征体现在腿部。两块大的前腿骨（即桡骨和尺骨）扣合在一起，使犬能够在奔跑中迅速转向而不至于骨骼扭曲和断裂；与人类分开的腿腕骨不同，犬的两根腿腕骨在进一步的演化过程中融合在一起，使其在直线运动中具备力量和稳定性。再加上长而有力的脚趾和像跑鞋鞋钉般的利足，犬的四肢构造令其在奔跑、跳跃和转向时具有高度的可操控性。

犬属于肉食动物，犬类的解剖学构造适应以肉类为主食，尽管有机会的话，驯养的犬几乎能吃任何食物。犬的牙齿可用来对付坚韧的食物，如兽皮、肉类和骨头等，口腔前部的四颗大犬牙用来抓住和撕咬猎物，带有特别改良进化的肉食齿的下颌一侧用来舔舐肉类。犬的胃容量惊人，由于肉食可被迅速消化，犬的肠道较短。

群体思维
合作是犬科动物的固有习性，大多数家犬将主人视为群体领袖。

犬类的眼睛拥有广角视野，在远距离时可发挥最佳效能，对运动物体的感觉也极为敏锐。犬能通过眼角余光捕捉到百米开外一只兔子的活动，但在近视距内犬的视力却不太好用，这也说明了为什么有时你的狗狗发现不了地面上近在鼻子底下的玩具。犬类很少利用对复杂色彩的视觉感知功能，因为它们眼中的色彩感知细胞比人类要少很多。敏锐的听觉和声向定位能力对野生猎犬不可或缺，拥有像野狼一样的竖耳的犬种可能比垂耳的犬种更具敏锐的听觉，而后者更依赖视觉和嗅觉来捕猎。犬的听觉高度敏锐，能听到人类听觉所不及的更高频率的声音信号。嗅觉是犬最重要的感官功能，犬靠嗅闻来感知周围环境。犬脑中解读气味的区域比人脑中的相关区域大40倍，鼻腔中的气味感知细胞也比人类多得多。一个人约有500万个气味感知细胞，而一只小型犬就拥有接近1.3亿个，以嗅觉灵敏著称的犬种，如猎犬，气味感知细胞数量可多达2亿~3亿个。

与人类不同，犬类除了脚掌下，全身皮肤都没有汗腺，为

图中一只刚毛腊肠犬和一只爱尔兰猎狼犬在腿部长度上的巨大差异显示了犬类品种的多样性。

了冷却体温，它们必须将舌头吐出口腔并不停喘息。犬的舌头分泌大量唾液，一部分唾液蒸发从而帮助降低体温。

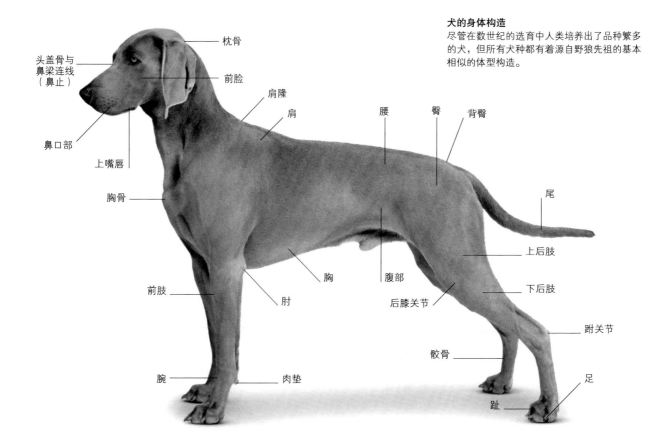

犬的身体构造
尽管在数世纪的选育中人类培养出了品种繁多的犬，但所有犬种都有着源自野狼先祖的基本相似的体型构造。

枕骨

头盖骨与鼻梁连线（鼻止）

前脸

肩隆

腰　臀　背臀

肩

鼻口部

上嘴唇

胸骨

尾

胸

腹部

上后肢

前肢

肘

后膝关节

下后肢

腕

肉垫

髌骨

跗关节

足

趾

头型

所有犬种的头型都可视为三种基本头型（即长头型、中间头型和短头型）的变异。大多数犬拥有长宽比例适度的中间头型；长头型形状窄长，几乎看不出头盖骨与鼻梁的连线；短头型长度短而基底宽大。

长头型
（萨卢基猎犬）

中间头型
（德国指示犬）

短头型
（斗牛犬）

耳型

许多犬种长有同原始犬科动物一样敏锐竖立的耳朵，但经过几个世纪的计划繁育，产生了耳型众多的犬只，大致可分为竖耳、半竖耳和垂耳三种。这三种类型里又有许多变型，如竖耳型中的烛焰耳。耳型往往是定义一个犬种的主要特征，比如猎犬通常生有长长的垂耳。耳型显著影响犬的整体外观，良好的形状和仪态是公认优良犬类的重要特征，在官方发布的犬类标准中多有精确的描述。

竖耳
（阿拉斯加雪橇犬）

烛焰耳
（俄罗斯玩赏犬）

纽扣耳
（哈巴狗）

垂耳
（布罗荷马獒犬）

玫瑰耳
（灵堤）

吊耳
（寻血猎犬）

被毛类型

大多数犬种都像它们的野狼祖先一样有双层被毛，通常里面是由柔软浓密的里层被毛组成的保温层，外面覆盖着长度和质地不一的较硬的外被毛。一些像灵堤一样的犬种仅有一层被毛，还有一些品种因基因变异要么没有任何被毛，要么仅在头部和腿上有几缕被毛。

无毛
（中国冠毛犬）

短毛
（达尔马提亚犬）

卷毛
（贵宾犬）

线绒毛
（可蒙犬）

长直毛
（玛尔济斯犬）

长蓬毛
（京巴犬）

犬种分类

尽管许多品种各异的犬很早就为人们所认可，但其喂养方式直到20世纪早期才有了严格控制。犬主们组成俱乐部，互相合作交流，逐渐繁育出品种稳定的犬。这促成了有关犬只繁育规范的文本编写，包括犬的理想外形和变种、性情和适用功能。各类犬被登记在种犬目录中，以便在未来繁育中能参考追踪血缘谱系。

尽管存在记录详尽的犬种繁育标准，但迄今还没有被广泛接受的犬种分类标准。世界上主要犬种管理机构有英国犬舍俱乐部（KC）、拥有86个成员国组织的国际犬类联盟（FCI）和美国犬舍俱乐部（AKC）。这些组织将犬只大致按实用功能归类，但标准各不相同。英国和美国的犬舍俱乐部认可7组犬类，而国际犬类联盟认可10组，被这些组织认可的犬组中的细分种类数目也各不相同。

本书将所有犬种归属为九大主要组群：原始犬、工作犬、狐狸犬、视觉猎犬、嗅觉猎犬、梗犬、枪猎犬、伴侣犬和一部分杂交犬。本书对原始犬、视觉猎犬和狐狸犬的分类以公认的犬种基因关系为标准，有时会将某个品种列入与人们通常预期不同的类别。比如巴辛吉犬从功能上常被归为猎犬，但基因证据将其列为原始犬，本书和国际犬类联盟亦采用这种方法。对于其他犬种，本书采用更为传统和功能性的分类方法。

本书中的犬种分类方法

本书对每一犬组通过举例来图示犬种分类方法。

原始犬
22~31页
巴辛吉犬

工作犬
32~95页
布罗荷马獒犬

狐狸犬
96~123页
芬兰狐狸犬

视觉猎犬
124~135页
灵猩

嗅觉猎犬
136~185页
巴塞特猎犬

梗犬
186~219页
帕森罗赛尔狸

枪猎犬
220~259页
波旁指示犬

伴侣犬
260~281页
俄罗斯玩赏犬

杂交犬
282~291页
拉布拉多贵宾犬

如何使用犬种目录

犬的体高从足底测量至肩隆最高点，并图示与男性成年人身高之比

所属犬种类别

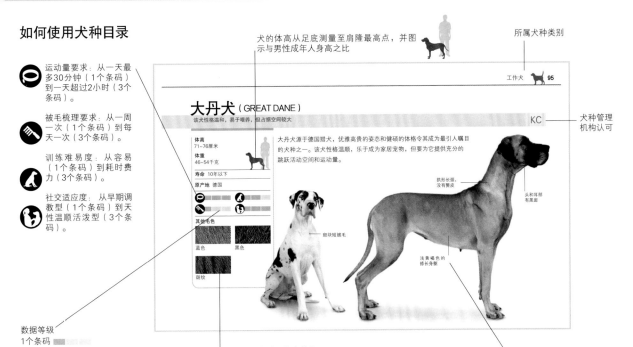

- 运动量要求：从一天最多30分钟（1个条码）到一天超过2小时（3个条码）。
- 被毛梳理要求：从一周一次（1个条码）到每天一次（3个条码）。
- 训练难易度：从容易（1个条码）到耗时费力（3个条码）。
- 社交适应度：从早期调教型（1个条码）到天性温顺活泼型（3个条码）。

工作犬 **95**

大丹犬（GREAT DANE）

该犬性格温和，易于喂养，但占据空间较大

KC

犬种管理机构认可

体高
71～76厘米
体重
46～54千克

寿命 10年以下

原产地 德国

大丹犬源于德国猎犬，优雅高贵的姿态和健硕的体格令其成为最引人瞩目的犬种之一。该犬性格温顺，乐于成为家居宠物，但要为它提供充分的跳跃活动空间和运动量。

拱形长颈，没有赘皮

头和耳部有黑斑

其他毛色

蓝色　黑色

斑纹

斑块短被毛

浅黄褐色的修长身躯

表明同一犬种毛色变化的样本

毛色信息

数据等级
1个条码
2个条码
3个条码

毛色

一些犬种只有一种毛色或一种组合色，但许多犬种有两到三种甚至更多的毛色变化。本书所呈现的毛色样本尽可能匹配每组犬种中公认的所有毛色，而不仅仅是本书图片中的犬种。

一个毛色样本可能代表一系列毛色。以下毛色样本在不同犬类养育标准中均有描述，但可能使用词汇不同，比如尽管都用红色描述许多红毛色的犬种，但本书会用宝石红色来描述查尔斯王猎犬和查尔斯王骑士猎犬。最终有一个基因样本用来代表不同毛色。

4.红色；宝石红色；牡鹿红色；深姜红色；沙红色；红黄褐色；红褐色；栗色；橙色；橙色和灰褐色

5.赤褐色；黄铜色

6.蓝色；蓝灰色；灰色

7.深褐色；褐色；巧克力色；枯叶色

8.黑色；近黑色；深灰色

9.黑色和棕黄色；查尔斯王猎犬色；黑灰色和棕黄色；黑色和褐色

10.蓝色和棕斑色；蓝色和棕黄色

11.赤褐色和棕黄色

1.奶油色；白色；白色和米黄色相间；淡黄色；黄色

2.灰色；灰白色；暗蓝灰色；铁灰色；灰斑色；狼灰色；银色

3.金黄色；黄褐色；杏色；饼干色；小麦色；沙色；深黄色；麦秆色；欧洲蕨色；各级浅黄褐色；黄红色；黑貂色

12.金色和白色（或以金色为主，或以白色为主）；白色和栗色；黄色和白色；橙白色和黑貂色；橙色和白色；柠檬色和白色

13.栗色、红色和白色；红白斑点

14.赤褐色和白色；褐色和白色（或以褐色为主，或以白色为主）；红色和灰褐色

15.棕黄色和白色（或以棕黄色为主，或以白色为主）

16.黑白色（或以黑色为主，或以白色为主）；黑白斑色；黑芝麻色；银黑色

17.黑色、棕黄色和白色；灰色、黑色和棕黄色；白色、巧克力色和棕黄色；查尔斯王幼犬色（Prince Charles）。以上亦称为三色

18.斑纹；黑色斑纹；深色斑纹；浅黄色斑纹；椒盐色；红色斑纹

19.不同色彩变体

选择适合你的狗狗（CHOOSING THE RIGHT DOG）

你所选择喂养的狗狗可能是你未来10~12年的亲密伴侣，所以选择正确的犬种非常重要。面对400多个运动量需求、训练难易度和被毛梳理要求各异的犬种，你可能会很困惑。这一节提供建议和实用的流程图帮你缩小选择的范围。

一只小狗会长成一只大狗，所以务必了解你要买的狗狗

完美搭配

你可能因外观而喜欢上某个犬种，或爱上一只容颜娇巧的狗狗，但一定要考虑你和未来的狗狗是否彼此适合，再做进一步决定。为了避免日后的麻烦和失望，先审视一下自身的生活方式并思考回答如下问题。

你是哪种家居类型，住在城市还是乡村？如果狗狗和主人想舒适共处，那么在小公寓决不能养大型犬，要记住精力极为充沛的小型犬也会占据很大空间。无论你是否有花园，都需要给狗狗提供安全散发热量和会见朋友的开放空间。你对房间整洁要求高吗？你能容忍乱飘的狗毛、滴落的口水和脏泥爪印吗？有爱犬在身边是不太容易保持房间整洁的。

你能给狗狗提供保持身心健康所需的运动量吗？一些犬主想喂养要求不高的伴侣犬，每天满足于短时间散步和长时间打盹。如果你自己的生活方式很活跃，可能需要一只活泼好动的狗狗帮你设定慢跑或徒步旅行的步速。大型犬不一定比小型犬需要更多的运动，一些大型犬生活方式安逸，而许多小型犬如

狭犬类则精力无穷。

你愿意投入多少精力梳理爱犬的被毛？长毛犬种外观漂亮，但需要精心护理，有些可能每天都需要梳理和解开缠结在一起的被毛。你还得考虑专业梳理的费用，一些犬种每天梳理容易，但需要定期修剪。

你的狗狗是否能成为包括孩子和其他宠物在内的家庭的一名新成员呢？在挑选一只可能足以撞倒幼童和老人的活跃的大型犬，或是天性喜欢追撵、威胁爱猫和天竺鼠的犬时，请务必谨慎。

你在日常生活中有足够的时间陪伴爱犬吗？狗狗不仅需要你每天花时间陪它散步，还同样需要你经常陪伴身旁。被遗忘太久的犬会感觉乏味和忧郁，从而具有破坏性。如果你一周都忙于工作而不能在家陪伴爱犬，你并不适合养它做宠物，除非你做出充分的看护安排。

养一只狗狗需要在财力和精力上长期投入。选择一只尽可能适合你的狗狗，它会成为你生活中的真正快乐。

如何使用选犬流程图

以下基于运动量需求、被毛梳理要求和训练难易度三项标准的流程图会帮你选择合适的犬种。先决定你需要的犬要求何种运动量，然后按以下路径选择合适的爱犬，还可以浏览犬种目录找到未在此列出的犬种。

运动量需求

高： 每天超过2小时

中等： 每天1~2小时

低： 每天最多30分钟

被毛梳理要求

高： 每天

中等： 一周一次以上

低： 一周一次

训练难易度

高： 训练难度大且耗时多

中等： 易于训练但需要耐心

低： 易于训练

高运动量犬种

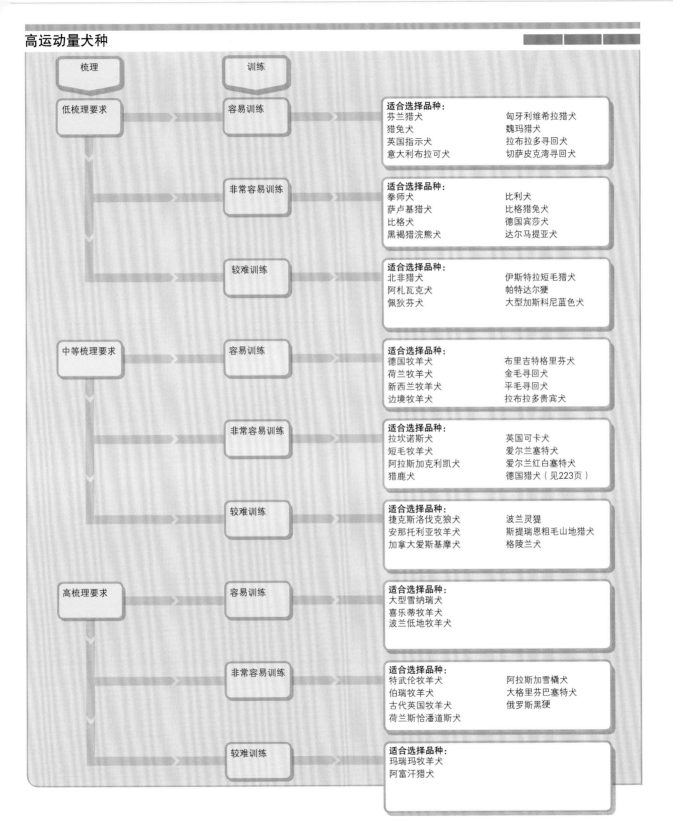

梳理	训练	
低梳理要求	**容易训练**	**适合选择品种：** 芬兰猎犬　　　　匈牙利维希拉猎犬 猎兔犬　　　　　魏玛猎犬 英国指示犬　　　拉布拉多寻回犬 意大利布拉可犬　切萨皮克湾寻回犬
	非常容易训练	**适合选择品种：** 拳师犬　　　　　比利犬 萨卢基猎犬　　　比格猎兔犬 比格犬　　　　　德国宾莎犬 黑褐猎浣熊犬　　达尔马提亚犬
	较难训练	**适合选择品种：** 北非猎犬　　　　伊斯特拉短毛猎犬 阿札瓦克犬　　　帕特达尔獚 佩狄芬犬　　　　大型加斯科尼蓝色犬
中等梳理要求	**容易训练**	**适合选择品种：** 德国牧羊犬　　　布里吉特格里芬犬 荷兰牧羊犬　　　金毛寻回犬 新西兰牧羊犬　　平毛寻回犬 边境牧羊犬　　　拉布拉多贵宾犬
	非常容易训练	**适合选择品种：** 拉坎诺斯犬　　　英国可卡犬 短毛牧羊犬　　　爱尔兰塞特犬 阿拉斯加克利凯犬　爱尔兰红白塞特犬 猎鹿犬　　　　　德国猎犬（见223页）
	较难训练	**适合选择品种：** 捷克斯洛伐克狼犬　波兰灵猩 安那托利亚牧羊犬　斯提瑞恩粗毛山地猎犬 加拿大爱斯基摩犬　格陵兰犬
高梳理要求	**容易训练**	**适合选择品种：** 大型雪纳瑞犬 喜乐蒂牧羊犬 波兰低地牧羊犬
	非常容易训练	**适合选择品种：** 特武伦牧羊犬　　阿拉斯加雪橇犬 伯瑞牧羊犬　　　大格里芬巴塞特犬 古代英国牧羊犬　俄罗斯黑梗 荷兰斯恰潘道斯犬
	较难训练	**适合选择品种：** 玛瑞玛牧羊犬 阿富汗猎犬

中等运动量犬种

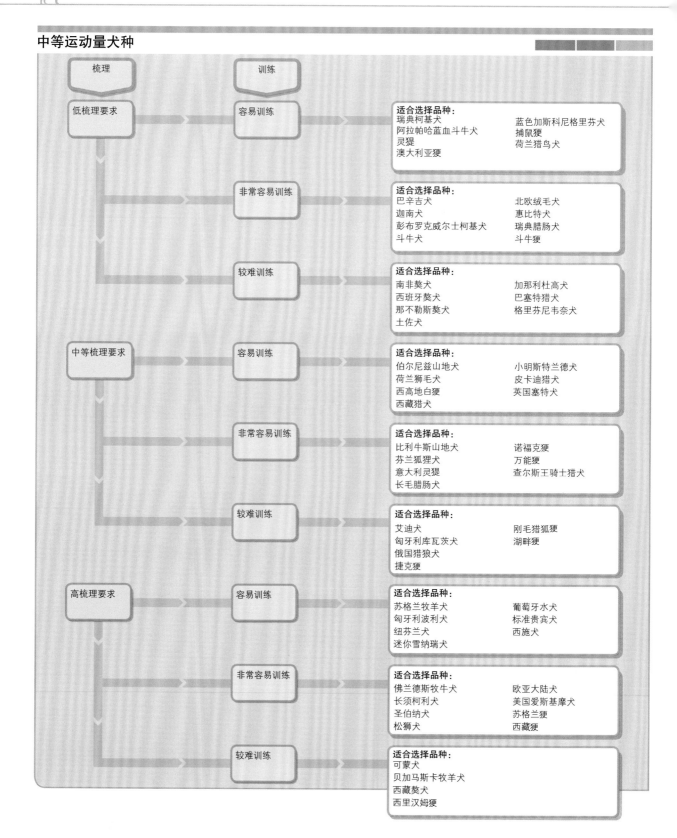

梳理	训练	适合选择品种：
低梳理要求	**容易训练**	瑞典柯基犬　　　　　蓝色加斯科尼格里苏犬 阿拉帕哈蓝血斗牛犬　捕鼠狸 灵猩　　　　　　　　荷兰猎鸟犬 澳大利亚狸
	非常容易训练	巴辛吉犬　　　　　　北欧绒毛犬 迦南犬　　　　　　　惠比特犬 彭布罗克威尔士柯基犬　瑞典腊肠犬 斗牛犬　　　　　　　斗牛狸
	较难训练	南非獒犬　　　　　　加那利杜高犬 西班牙獒犬　　　　　巴塞特猎犬 那不勒斯獒犬　　　　格里芬尼韦奈犬 土佐犬
中等梳理要求	**容易训练**	伯尔尼兹山地犬　　　小明斯特兰德犬 荷兰狮毛犬　　　　　皮卡迪猎犬 西高地白狸　　　　　英国塞特犬 西藏猎犬
	非常容易训练	比利牛斯山地犬　　　诺福克狸 芬兰狐狸犬　　　　　万能狸 意大利灵猩　　　　　查尔斯王骑士猎犬 长毛腊肠犬
	较难训练	艾迪犬　　　　　　　刚毛猎狐狸 匈牙利库瓦茨犬　　　湖畔狸 俄国猎狼犬 捷克狸
高梳理要求	**容易训练**	苏格兰牧羊犬　　　　葡萄牙水犬 匈牙利波利犬　　　　标准贵宾犬 纽芬兰犬　　　　　　西施犬 迷你雪纳瑞犬
	非常容易训练	佛兰德斯牧牛犬　　　欧亚大陆犬 长须柯利犬　　　　　美国爱斯基摩犬 圣伯纳犬　　　　　　苏格兰狸 松狮犬　　　　　　　西藏狸
	较难训练	可蒙犬 贝加马斯卡牧羊犬 西藏獒犬 西里汉姆狸

低运动量犬种

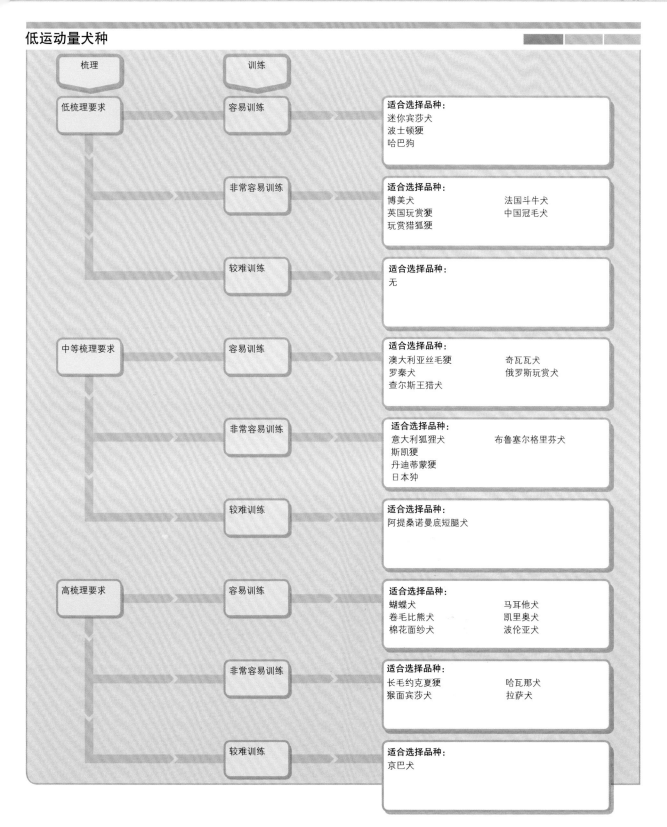

梳理	训练	适合选择品种
低梳理要求	容易训练	迷你宾莎犬 波士顿㹴 哈巴狗
	非常容易训练	博美犬　　　　　　法国斗牛犬 英国玩赏㹴　　　　中国冠毛犬 玩赏猎狐㹴
	较难训练	无
中等梳理要求	容易训练	澳大利亚丝毛㹴　　奇瓦瓦犬 罗秦犬　　　　　　俄罗斯玩赏犬 查尔斯王猎犬
	非常容易训练	意大利狐狸犬　　　布鲁塞尔格里芬犬 斯凯㹴 丹迪蒂蒙㹴 日本狆
	较难训练	阿提桑诺曼底短腿犬
高梳理要求	容易训练	蝴蝶犬　　　　　　马耳他犬 卷毛比熊犬　　　　凯里奥犬 棉花面纱犬　　　　波伦亚犬
	非常容易训练	长毛约克夏㹴　　　哈瓦那犬 猴面宾莎犬　　　　拉萨犬
	较难训练	京巴犬

寻找繁育者

如果你决定购买一只纯种狗，一定要找信誉好的繁育者。你熟悉的兽医或朋友的推荐最好，也可以查看一些犬舍俱乐部提供的繁育者名单；此外，带着准备好的问题清单亲自登门访问繁育者也是个好办法（可参考下一页的问题栏准备问题）。

好的繁育者会乐于提供给你充足的时间观察一窝幼犬，记住一定要观察和母犬及同伴待在一起的幼犬。幼犬不应单独放置，若有此现象，切勿从那里购买。种犬不一定在喂养者那里，如果在，可询问能否看看，因为成年犬的外观、行为和习性能帮你判断出要购买的幼犬未来的成长状况。

仔细观察幼犬和同伴及人的交流情况。一些幼犬从小就性格外向，活泼好动，不惧怕接近生人；而另外一些幼犬则不喜欢打闹，有些害羞和紧张。一只自信心强的小狗通常是购买的好选择，但一只更文静的小狗也许更适合你。但一定记住检查一下看似不太活泼的小狗是否有健康疾患而不能茁壮成长。

要预期繁育者也会问你一些问题。他们想知道你能给狗狗提供何种家庭氛围和生活方式，你是初次养犬还是有经验的犬主，是否知晓养狗所需的时间和费用。在访问喂养者之前做点知识准备工作，同时要坦诚回答问题。

一个好的繁育者应能提供兽医的相关参考意见和犬种认可资料。你还要确认一下繁育者是否提供"售后服务"，比如提

挑选幼犬
即使很小的幼犬也会表现出鲜明的个性。无论你是选择腼腆的还是霸道的狗狗，一定要确定它眼睛色泽明亮、皮毛清洁并看起来习惯于家庭环境。

供有关喂养和保健的建议。一旦达成购买协议，要确定当小狗8周龄大时就能领走它。

养狗场

绝不要从所谓的"养狗场"购买幼犬。这些养狗场只不过是一些犬种集中营，在那里狗狗们在不人道的环境中被圈养，拼命繁育，几乎没有任何健康呵护。也要避免在宠物商店购买幼犬，因为那里的幼犬血统不纯，还可能同样来自养狗场。还要小心出售犬类的广告，以免上当，交易养狗场犬只的商贩往往大肆刊登这类广告。

购买被救助的犬只

除非你拿定主意要从一个被认可的喂养者那里购买一只幼犬，你还可以在一家狗狗救助站发现你想要的犬种。这种救助站有时会有成窝的小狗，但大多数时候是成年犬或几个月大的狗狗。许多被救助狗是杂种狗，偶尔也会发现纯种狗。如果你喜欢纯种狗，也可以尝试联系一家专门重新安置特定品种（如灵缇）的救助组织，这种组织数量众多。

并非所有的被救助狗都遭受过遗弃或虐待，有些是犬主去世或家庭环境改变需要重新安置。但很多这种犬都有未知的或痛苦的经历，可能表现出行为异常或焦虑而难以驾驭。在被这样一只狗狗吸引而试图重新调教它之前要三思，你可能会大失所望。一个充满爱心的家庭很有帮助，但一只经历精神创伤的狗狗需要有经验的调教和超乎寻常的耐心，还要有专业的再训练过程，许多犬类救助中心会为你提供支持和建议。

温馨一家
看不到母犬陪伴，绝不购买幼犬，有信誉的繁育者不会将幼犬与母犬分离。

从救助中心购买犬只时，记着运用从普通繁育者那里买犬的方法。仔细观察狗狗，询问工作人员并回答他们的问题。救助中心会认真筛选有希望的买主并可能亲自登门拜访你的家庭。

结为好友

收养一只被救助犬是一个双向交流过程。在你考虑需要哪只狗狗时，负责任的救助中心也会同时评估你作为犬主的合适程度。它会尽可能多地了解你的家人、家庭环境和你自身的信息。

询问繁育者的十大重要问题

- 在领走前，幼犬会被注射初期疫苗和去除寄生虫吗？
- 出售的幼犬接受过遗传疾病筛选吗？能否看看筛选资料？
- 能提供幼犬健康的书面保证吗？
- 能提供书面的售犬合同并说明如果我不能照顾幼犬时该怎么办吗？
- 能提供兽医或以往顾客对这一犬种的参考意见吗？
- 有没有为幼犬在犬舍俱乐部登记注册？
- 能提供书面的幼犬血统证明吗？
- 你认为这一犬种最重要的特征是什么？
- 你和这一犬种相处有多长时间了？
- 你的幼犬在你的家庭和户外环境中社交行为良好吗？

犬种指南

GUIDE TO BREEDS

非洲猎犬
体态优雅、血统纯正的巴辛吉犬是宠物犬中最有教养的犬种，这一非洲犬种为人类充当猎犬已有数千年历史。

原始犬（PRIMITIVE DOGS）

许多现代犬种是数百年来为特定功能特征而繁育的结果，但一些通常被认为是原始犬的犬与它们野狼祖先的原始基因"蓝图"一直保持相近。作为犬组之一，原始犬还没有清晰的定义，并不是所有的权威人士都认同这一犬种。

无毛犬在印加时代前的古人类人工制品上曾被描绘过

如许多不同的列举分类一样，原始犬是一个种类多样的犬组，但这一组的许多犬种都具有典型的野狼特征，如竖耳、带尖鼻口的楔形头颅，嗥叫而非吠叫。它们通常短毛，根据发源地不同毛色和密度各异。多数原始犬一年发情一次，不像其他家犬一年两次发情期。

犬类专家现在对原始犬兴趣甚大，因为其与繁育计划发展历史和与人类关系很淡薄。这些原始犬源自世界各地，包括北美洲的卡罗来纳犬和稀有的、与澳洲野犬基因非常接近的新几内亚唱歌犬。原始犬是自然进化而来，而非为外貌和性情专门繁育出的，故而不被视为完全驯化犬种。新几内亚唱歌犬已经濒临灭绝，人们更可能在动物园而非家中见到其容颜。数个犬种被归为原始犬，它们被认为在数千年的繁衍中未受其他犬种的影响，如巴辛吉犬，成为受人欢迎的宠物犬之前在其发源地长期被当作

猎犬。其他例子，如基因上类似有毛犬种的墨西哥无毛犬和南美无毛犬，与古人类文明中的艺术品和人工制品上描绘的犬种很相似。

最近的基因研究表明，原始犬组中有两种犬不应再归为原始犬，即法老王猎犬和依维萨猎犬。这两种犬被普遍认为是5 000年前的古绘画中描绘的埃及大耳猎犬的嫡系后裔，但基因证据表明遗传链并未在很多世纪以来一直延续不变，它们很可能是古代犬种的现代复制品。

魔力犬
阿兹特克人认为无毛犬是神灵派遣之物，拥有魔法神力。

野性依旧
有着澳洲野犬外形的新几内亚唱歌犬并不适应驯化生活，可能从史前时代就已居住在新几内亚。

新几内亚唱歌犬（NEW GUINEA SINGING DOG）

新几内亚唱歌犬用它独特的音域表现其野性的一面

体高
40~45厘米

体重
8~14千克

寿命 15~20年

原产地 新几内亚

其他毛色

深褐色　　黑色和棕黄色

白色斑纹见于各种毛色品种

这种具有澳洲野犬外形的稀有犬种是新几内亚的原生物种，处于野生或半驯化状态中。新几内亚唱歌犬被世界各地的动物园当作稀有犬种喂养，也成为少数极为投入的犬主的挑战性宠物，它拥有改变嗥叫声阶的独特能力，故而得名唱歌犬。

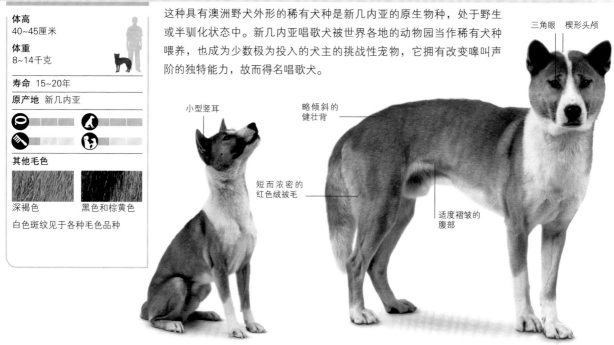

小型竖耳

三角眼　楔形头颅

略倾斜的健壮背

短而浓密的红色绒被毛

适度褶皱的腹部

巴辛吉犬（BASENJI）

该犬外貌优雅整洁，有时见到生人会羞涩，但不吠叫

KC

体高
40~43厘米

体重
10~11千克

寿命 10年以上

原产地 中非

其他毛色

各种毛色

白色斑纹见于胸、足和尾尖

巴辛吉犬是源自非洲的猎犬，过去被用来驱赶大型猎物，凭借嗅觉和视觉确定猎物方位。该犬光滑润泽而整洁的体型外貌使其成为人们的宠物，是很常见的看门犬。它不会吠叫，可发出约德尔歌曲（用真假嗓音交替歌唱）似的声音。

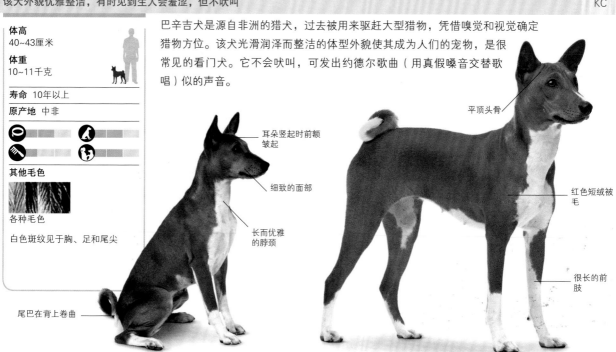

耳朵竖起时前额皱起

细致的面部

长而优雅的脖颈

平顶头骨

红色短绒被毛

很长的前肢

尾巴在背上卷曲

迦南犬（CANAAN DOG）

时刻注目凝视的壮实的迦南犬总是警惕性十足，随时准备保护主人

KC

体高
50~60厘米

体重
18~25千克

寿命　10年以上

原产地　以色列

其他毛色

白色　　　黑色

红白斑点　黑白斑点

不理想毛色为灰色、斑纹、黑色
和棕黄色或三色

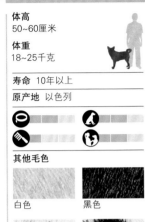

迦南犬生长在以色列，用作看护犬和放牧犬，有很强的保护本能，但不会轻易发起攻击。迦南犬智商很高，经过持久训练能成为可靠且受人喜爱的宠物，它算不上常见宠物犬种，还需要扩大知名度。

略斜的黑色眼睛

高耸卷曲的厚厚刷毛尾

低位宽耳

胸部白斑

向上收起的腹部

沙色粗密被毛

法老王猎犬（PHARAOH HOUND）

该犬呈流线体型，仪态优雅，在室内举止良好，在户外喜欢追撵一切移动物体

KC

体高
53~63厘米

体重
20~25千克

寿命　10年以上

原产地　马耳他

尽管现代品种的法老王猎犬源自马耳他，但这一优雅外观的犬种与古埃及工艺品上绘制的竖耳猎犬惊人地相似。法老王猎犬性情沉稳，但运动量需求大，若在户外不加牵绳控制，会追撵包括其他宠物在内的小动物。

大大的竖耳

琥珀色眼睛

拱形长颈

胸部常见白斑

苗条优雅的身躯

鞭状尾巴，活跃时高高弯起

光滑略硬的深褐色短被毛

白色脚趾

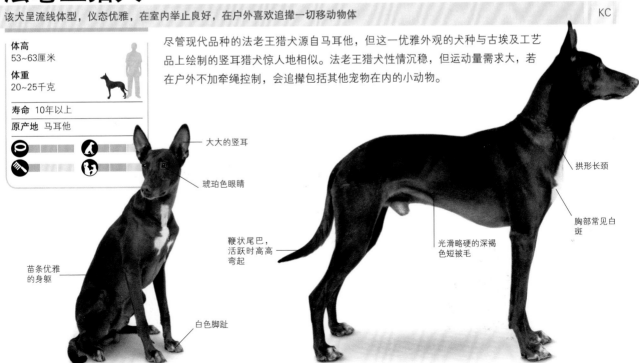

加那利沃伦猎犬（CANARIAN WARREN HOUND）

易兴奋的加那利沃伦猎犬主要被用于捕猎，需要户外放养

FCI

加那利沃伦猎犬也称作加那利群岛猎犬，见于加那利各群岛，有着数千年历史的埃及血缘。加那利沃伦猎犬被长期当作猎兔犬，以速度、敏锐的视觉和嗅觉而著称，机敏而好动，无法适应室内的平静生活。

体高
53~64厘米

体重
16~22千克

寿命 12~13年

原产地 西班牙

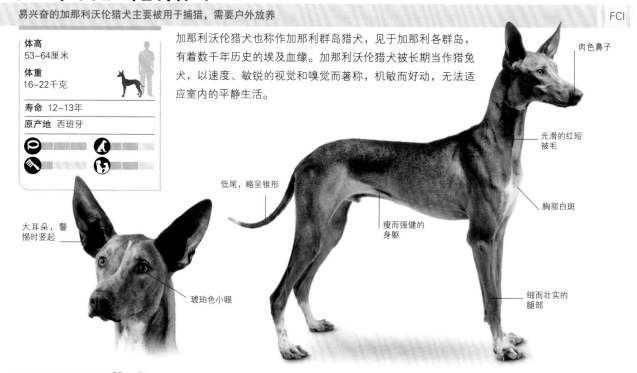

肉色鼻子

光滑的红短被毛

胸部白斑

细而壮实的腿部

低尾，略呈锥形

瘦而强健的身躯

大耳朵，警惕时竖起

琥珀色小眼

西西里猎犬（CIRNECO DELL'ETNA）

西西里猎犬温柔但也活泼，请记住它是猎犬而非看门狗

KC

西西里猎犬源自意大利西西里岛，原产于埃特纳山区，在其故乡外很少见。西西里猎犬身躯灵巧而健壮，适宜奔跑和捕猎，尽管性格温和，但它不是喜欢安静的室内宠物之人的理想选择。

体高
42~52厘米

体重
8~12千克

寿命 12~14年

原产地 意大利

其他毛色

白色

白色带橙色

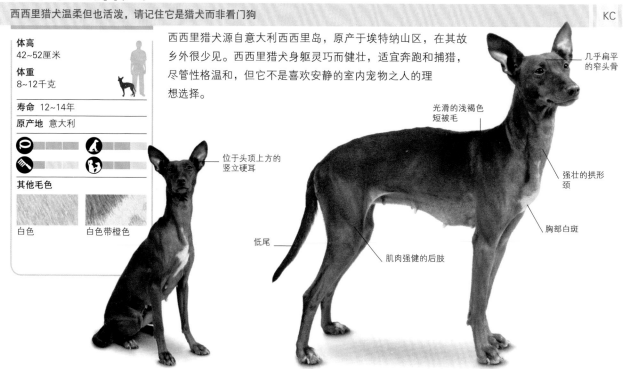

几乎扁平的窄头骨

光滑的浅褐色短被毛

强壮的拱形颈

胸部白斑

位于头顶上方的竖立硬耳

低尾

肌肉强健的后肢

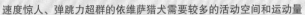

依维萨猎犬（IBIZAN HOUND）

速度惊人、弹跳力超群的依维萨猎犬需要较多的活动空间和运动量

KC

依维萨猎犬在西班牙用作猎兔犬，能在最崎岖不平的地面上用特有的碎步撵出猎物。它弹跳力惊人，可轻松越过花园篱笆。只要主人牢记安全，依维萨猎犬并不难喂养，但它运动量需求很大。这一犬种性情温和，适宜家庭生活，有软毛和粗毛两种被毛类型，都很易于打理。

体高
56~74厘米

体重
20~23千克

寿命 10~12年

原产地 西班牙

其他毛色

红色

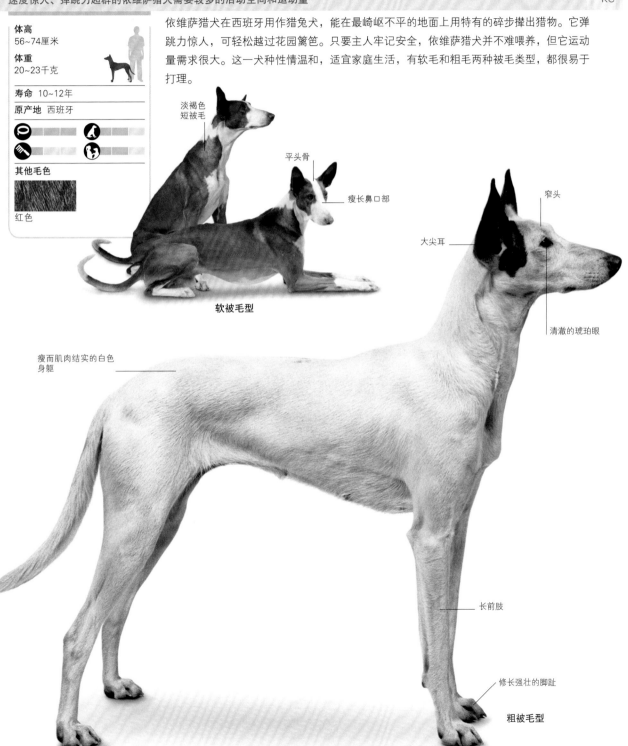

淡褐色短被毛

平头骨

瘦长鼻口部

软被毛型

窄头

大尖耳

清澈的琥珀眼

瘦而肌肉结实的白色身躯

长前肢

修长强壮的脚趾

粗被毛型

葡萄牙波登哥犬（PORTUGUESE PODENGO）

警惕性很高的看门犬，也是很好的伴侣犬

KC

该犬通常称为葡萄牙沃伦猎犬，已经繁育进化出体格和被毛显著不同的若干变种。现在的葡萄牙波登哥犬分为大型、中型和小型品种，一些为短毛品种，而另一些为中等长度硬毛品种。所有品种过去都被用作猎犬，在今天的葡萄牙，一些品种仍用于此目的，它们或群体或单独捕猎。尽管体型大小有别，该犬种的各个品种凭其智商和警惕性都可成为优秀的看门犬。

体高
小型：
20~30厘米
中型：
40~54厘米
大型：
55~70厘米

体重
小型：
4~5千克
中型：
16~20千克
大型：
20~30千克

寿命 12年以上

原产地 葡萄牙

其他毛色

白色、黄色　　黑色

白色犬有黄色、黑色或淡褐色斑块，小型犬可能为棕色被毛

褐色被毛

带须鼻口部

刚毛小型犬

淡褐色短被毛

大大的三角竖耳

短毛小型犬

面部白斑

淡褐色短被毛

腿部白斑

短毛中型犬

卡罗来纳犬（CAROLINA DOG）

卡罗来纳犬对训练反应灵敏，生性腼腆

体高
40~50厘米

体重
15~20千克

寿命 12~14年

原产地 美国

其他毛色

深赤红色

黑色和棕黄色

卡罗来纳犬也称为美洲野狗（American Dingo），其祖先据说是由亚洲拓荒者驯化并带到北美的犬种。在美国东南诸州，一些卡罗来纳犬仍处于半野生状态。该犬天性谨慎，需要早期训练，才能成为人们接受的家庭宠物。

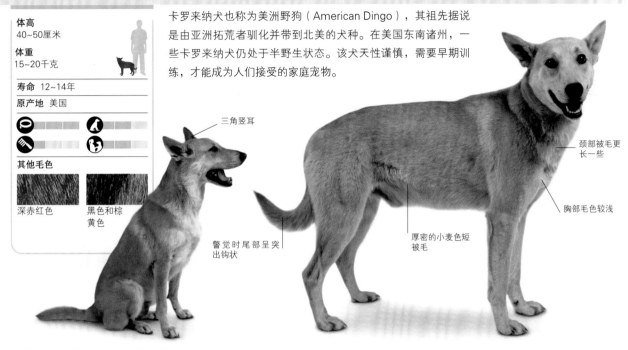

三角竖耳

颈部被毛更长一些

胸部毛色较浅

警觉时尾部呈突出钩状

厚密的小麦色短被毛

秘鲁印加兰花犬（PERUVIAN INCA ORCHID）

该犬有的无毛，但图案醒目的皮肤需要特别精心的呵护

体高
50~65厘米

体重
12~23千克

寿命 11~12年

原产地 秘鲁

其他毛色

任何毛色

无毛犬一般肤色粉红，但斑纹色彩多变

秘鲁印加兰花犬的起源已无人知晓，但人们知道这一犬种在印加古文明中的重要地位。该犬分无毛和有毛两个变种，无毛犬因其细嫩的肌肤更适于室内生活。

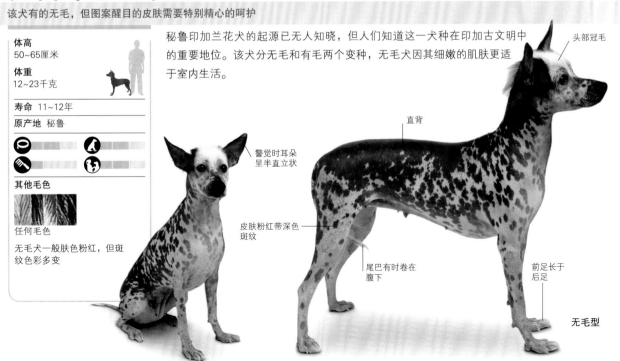

头部冠毛

直背

警觉时耳朵呈半直立状

皮肤粉红带深色斑纹

尾巴有时卷在腹下

前足长于后足

无毛型

秘鲁无毛犬 (PERUVIAN HAIRLESS)

该犬聪慧而且动作机敏，深受主人喜爱，但羞于见到生人

FCI

秘鲁无毛犬的历史可以追溯到印加时代之前，人们认为这一活泼而优雅的犬种起源于中国或非洲，然后被引入秘鲁。该犬由于某种基因退化而造成无毛和若干牙齿缺失的现象，但有时出现有毛幼犬。秘鲁无毛犬分迷你型、中型和大型品种，它们容易受寒或被阳光灼伤，所以需要小心呵护。

体高
迷你型：
25~40厘米
中型：
40~50厘米
大型：
50~65厘米

体重
迷你型：
4~8千克
中型：
8~12千克
大型：
12~25千克

寿命 11~12年

原产地 秘鲁

其他毛色

金黄色　　黑棕色

黑色

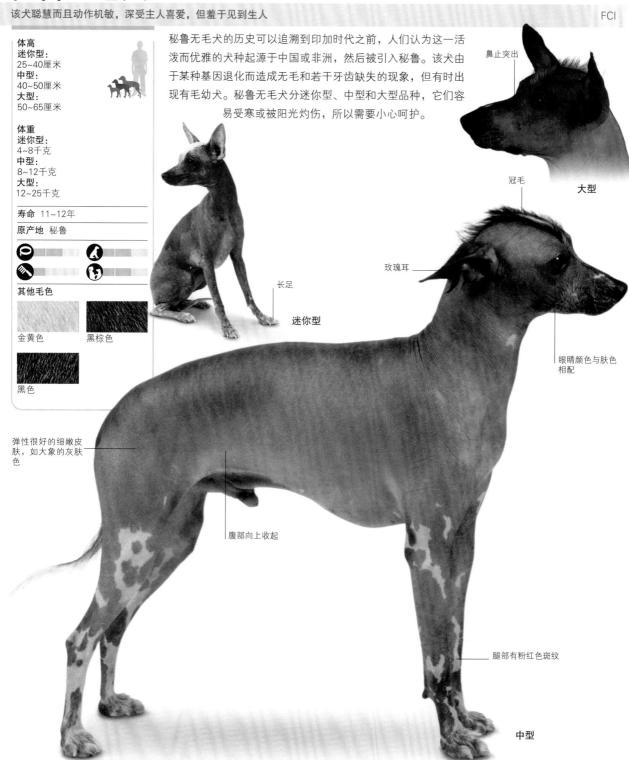

鼻止突出

冠毛

大型

长足

迷你型

玫瑰耳

眼睛颜色与肤色相配

弹性很好的细嫩皮肤，如大象的灰肤色

腹部向上收起

腿部有粉红色斑纹

中型

墨西哥无毛犬（MEXICAN HAIRLESS）

该犬性格沉稳，警惕性高，易于喂养，是令人开心的伙伴

KC

体高
迷你型：
25~35厘米
中型：
36~45厘米
标准型：
46~60厘米

体重
迷你型：
2~7千克
中型：
7~14千克
标准型：
11~18千克

寿命 10年以上

原产地 墨西哥

其他毛色

红色　　　　赤褐色

在被白人占据时代之前的墨西哥，无毛犬被认为具有神圣宗教意义，常在宗教仪式上当作祭品或食用，因此该犬一度几乎灭绝，直到20世纪中期，育犬者才致力于这一犬种的恢复性繁育。墨西哥无毛犬也被称作修罗峙犬（Xoloitzcuintli），有迷你型、中型和标准型三种体型。像其他无毛犬种一样，墨西哥无毛犬受大众欢迎程度有限，做宠物较少见，其实该犬温顺、聪明而富有魅力，会对主人报以忠心和关爱。

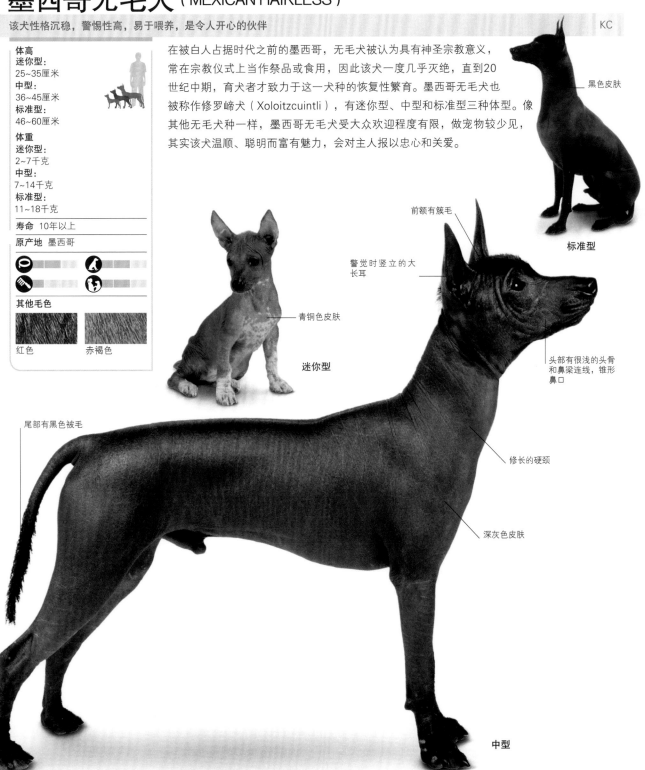

黑色皮肤

标准型

前额有簇毛

警觉时竖立的大长耳

青铜色皮肤

迷你型

头部有很浅的头骨和鼻梁连线，锥形鼻口

尾部有黑色被毛

修长的硬颈

深灰色皮肤

中型

救援工作

一只为救援队工作的德国牧羊犬在地震过后的废墟中寻找幸存者。

工作犬（WORKING DOGS）

人类要求犬从事的工作多种多样。在被驯化后的数千年里，犬帮助人类从事众多工作，如看护家园、拯救身处险境之人、参与战争、照顾病患和残疾人等。本书介绍的工作犬主要以传统上用于放牧和警戒的犬种为代表。

牧羊犬主要用于驱赶牧群和警戒

一般而言，品种多元化的工作犬组大多是大型犬，尽管也有一些体型虽小但精力同样充沛的品种。工作犬的繁育重点是体力和耐力，许多工作犬都能全天候户外生存。

一只正聚拢羊群的柯利牧羊犬是大多数人能想到的典型牧羊犬形象，但许多其他犬种也被用来看管牲畜。这些田园犬种恰如其名，主要用于放牧和警戒。放牧犬有驱赶牧群的天性本能，但方式各有不同。比如边境牧羊犬靠追赶和怒视看管羊群，而传统的牧牛犬，如威尔士柯基犬和澳大利亚牧牛犬，会轻轻咬啮畜群脚跟，一些放牧犬工作时会吠叫。警戒牧羊犬，包括玛瑞玛牧羊犬和比利牛斯牧羊犬这样的山地犬种被用来保护羊群不受狼等掠食者侵袭。放牧犬通常是大型犬，长有厚密的白色被毛，很难与其守护的羊群区分开来。

另一种警戒职责往往由獒犬类担当，此犬种为在古代梁柱雕饰和手工制品上很常见的大型摩卢萨斯犬（Molossus，古罗马帝国对獒犬的称呼）的后裔。诸如斗牛獒犬、法国波尔多獒犬和那不勒斯獒犬等犬种被世界各地的安全部队使用，也用来保护私人财物。这些犬种在一些国家可合法繁育，它们通常体型庞大，力量惊人，长有小耳和吊唇。

许多工作犬都可作为优秀的伴侣犬，它们聪明智慧，易于训练，喜欢接受灵活性和其他技能的考验。从事警戒工作的放牧犬因其体型大和保护意识强，不太适应家庭生活，但近几十年一些獒犬类犬种作为伴侣犬很受欢迎。尽管该犬种繁育的主要目的是打斗，但如果幼年期在家中调教喂养，也完全能适应宠物生活。

牲畜卫士
像匈牙利库瓦茨犬一类的犬种，因其强烈的护卫本能而不适合无经验的犬主。

灵活性考验
边境牧羊犬经常在工作犬组赛事上展示其灵活性和智力。

萨卢斯猎狼犬 （SAARLOOS WOLFDOG）

任性的萨卢斯猎狼犬对陌生人矜持，但对主人却忠心耿耿

FCI

体高
60~75厘米

体重
35~40千克

寿命 10年以上

原产地 荷兰

其他毛色

奶油色　　　　褐色

萨卢斯猎狼犬是利用带有狼祖先特征的德国牧羊犬选择性杂交繁育而来的，尽管有人建议这一新犬种可用作引导犬，但事实证明该犬更宜于做宠物伴侣犬，只是需要精心看管。

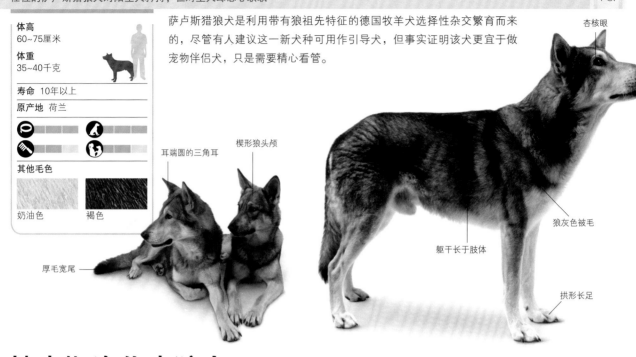

杏核眼

耳端圆的三角耳

楔形狼头颅

狼灰色被毛

躯干长于肢体

厚毛宽尾

拱形长足

捷克斯洛伐克狼犬 （CZECHOSLOVAKIAN WOLFDOG）

该犬外形似狼却品性温顺

FCI

体高
60~65厘米

体重
20~26千克

寿命 12~16年

原产地 捷克

捷克斯洛伐克狼犬是德国牧羊犬与狼杂交培育的产物，保留了许多野狼祖先的特性。该犬动作迅猛，勇敢无畏，弹跳性好，对陌生人警惕，对熟悉的管理者忠实顺从，具备看家犬的优秀品质。

三角竖耳

楔形狼头颅

突出的浅色面部区

高位直尾

黄灰色直被毛

暗色趾甲

德国牧羊犬（GERMAN SHEPHERD DOG）

全世界最受喜爱的犬种之一，智慧而又多才多艺

KC

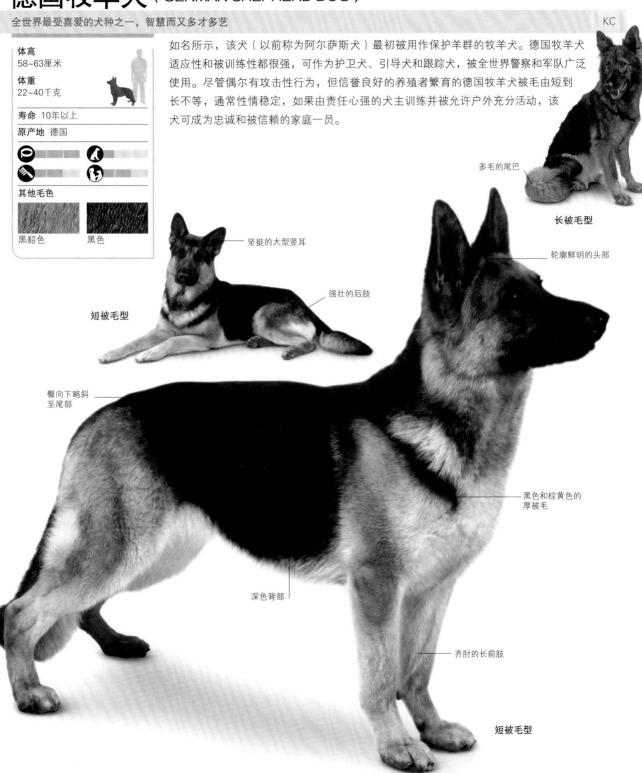

如名所示，该犬（以前称为阿尔萨斯犬）最初被用作保护羊群的牧羊犬。德国牧羊犬适应性和被训练性都很强，可作为护卫犬、引导犬和跟踪犬，被全世界警察和军队广泛使用。尽管偶尔有攻击性行为，但信誉良好的养殖者繁育的德国牧羊犬被毛由短到长不等，通常性情稳定，如果由责任心强的犬主训练并被允许户外充分活动，该犬可成为忠诚和被信赖的家庭一员。

体高
58~63厘米

体重
22~40千克

寿命 10年以上

原产地 德国

其他毛色

黑貂色

黑色

多毛的尾巴

长被毛型

坚挺的大型竖耳

强壮的后肢

短被毛型

轮廓鲜明的头部

臀向下略斜至尾部

黑色和棕黄色的厚被毛

深色背部

齐肘的长前肢

短被毛型

国王牧羊犬（KING SHEPHERD）

该犬易于训练，能与孩子和其他宠物友好相处

体高
64~74厘米

体重
41~66千克

寿命 10~11年

原产地 美国

其他毛色

黑色

带黑色斑纹的黑貂色

黑色犬可能带有红色、金黄色或奶油色的斑纹

在美国培育出的国王牧羊犬于20世纪90年代晚期被认可，体型高大，外形俊朗，显示出德国牧羊犬（见35页）的遗传特征。国王牧羊犬喜欢充当放牧犬和护卫犬，但温和与忍让的天性可使其与家庭和睦相处。分为光滑被毛型和粗毛型两类。

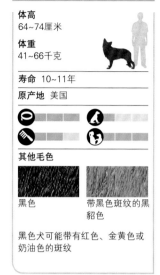
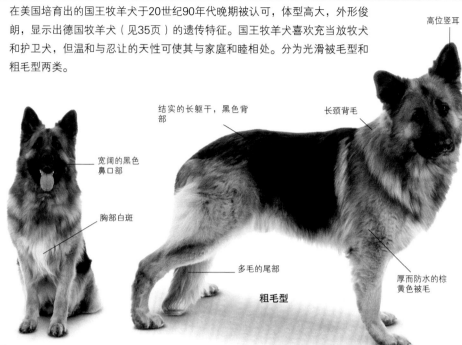

高位竖耳

长颈背毛

结实的长躯干，黑色背部

宽阔的黑色鼻口部

胸部白斑

多毛的尾部

厚而防水的棕黄色被毛

粗毛型

皮卡迪牧羊犬（PICARDY SHEEPDOG）

该犬喜欢长距离漫步，对儿童温柔，但不喜欢被单独留置

FCI

体高
55~65厘米

体重
23~32千克

寿命 13~14年

原产地 法国

其他毛色

暗灰色

浅褐色斑纹

可能有白色斑纹

皮卡迪牧羊犬血缘历史不确定，可能源于一个多世纪以前的法国东北部皮卡迪地区，外形强悍。通过耐心而安静的训练，该犬可成为活跃的伴侣和儿童的玩伴儿，蓬松的被毛较易梳理。

头型美观，被长毛遮盖

高位竖耳

长眉毛，但不盖眼

鼻口处被毛形成脸须和上须

长尾，尾尖处略弯曲

胸部毛色浅

厚密的浅褐色被毛，触感较硬而卷曲

荷兰牧羊犬（DUTCH SHEPHERD DOG）

该犬主要用于警戒、放牧和灵巧性工作，亦可作为不错的宠物

FCI

体高
55~62厘米

体重
30~31千克

寿命 12~14年

原产地 荷兰

荷兰牧羊犬在荷兰境外很少见，在本土也非常见犬种，过去200多年间该犬种不仅被繁育充当用途广泛的牧羊犬，还长期从事警察和安全部门的工作，参与服从训练性实验，还充当引导犬。该犬非常令人信赖和喜爱，可训练成为优良的家犬。荷兰牧羊犬可分为长被毛、短被毛和粗毛三种类型，粗毛型犬需要一年两次由专业梳理师对被毛进行拔毛处理。

竖耳

银色斑纹被毛

长被毛型

浅褐色斑纹被毛

短被毛型

粗眉毛

卷曲的银色斑纹硬被毛

尾部下丛毛

后肢跗关节下方被毛较短

前肢后部淡色丛毛

粗毛型

拉坎诺斯犬（LAEKENOIS）

这种稀有的比利时牧羊犬以特有的被毛而著称

KC

体高 56~66厘米	
体重 25~29千克	
寿命 10年以上	
原产地 比利时	

作为四大比利时牧羊犬之一，刚毛拉坎诺斯犬在19世纪80年代首次培育成功。拉坎诺斯犬以安特卫普附近的拉坎庄园而命名，曾一度深受比利时王室的宠爱。因为其稀有，此犬广受欣赏。

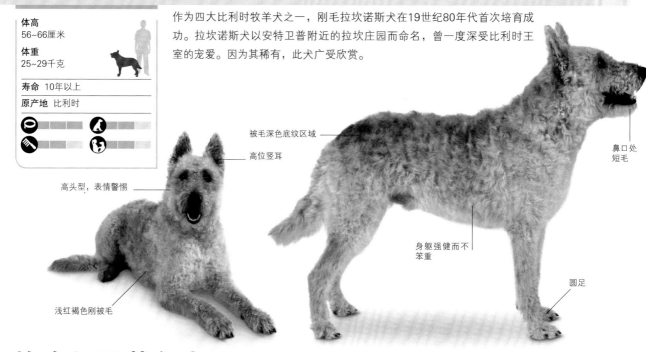

被毛深色底纹区域

高位竖耳

高头型，表情警惕

鼻口处短毛

浅红褐色刚被毛

身躯强健而不笨重

圆足

格洛伊恩戴尔犬（GROENENDAEL）

该犬聪明而活跃，喜欢户外生活，总是充满好奇心

KC

体高 56~66厘米	
体重 23~34千克	
寿命 10年以上	
原产地 比利时	

从1893年起，黑色被毛的比利时牧羊犬——格洛伊恩戴尔犬，在布鲁塞尔附近格洛伊恩戴尔村的一间狗舍被选育，这一漂亮的犬种现在非常受欢迎。像大多昔日用于工作目的的犬种一样，该犬需要犬主能理解早期社交培养的重要性和友爱而不失严格的管理。

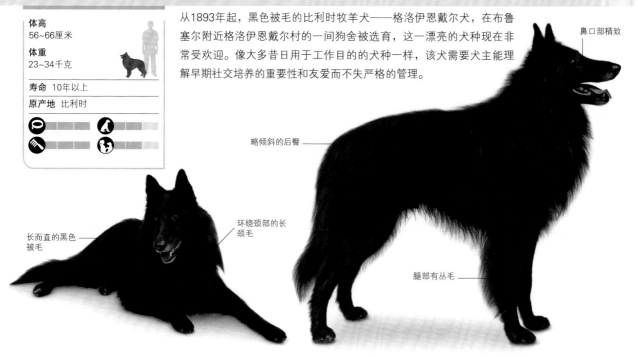

鼻口部精致

略倾斜的后臀

长而直的黑色被毛

环绕颈部的长颈毛

腿部有丛毛

马利诺斯牧羊犬（MALINOIS）

该犬精力充沛，能吃苦耐劳，有很强的护卫本能

体高
56~66厘米

体重
27~29千克

寿命 10年以上

原产地 比利时

其他毛色

灰色　　红色

所有颜色被毛都有
黑色覆毛

马利诺斯牧羊犬据说原产于比利时马利尼斯（Malines）地区，是比利时牧羊犬中的短毛品种。与同类品种相似，马利诺斯牧羊犬是天生的护卫犬，尽管有时其行为难以捉摸，但借助有责任心的训练，该犬会成为社交能力良好和忠实于主人的伴侣。

颈部厚领毛

独特的黑假面

三角耳，多为黑色

棕色杏仁眼

尖鼻口部，中等长度鼻止

短而直的浅褐色被毛，毛尖为黑色

尖端色暗的多毛尾巴

特武伦牧羊犬（TERVUEREN）

该犬性格强势，喜欢尽情奔跑，但需要小心看管

体高
56~66厘米

体重
18~29千克

寿命 10年以上

原产地 比利时

其他毛色

灰色

所有颜色被毛都
带有黑色覆毛

特武伦牧羊犬是全世界最受人喜爱的比利时牧羊犬种，由当地繁育者用繁育地所在村庄命名。特武伦牧羊犬护卫本性强，常被用作警犬和保安犬，它那带黑毛尖的漂亮被毛会定期脱落，需要充分梳理。

高昂的头部

肌肉发达的直立颈部

后躯上丰厚的"马裤"状被毛

强壮的背部

黑色耳朵和假面

红色被毛

浅褐色长密被毛，带有黑色覆毛

马地犬（MUDI）

活跃而好玩耍的家犬，也是勇敢无畏的护卫犬

FCI

体高
38~47厘米

体重
8~13千克

寿命 13~14年

原产地 匈牙利

其他毛色

淡黄褐色

杂有黑斑的蓝灰色和灰色

棕色

可能有白色斑纹

马地犬最初被匈牙利牧人用作工作犬，天性强悍大胆，精力充沛，友好且适应性强，是不错的家犬选择。这一较少见的犬种需要充分的运动量以保持健康，对主人的赞同性训练方法反应很好。

楔形头

覆盖厚毛的竖耳

浓密闪亮的黑色卷曲被毛

黑色鼻子

腿后有丛毛

跗关节下被毛较短

中型雪纳瑞犬（SCHNAUZER）

该犬活泼但又顺从，对儿童有好脾气

KC

体高
44~50厘米

体重
14~20千克

寿命 10年以上

原产地 德国

其他毛色

黑色

中型雪纳瑞犬于19世纪80年代在德国南部成为被确认犬种。该犬警惕性强而又身体灵活，最初主要被当作多用途农庄犬，以捕鼠技能著称。中型雪纳瑞犬性格安静而又有乐趣，是颇受喜爱的宠物犬。

浓密眉毛

直背

高位垂耳

浅色鬃毛须

短而硬的椒盐色被毛

足上覆有较长饰毛

下肢上的浅色被毛

大型雪纳瑞犬（GIANT SCHNAUZER）

该犬脾性温和，聪明而又容易训练

KC

源自德国南部的大型雪纳瑞犬最初用于放牧和农场工作。到20世纪为止，该犬种的强健、高智慧、可训性和令人印象深刻的外貌被认可为护卫犬的理想品质。大型雪纳瑞犬现在被广泛用于警察和安保工作，但其品性也适于充当看护犬和宠物。尽管体型较大，但如果给予充分训练，大型雪纳瑞犬也易于驾驭。它硬而厚密的双层被毛需要每天梳理保养，有时还要进行修剪。

体高
60~70厘米

体重
29~41千克

寿命 10年以上

原产地 德国

其他毛色

椒盐色

黑色眼睛

盖眼浓眉

圆耳端垂耳

带须鼻口部

尾部高耸

硬而浓密的黑色被毛

强壮优雅的脖颈

深胸

腿后部浅丛毛

阿登牧牛犬 (BOUVIER DES ARDENNES)

该犬属稀有犬种，长期以来以勤勉肯干而著称

FCI

体高
52~62厘米

体重
22~35千克

寿命 10年以上

原产地 比利时

其他毛色

各种毛色

阿登牧牛犬是来自比利时阿登地区的昔日牧牛犬，它活跃且吃苦耐劳，作为工作犬或家犬现在已不多见，少数热心犬主一直致力于繁育保留该犬种。阿登牧牛犬因其良好的适应性和对生活的热情而具备未来受人们喜爱的潜质。

尖竖耳

粗上须和下须

黑色被毛

耳朵颜色较躯干部位深

躯干长度与腿部长度相同

黑边嘴唇

浅褐色蓬被毛，摸起来干燥

圆足

佛兰德斯牧牛犬 (BOUVIER DES FLANDRES)

这种乡村犬或城市犬多毛，但不难梳理

KC

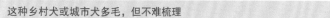

体高
59~68厘米

体重
27~40千克

寿命 10年以上

原产地 比利时

其他毛色

各种毛色

胸部或带有白色小星

在比利时和法国曾一度被当作牧牛犬和护卫犬的犬种中，佛兰德斯牧牛犬是最常见的。长有适宜防风遮雨的被毛，原先在户外生活的佛兰德斯牧牛犬乐于适应都市家庭。

高位垂耳

厚密丛毛尾部

长粗须

触感坚硬的厚密银色斑纹被毛

延伸至足部的浓密被毛

克罗地亚牧羊犬（CROATIAN SHEPHERD DOG）

这种护卫和放牧犬更适合从事劳动而非驯化为宠物

FCI

体高
40~50厘米

体重
13~20千克

寿命 13~14年

原产地 克罗地亚

作为牧羊犬，克罗地亚牧羊犬体型相对较小，但它活跃而又警惕性高。该犬具备天生的放牧和护卫本能，易于训练为工作犬，但较难当作家犬驾驭。非常卷曲的被毛是其突出特征。

窄鼻口部

三角竖耳，耳边长有长饰毛

黑色卷曲被毛

面部短饰毛

前肢背后浅丛毛

后肢下方短饰毛

萨普兰尼克牧羊犬（SARPLANINAC）

这种体格雄壮、保护意识强的工作犬乐于户外生活

FCI

体高
58厘米以上

体重
30~45千克

寿命 11~13年

原产地 马其顿

其他毛色

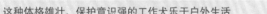

任何纯色

萨普兰尼克牧羊犬以前被称为伊利里亚牧羊犬（Illyrian Shepherd Dog），这一令人印象深刻的犬种以其发源地——马其顿的萨普兰尼克山区命名。萨普兰尼克牧羊犬是典型的户外工作犬，尽管保护意识强的性格中有社交意识，但它的体格特点和精力旺盛程度使其不宜养为宠物。

垂耳

略圆的宽头顶

颈部圆领饰毛

尾部密丛毛

深棕色厚密长被毛

宽阔胸部

后躯长丛毛

肢体下部长有黄灰色被毛

卡斯特牧羊犬（KARST SHEPHERD DOG）

该犬可靠而忠实，需要宽敞的宅院和正确的管理

FCI

体高
54~63厘米

体重
25~42千克

寿命 11~12年

原产地 斯洛文尼亚

该犬以前称为伊利里亚牧羊犬，20世纪60年代人们为将其与同一名称的另一品种区分开来，重新命名为卡斯特牧羊犬或伊斯的利亚牧羊犬（Istrian Shepherd Dog）。这一优秀的工作犬在斯洛文尼亚的阿尔卑斯山脉卡斯特地区用作放牧犬和护卫犬，经过精心训练和早期社交培养可以成为很好的伴侣犬。

头部宽度和长度相同

平顺光滑的铁灰色长被毛

浅灰色斑纹

颈部有领毛和鬃毛

厚毛长尾

四肢前部深色条纹

埃斯特里拉山地犬（ESTRELA MOUNTAIN DOG）

该犬只适宜在大型宅院喂养，如果有犬舍也可以户外生活

KC

体高
62~72厘米

体重
35~60千克

寿命 10年以上

原产地 葡萄牙

其他毛色

狼灰色

黑色斑纹

身体下部和肢体末端可有白色斑点

埃斯特里拉山地犬是来自葡萄牙埃斯特里拉山脉的畜牧犬，健壮而无畏，被繁育用于保护牧群防范狼等掠食动物。该犬对主人忠实友善，但有时也会固执己见，需要持久耐心的服从性训练。分长被毛型和短被毛型两个品种。

圆头骨，长阔头型

黑色假面

黑色和浅褐色被毛混合

颈部和胸部厚领毛

浅褐色上被毛，厚而略卷曲

长被毛型

葡萄牙看门犬（PORTUGUESE WATCHDOG）

这种性格稳重的看门犬对许多犬主来说过于庞大和强壮

FCI

体高
64~74厘米

体重
35~60千克

寿命 12年

原产地 葡萄牙

其他毛色

狼灰色　黑色

被毛常有白色斑点，还可能有斑纹；白色被毛上有单色斑纹

葡萄牙看门犬可能源自亚洲游牧民族带到欧洲去的强壮獒犬，也称为阿连特茹拉斐罗犬（Rafeiro de Alentejo），以葡萄牙阿连特茹地区命名。该犬传统上用作护卫犬，很警觉，怀疑陌生者。其体型和力量令人生畏。葡萄牙看门犬虽然没有攻击性，但还是不太适合养犬新手。

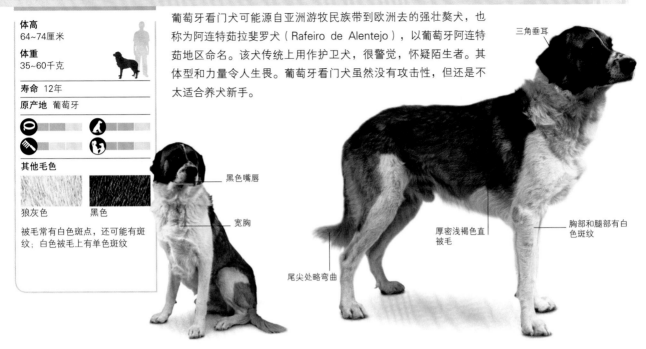

三角垂耳

黑色嘴唇

宽胸

厚密浅褐色直被毛

胸部和腿部有白色斑纹

尾尖处略弯曲

卡斯托莱博瑞罗犬（CASTRO LABOREIRO DOG）

这种大胆和警觉性强的看门犬更适于工作而非家庭生活

FCI

体高
55~64厘米

体重
25~40千克

寿命 12~13年

原产地 葡萄牙

其他毛色

狼灰色

胸部可能长有白色小斑点

该犬种以葡萄牙北部山区的发源地村庄命名，有时也叫作葡萄牙牧牛犬（Portuguese Cattle Dog），被繁育用作牲畜看护犬。它独特的报警叫声开始低沉，继而高亢。与家庭成员关系密切，对陌生人则敌意十足。

三角垂耳

杏仁眼

低垂尾巴，下部有长毛

短而厚的斑纹被毛，质地粗糙，起伏如"山川"

葡萄牙牧羊犬（PORTUGUESE SHEEPDOG）

该犬非常聪明、活跃

FCI

体高
42~55厘米

体重
17~27千克

寿命 12~13年

原产地 葡萄牙

其他毛色

各种毛色

胸部可能有小撮白毛

这种长满粗毛、动作灵活的牧羊犬在葡萄牙有时称为"猴犬"，喜欢户外放牧活动。该犬活泼而又异常聪明，在葡萄牙也是深受喜爱的伴侣犬和运动犬，在境外则较少为人知晓。

浓眉但不盖眼

浅褐色被毛

长上须和下须

类似山羊毛的黑色粗被毛

腿下部有棕黄色斑纹

加泰罗尼亚牧羊犬（CATALAN SHEEPDOG）

该犬性格讨人喜欢，对宅院和家人的保护意识很强

KC

体高
45~55厘米

体重
20~27千克

寿命 12~14年

原产地 西班牙

其他毛色

灰色

黑色和棕黄色

黑貂色

可能有白色斑纹

加泰罗尼亚牧羊犬在西班牙加泰罗尼亚地区被繁育用作放牧犬和护卫犬。它吃苦耐劳，漂亮的被毛可以防雨雪，能在几乎任何工作条件下尽职。该犬有智慧，性格安静，容易讨人喜欢，可轻松训练为优秀的家庭宠物。

头顶冠毛

挨近头部的流苏耳

深琥珀色圆眼睛

质地粗硬的浅褐色被毛

足上长有长饰毛

比利牛斯牧羊犬（PYRENEAN SHEEPDOG）

该犬是永不疲倦而又活泼的伴侣犬，有着强烈的放牧本能

KC

作为牧羊犬，比利牛斯牧羊犬体型小而轻巧，在法国比利牛斯山区长期用于放牧工作，直到20世纪初期在其家乡以外还几乎无人知晓。该犬精力旺盛，身形灵巧，愿意参加任何趣味活动，在犬类比赛的机动灵活性项目中表现优秀。比利牛斯牧羊犬是性格活跃家庭的最佳宠物，分长被毛型和半长被毛型，又分为凹凸脸和平脸两个品种。

体高
38~48厘米

体重
7~14千克

寿命 12~13年

原产地 法国

其他毛色

灰色

蓝色

黑色

黑色和白色

蓝色被毛可能是杂有黑斑的蓝灰色、深蓝灰色和斑纹，纯色为理想毛色

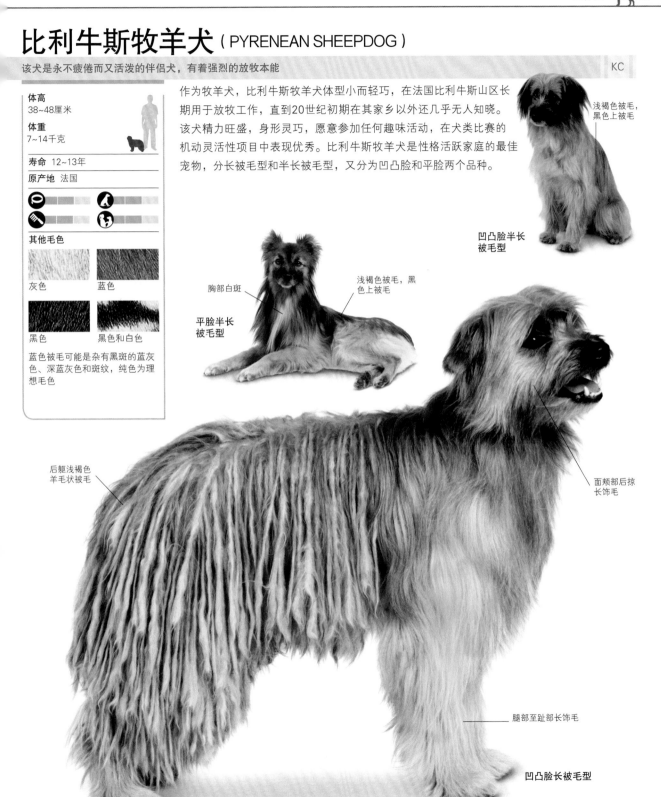

浅褐色被毛，黑色上被毛

凹凸脸半长被毛型

胸部白斑

浅褐色被毛，黑色上被毛

平脸半长被毛型

后躯浅褐色羊毛状被毛

面颊部后掠长饰毛

腿部至趾部长饰毛

凹凸脸长被毛型

长须柯利犬（BEARDED COLLIE）

该犬性格安静，也会非常活跃，警惕性强，最适合乡间家庭

KC

体高
51~56厘米

体重
20~25千克

寿命 10年以上

原产地 英国

其他毛色

沙黄色	红棕色
蓝色	黑色

直到20世纪中期，长须柯利犬只在苏格兰和英格兰北部作为牧羊犬而为人熟悉。现在该犬以吸引人的外貌、紧凑的体型和温柔的性格成为广受欢迎的宠物，它喜欢乡村家庭的广阔空间胜过拥挤的都市环境。

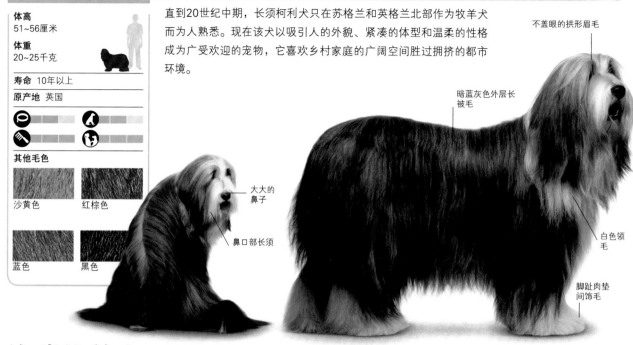

不盖眼的拱形眉毛

暗蓝灰色外层长被毛

大大的鼻子

鼻口部长须

白色领毛

脚趾肉垫间饰毛

伯瑞牧羊犬（BRIARD）

这种大型凶猛犬需要严格的管理者和充分运动

KC

体高
58~69厘米

体重
35千克

寿命 10年以上

原产地 法国

其他毛色

暗蓝灰色	黑色

这种大型而又凶猛的法国犬种在本国用作放牧犬，它勇敢而且保护意识强，但不会主动攻击。如果主人能定时对其训练并提供奔跑、游戏的足够空间，伯瑞牧羊犬会是很好的家庭伴侣犬，它长而厚密的被毛需要耗费时间护理。

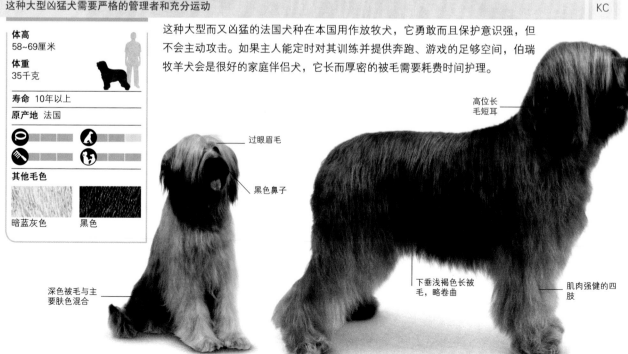

过眼眉毛

黑色鼻子

高位长毛短耳

深色被毛与主要肤色混合

下垂浅褐色长被毛，略卷曲

肌肉强健的四肢

古代英国牧羊犬（OLD ENGLISH SHEEPDOG）

好脾气而又智慧的牧羊犬，主人需要经常梳理它的被毛

KC

古代英国牧羊犬虽然最早起源于欧洲大陆的各类牧羊犬，但已被视为英国的本土犬种。曾一度流行对该犬完全截尾，迄今该犬有时仍被人们称作截尾牧羊犬（Bobtail Sheepdog）。这种强壮的大型犬需要大运动量，喜欢有宽敞的开放空间释放它的能量，主人要乐于付出时间、精力每天为其梳理被毛，以防厚密的粗毛打结纠缠在一起。

体高
56~61厘米

体重
27~41千克

寿命 10年以上

原产地 英国

其他毛色

灰色

有各级深浅度的灰色、斑驳灰色或蓝色。躯干和后躯纯色无白斑

被毛盖住眼睛

头部、颈部和胸部有白斑

成年犬和幼犬

被毛覆盖的小耳朵

躯干深且短

后躯被毛更长

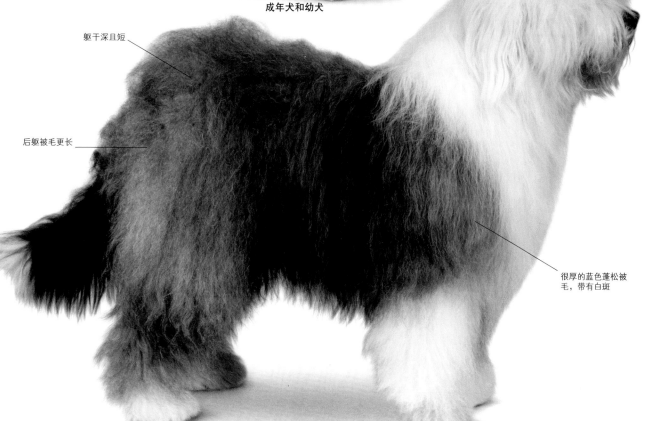

很厚的蓝色蓬松被毛，带有白斑

瘦长尖头

面部绒毛

黑色眼睛，表情聪明而好奇

半竖耳

长而厚密的黑貂色和白色被毛，质地粗硬

后躯长丛毛

白色密鬃毛

跗关节下绒毛

尾部丛毛

苏格兰牧羊犬（ROUGH COLLIE）

该犬美丽高傲，性格温顺，是可爱的家庭伴侣

KC

体高
51~61厘米

体重
23~34千克

寿命 12~14年

原产地 英国

其他毛色

杂有黑斑的蓝灰色

黑色、棕黄色和白色

这一犬种被毛厚密，是昔日普通苏格兰牧羊犬的后代，今天则是表演场上的明星和备受喜爱的宠物。苏格兰牧羊犬的历史可以追溯到罗马人占据不列颠时期，但直到19世纪该类型的犬种才引起广泛关注，它在欧洲和美国的流行要归功于维多利亚女王。后来，在电影和电视节目中，高度智慧的苏格兰牧羊犬明星"莱西"的形象大放异彩，进一步确立了该犬作为有史以来最受喜爱犬种之一的形象。

苏格兰牧羊犬性情温和，能容忍其他犬种和宠物，对训练反应灵敏，是令人喜爱和保护意识强的伙伴。然而，热爱人类的苏格兰牧羊犬喜欢接纳来到主人家的宾客，所以无法成为很好的看家犬。苏格兰牧羊犬喜欢运动和嬉戏，能精力充沛地参加如灵活性竞赛一类的犬类运动会。

苏格兰牧羊犬的放牧本能还未完全消除，对运动物体的敏感意识常触发其聚拢牧群的本能而使它驱赶家人和朋友，早期社交性训练可以防止这种本性让人不快。

像所有最初意图训练为工作犬的犬种一样，苏格兰牧羊犬在运动量不足或长时间被弃之不管时会变得躁动，还可能过度吠叫。然而只要每天让它充分地奔跑来释放活力，该犬可以在中型庭院或大的公寓里喂养。

苏格兰牧羊犬长而厚密的被毛需要定期梳理来防止打结和纠缠，当浓密的下被毛一年两次脱落时，需要更频繁的梳理保养。

短毛牧羊犬（SMOOTH COLLIE）

该犬性格友好，体态优雅，皮毛顺滑

KC

体高
51~61厘米

体重
18~30千克

寿命 10年以上

原产地 英国

其他毛色

黑貂色和白色

短毛牧羊犬是确认的独立犬种，而非苏格兰牧羊犬（见50页）的短毛品种。这种很具吸引力的牧羊犬有时用于放牧，也是很受人喜爱的家犬，它贴身的被毛很容易打理，可轻易赋予其顺滑的外形。

鼻口部末端圆形

单眼或双眼蓝灰色

独特的白色领毛和胸毛

短而浓密的杂有黑斑的蓝灰色硬被毛

椭圆形足，拱形脚趾

耳朵警觉时半竖立

长至跗关节的尾巴

三色被毛

喜乐蒂牧羊犬（SHETLAND SHEEPDOG）

该犬是性情温和、精力无限而又热爱家庭的牧羊犬

KC

体高
35~38厘米

体重
6~17千克

寿命 10年以上

原产地 英国

其他毛色

黑貂色

杂有黑斑的蓝灰色

黑色和棕黄色

黑色和白色

喜乐蒂牧羊犬最早繁育在与苏格兰大陆东北部隔海相望的设得兰群岛。这种小型牧羊犬吃苦耐劳，弹跳性好，充满活力而又易于训练，很惹人喜爱。喜乐蒂牧羊犬很适宜家庭生活，是忠实的宠物，主人需要定期梳理保养它美丽的被毛。

眼周围有黑边

长而厚的三色被毛

厚鬃毛

长得紧凑的耳朵

面部短绒毛

长毛尾巴

边境牧羊犬（BORDER COLLIE）

该犬超级聪明而又活跃，但需要有经验的主人

KC

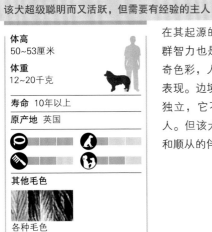

体高
50~53厘米

体重
12~20千克

寿命 10年以上

原产地 英国

其他毛色

各种毛色

在其起源的英国边境郡县之外，边境牧羊犬的超群智力也是名声远扬。它优异的工作能力富有传奇色彩，人们非常喜爱在犬类竞技赛事中观看它的表现。边境牧羊犬总是兴致勃勃，精力充沛且个性独立，它不适合有限的家庭空间和不爱运动的主人。但该犬对有经验的管理反应灵敏，会成为忠实和顺从的伴侣。有短毛型和中长毛型两种被毛。

两耳间距很大

独特的鼻止

肌肉发达的运动型身躯

长至跗关节的低尾

浓密的黑白色被毛

前肢上长有丛毛

中长毛型

波兰低地牧羊犬（POLISH LOWLAND SHEEPDOG）

该犬容易训练成为牧羊犬、护卫犬或伴侣犬

体高
42~50厘米

体重
14~16千克

寿命 12~15年

原产地 波兰

其他毛色

各种毛色

波兰低地牧羊犬在北欧平原地区被繁育用作放牧犬和护卫犬，这种令人喜欢的蓬毛犬身体健壮而又灵活。该犬比较聪明，容易进行多用途训练，其主人应当重视它的运动量和被毛梳理需求。

长毛盖眼

短鼻口部

被长毛掩盖的心形垂耳

椭圆足

厚长而蓬松的黑色被毛，随年龄增长而变稀疏

荷兰斯恰潘道斯犬（DUTCH SCHAPENDOES）

该犬身体灵巧，性格欢快，爱忙碌而不能得闲

体高
40~50厘米

体重
12~20千克

寿命 13~14年

原产地 荷兰

其他毛色

任何毛色

聪明的斯恰潘道斯犬身体灵巧轻快，永不疲倦，是天生完美的牧羊犬。它动如弹簧，可高速奔跑并轻松弹跳跃过障碍物。该犬性格适宜做伴侣犬，但非运动状态下不够活跃。

长顶髻，盖住部分眼睛

长有丰富丛毛的长尾

覆盖面部的长上下须

厚密略卷曲的黑白色被毛

结实紧密的圆形足

南俄罗斯牧羊犬（SOUTH RUSSIAN SHEPHERD DOG）

该犬需要主人充分理解，只在有经验的管理下具备安全性

FCI

体高
62~65厘米

体重
48~50千克

寿命 9~11年

原产地 俄罗斯

其他毛色

苍白灰色

草黄色

黄色和白色

南俄罗斯牧羊犬是繁育自俄罗斯草原的大型牧羊犬，不用于聚拢牧群，而是保护它们不受猛兽袭击。该犬天生支配性强，反应迅速，保护意识强，也称为奥乌查卡（Ovtcharka，俄语为"放牧犬"的意思），需要一个对其建立早期权威的主人。

额头宽但整体狭长的头部

质地粗硬的白色长厚被毛

小三角垂耳

覆有长饰毛的足

卡迪根威尔士柯基犬（CARDIGAN WELSH CORGI）

这是一种个性强，壮实而活跃的小型犬

KC

体高
28~31厘米

体重
11~17千克

寿命 12~15年

原产地 英国

其他毛色

任何毛色

间或有白色斑纹，但不会占据大部分身体

在20世纪30年代，两种威尔士柯基犬被列为独立品种——卡迪根威尔士柯基犬和彭布罗克威尔士柯基犬（见56页）。作为家犬，卡迪根威尔士柯基犬知名度不如它的近亲彭布罗克威尔士柯基犬。要识别卡迪根威尔士柯基犬，可以注意它的耳朵更圆，身躯更长。该犬充满个性，适合小空间家庭。

圆耳端的大大竖耳

狐狸头型

质地粗硬的斑纹短被毛

长而低深的躯干

短而强壮的四肢

长而粗实的尾巴

大而圆的足

彭布罗克威尔士柯基犬 (PEMBROKE WELSH CORGI)

个头不大却叫声响亮，聪明而自信的看门犬

KC

体高
25~30厘米

体重
9~12千克

寿命 12~15年

原产地 英国

其他毛色

浅褐色和黑貂色

两种威尔士柯基犬在威尔士作为牧牛犬和护卫犬有很长历史，彭布罗克威尔士柯基犬更为出名，它与卡迪根威尔士柯基犬的区别在于耳朵更小，尾巴更短。彭布罗克威尔士柯基犬体型小，但精力充沛且警觉性高，是优异的看门犬，喜欢家庭生活。两种犬偶尔会回归放牧本性，喜欢咬啮人的脚踝，但可以早期调教尽量减少这种习性。彭布罗克威尔士柯基犬容易长胖，需要良好的饮食调理和运动。

圆端竖耳

低垂尾

红色被毛，带有白色斑点

带有典型斑点的狐狸头型

黑色和棕黄色被毛

水平背线

胸部白色斑点

短腿

瑞典柯基犬（SWEDISH VALLHUND）

这一少见犬种警觉性高，对人友善并愿意取悦于人

KC

体高
31~35厘米

体重
12~16千克

寿命 12~14年

原产地 瑞典

其他毛色

铁灰色　　　红色

红色和灰色被毛可能混有棕色和黄色

瑞典柯基犬乍一看很像卡迪根威尔士柯基犬（见55页），许多世纪以来被用作牧牛犬。这一外表强悍、喜爱劳动的犬种今天仍在瑞典农场工作，很少被当作看家犬，其乐观天性日益为人们了解和喜爱。瑞典柯基犬活泼而警觉性高，乐于满足主人的要求，是可依赖的狗狗。如果能使其经常保持活跃和忙碌，它可以健康而又充满活力地享有较长寿命。

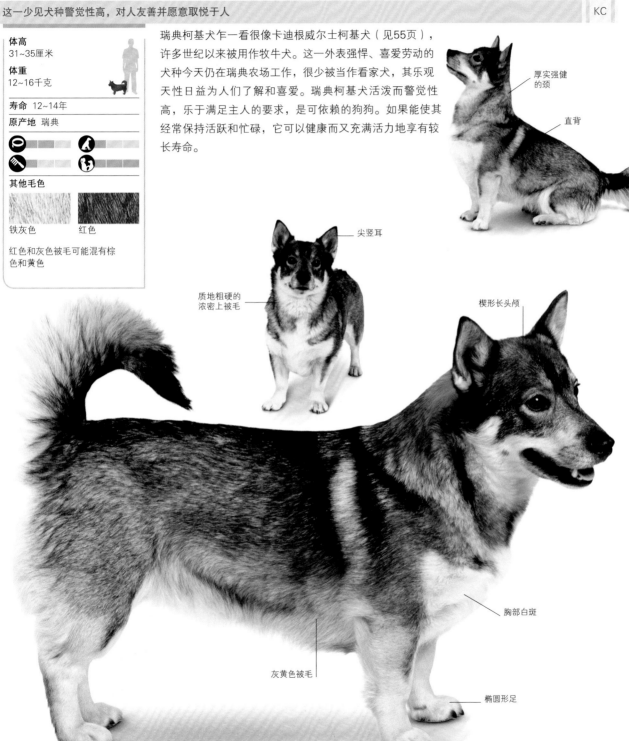

厚实强健的颈

直背

尖竖耳

质地粗硬的浓密上被毛

楔形长头颅

胸部白斑

灰黄色被毛

椭圆形足

新西兰牧羊犬（NEW ZEALAND HUNTAWAY）

该犬聪明而友好，但容易吠叫不止

体高
50~61厘米

体重
18~30千克

寿命 12~14年

原产地 新西兰

其他毛色

三色　　　　深色斑纹

目前也有其他毛色

新西兰牧羊犬可能为德国牧羊犬（见35页）、罗威纳犬（见81页）和边境牧羊犬（见53页）的杂交品种，缺乏犬种标准，因而不为KC认可。该犬在新西兰繁育用作牧羊犬，工作能力出色，作为家犬也日益受人喜爱。

眼睛明亮，眼神警惕

短而厚的黑色被毛

强壮的长四肢

大足

典型棕黄色斑纹

澳大利亚凯尔派犬（AUSTRALIAN KELPIE）

该犬坚忍而吃苦耐劳，精力旺盛，具有很强的放牧天性

FCI

体高
43~51厘米

体重
11~20千克

寿命 10~14年

原产地 澳大利亚

其他毛色

各种毛色

澳大利亚凯尔派犬在澳大利亚广袤的土地上被繁育用作牧羊犬，它精力充沛，身体灵活，耐力无限，不会轻易产生枯燥感。该犬作为全能犬种，在工作中可以充分发挥其放牧技能。

尖竖耳

短而厚的巧克力色防水被毛

厚而略弯曲的刷状尾

狐狸头型

骨骼细但强壮的四肢

澳大利亚牧牛犬 (AUSTRALIAN CATTLE DOG)

该犬强壮而爱劳动，令人信赖，对陌生人较警觉

KC

体高
43~51厘米

体重
14~18千克

寿命 10年以上

原产地 澳大利亚

澳大利亚牧牛犬曾被广泛用于驱赶和护卫牛群，也叫作澳大利亚跟脚犬，在澳大利亚以外鲜为人知。该犬具备很多家犬特征，吃苦耐劳，警惕性高，忠诚于主人，是具有奉献精神的好伴侣。然而该犬带有澳洲野犬祖先的特征，对陌生人天性怀疑。澳大利亚牧牛犬主要繁育用于从事长时间而远距离的紧张工作，因此再大的运动量也累不坏这种精力旺盛的牧牛犬。该犬非常聪明，愿意取悦主人，所以不难训练。

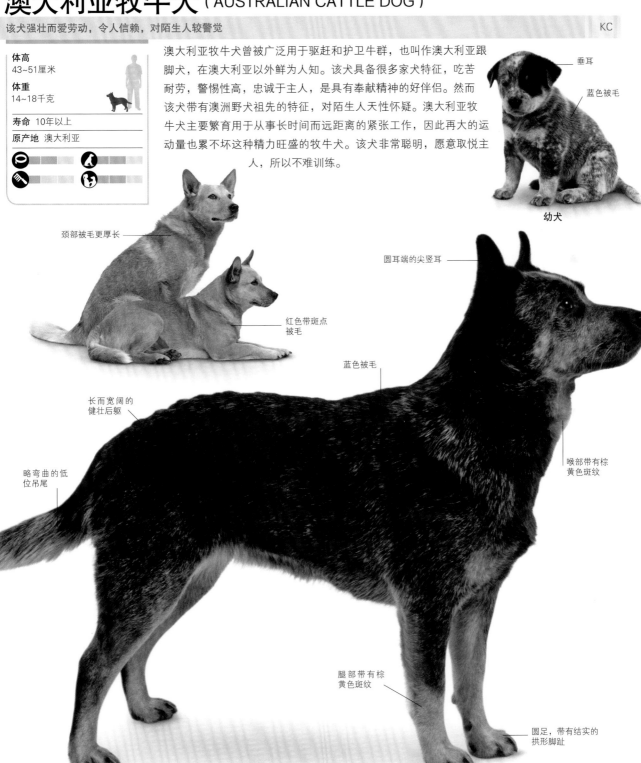

垂耳

蓝色被毛

幼犬

颈部被毛更厚长

红色带斑点被毛

圆耳端的尖竖耳

蓝色被毛

长而宽阔的健壮后躯

略弯曲的低位吊尾

喉部带有棕黄色斑纹

腹部带有棕黄色斑纹

圆足，带有结实的拱形脚趾

兰开夏跟脚犬 (LANCASHIRE HEELER)

该犬非常活跃，喜欢玩耍，很少出现健康问题

体高
25~30厘米

体重
4~7千克

寿命 15年

原产地 英国

其他毛色

赤褐色和棕黄色

兰开夏跟脚犬聪明而坚忍，最初在英格兰北部用作牧牛犬，它热爱劳动的天性非常适合这一用途。该犬种可能是彭布罗克罗威尔士柯基犬（见56页）和曼彻斯特梗（见211页）的杂交结果。不像其他跟脚犬那么爱啃脚跟，这种长相灵巧的小犬如果认真加以训练，会与家人相处融洽。

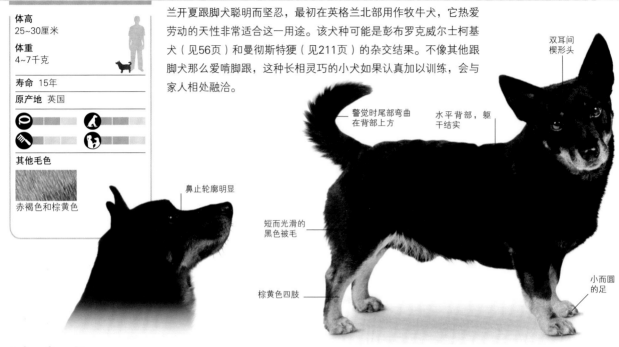

双耳间楔形头

警觉时尾部弯曲在背部上方

水平背部，躯干结实

鼻止轮廓明显

短而光滑的黑色被毛

棕黄色四肢

小而圆的足

波密犬 (PUMI)

这是一种能适应家居生活的放牧犬

体高
38~47厘米

体重
8~15千克

寿命 12~13年

原产地 匈牙利

其他毛色

奶油色   灰色

金色

胸部及脚趾可能有白色小斑点

18世纪时波密犬在匈牙利得以繁育，是匈牙利波利犬（见61页）和德国、法国獒的杂交后代。波密犬是优良的放牧犬和全能农场犬，也是同样出色的家犬，它勇敢而活跃，运动能使其健壮成长。

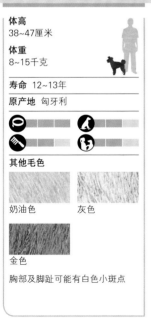

耳朵上有浓密弯曲的簇毛

高耸的尾巴

狭窄的梗犬类头型

肌肉强健的瘦躯干

厚而卷曲的黑色被毛

可蒙犬（KOMONDOR）

可蒙犬不适合新手，它需要有智慧的管理和特别精心的被毛梳理

KC

体高
60~80厘米

体重
36~61千克

寿命 10年以下

原产地 匈牙利

可蒙犬主要繁育用于保护牲畜，它有很强的护卫本能，加之体型庞大，力量惊人，因此需要一个有充分养犬经验且生活空间较大的犬主。要保养好可蒙犬独特的流苏状被毛，每天的梳理是必需的。

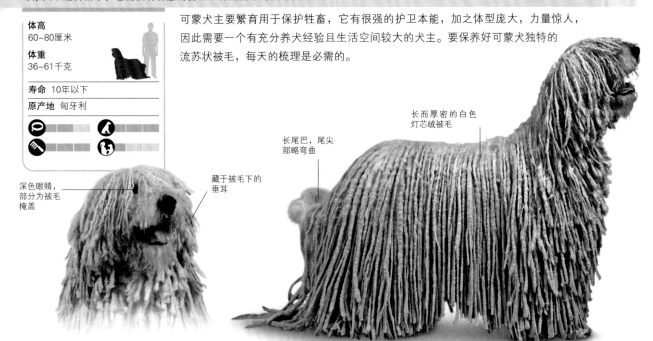

长而厚密的白色
灯芯绒被毛

长尾巴，尾尖
部略弯曲

深色眼睛，
部分为被毛
掩盖

藏于被毛下的
垂耳

匈牙利波利犬（HUNGARIAN PULI）

该犬非常聪明，总是渴望取悦主人，需要主人投入时间和关注

KC

体高
36~44厘米

体重
10~15千克

寿命 12年以上

原产地 匈牙利

据说匈牙利波利犬由来自亚洲的游牧部族马札尔人带到中欧地区，传统上被当作放牧犬。该犬招人喜爱，学东西快，是很好的家庭宠物，但若没有乐趣和陪伴它会感觉乏味。其灯芯绒被毛需要特别打理。

其他毛色

白色　　　　　灰色

浅褐色

胸部及足部可能有白色
小斑点

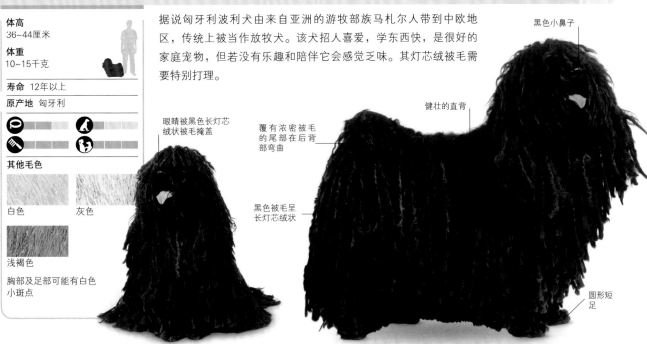

黑色小鼻子

健壮的直背

覆有浓密被毛
的尾部在后背
部弯曲

眼睛被黑色长灯芯
绒状被毛掩盖

黑色被毛呈
长灯芯绒状

圆形短
足

贝加马斯卡牧羊犬（BERGAMASCO）

这种户外活动型的犬需要充足空间和充分的被毛梳理

KC

体高
54~62厘米

体重
26~38千克

寿命	10年以上

原产地	意大利

其他毛色

浅褐色和黑亮褐色

黑色

可能有白色斑纹

力量惊人的贝加马斯卡牧羊犬在意大利北部山区被繁育用作牧羊犬和护卫犬，能适应艰苦的户外生活。它的被毛厚长、油腻且容易打结，但结成丛毛状时打理所需时间就大大减少了。该犬可作为伴侣，忠实于主人，但需要严格控制。

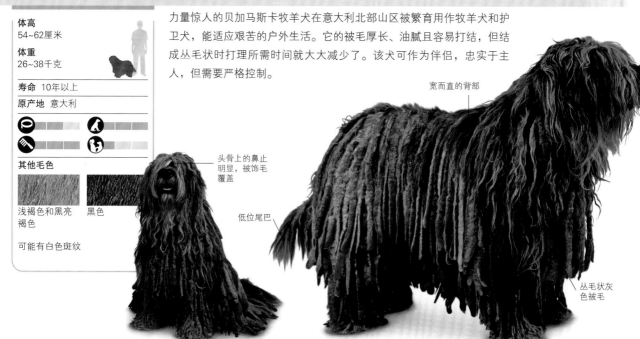

宽而直的背部

头骨上的鼻止明显，被饰毛覆盖

低位尾巴

丛毛状灰色被毛

艾迪犬（AIDI）

该犬保护意识强，热爱主人，但并非理想的家犬

FCI

体高
53~61厘米

体重
23~25千克

寿命	约12年

原产地	北非

其他毛色

浅褐色

棕色

黑色

浅褐色、棕色和黑色被毛可能有白色小斑点

艾迪犬也称为阿特拉斯山地犬（Atlas Mountain Dog），很多世纪以来被摩洛哥游牧民族用作护卫犬。艾迪犬忠实无畏，时刻警惕保卫主人和财产，但它强烈的保卫本能也意味着不能总是适应家庭生活模式。

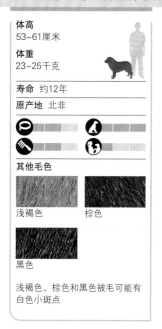

间距很大的垂耳

黑唇

黑色斑纹

厚密的中长白色被毛

长而被毛浓密的低位尾巴

腿后部丛毛

澳大利亚牧羊犬（AUSTRALIAN SHEPHERD）

这一性情平和、聪明的犬种非常适应家庭生活

KC

体高
46~58厘米

体重
18~29千克

寿命 10年以上

原产地 美国

其他毛色

红色、杂有黑斑的蓝灰色

黑色

所有被毛都可能有棕黄色斑纹

澳大利亚牧羊犬是在美国繁育的品种，因为它的祖先是19世纪末移民到澳大利亚，后来又移居美国的巴斯克牧羊人役使的牧羊犬，故起名"澳大利亚牧羊犬"。澳大利亚牧羊犬今天仍被用作牧场犬和跟踪犬，也成为人们日益喜爱的宠物。

鼻止显著

高位垂耳

棕黄色斑纹

浓密毛尾

厚密卷曲的杂有黑斑的蓝灰色被毛

延伸至颈部、胸部和腿部的白毛

玛瑞玛牧羊犬（MAREMMA SHEEPDOG）

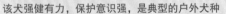

该犬强健有力，保护意识强，是典型的户外犬种

KC

体高
60~73厘米

体重
30~45千克

寿命 10年以上

原产地 意大利

意大利中部平原的牧羊人长期以来使用玛瑞玛牧羊犬保护他们的羊群。仪表堂堂的姿态和美丽厚密的被毛赋予其俊逸而吸引人的外表，但它需要专业的管理。如其他许多被繁育用于户外工作的犬种一样，玛瑞玛牧羊犬并不是理想的家犬品种。

面部绒毛

小耳朵，休息时平顺垂下

黑边眼睛

颈部厚领毛

密毛低位尾巴

厚密卷曲的白色被毛

希腊牧羊犬（HELLENIC SHEPHERD DOG）

该犬意志坚强，对熟人友好，但对生人警觉

体高
60~75厘米

体重
32~50千克

寿命 12年

原产地 希腊

其他毛色

各种毛色

希腊牧羊犬的祖先可能是许多世纪以前由土耳其移民带入希腊的牧羊犬。该犬坚忍勇敢，是牧群的天生领袖和保护神。希腊牧羊犬有着工作犬的优秀品质，但性格过于具有支配性，不是可靠的家庭伴侣犬。被毛有长短两种类型。

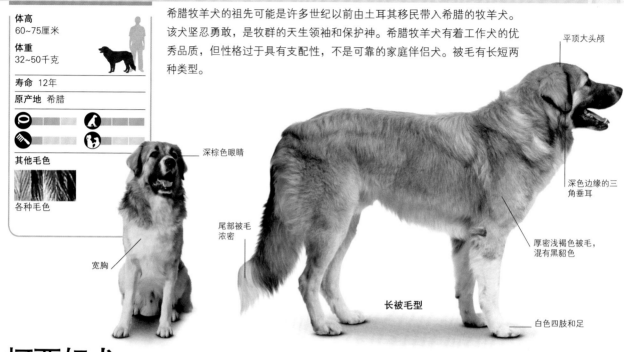

平顶大头颅

深棕色眼睛

深色边缘的三角垂耳

厚密浅褐色被毛，混有黑貂色

尾部被毛浓密

宽胸

长被毛型

白色四肢和足

柯西奴犬（CURSINU）

该犬忠实而聪明，在户外很活跃，但在室内安静

体高
46~58厘米

体重
不详

寿命 10年以上

原产地 法国

柯西奴犬在科西嘉岛生存了百年以上，但直到2003年才在法国被认可。该犬精力充沛，奔跑速度快且多才多艺，被用于捕猎和放牧。尽管它可以适应家居生活，但作为工作犬可能会展示其最佳状态。

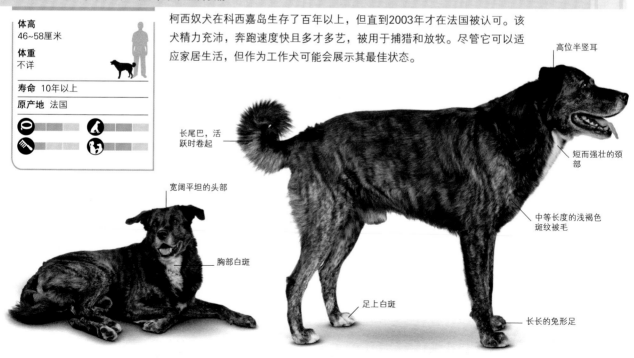

高位半竖耳

短而强壮的颈部

长尾巴，活跃时卷起

中等长度的浅褐色斑纹被毛

宽阔平坦的头部

胸部白斑

足上白斑

长长的兔形足

罗马尼亚牧羊犬（ROMANIAN SHEPHERD DOGS）

该犬勇敢而警惕，需要充分的奔跑空间和自由

体高
59~78厘米

体重
35~70千克

寿命 12~14年

原产地 罗马尼亚

其他毛色

白色和米色混合　黑色

布科维纳牧羊犬毛色可呈现白色、白色和米色混合、黑色或苍白灰色，身体上会有色斑

在多山的罗马尼亚喀尔巴阡地区，牧羊人依靠大型健壮的犬在各种天气保护牧群。地区性繁育造就若干不同的罗马尼亚牧羊犬品种，如喀尔巴阡牧羊犬（Carpatin）、布科维纳牧羊犬（Bucovina）和麦罗蒂克牧羊犬（Mioritic）。所有品种都更适应户外生活而非室内生活，而且它们都不是出名的伴侣犬。罗马尼亚牧羊犬有着强烈的看护犬本能和领地观念，对陌生人怀疑，除了早期的社交培养和严格训练，它还需要充分的体力和智力活动。

被毛长于其他罗马尼亚牧羊犬

白色被毛，带有浅褐色和灰色斑纹

麦罗蒂克牧羊犬

粗硬、略卷曲的被毛

喀尔巴阡牧羊犬

延伸至鼻口部的焰斑

黑鼻子

尾部丰密被毛

狼灰色被毛

颈部有略长的领毛

前肢后部丛毛

喀尔巴阡牧羊犬

足上白斑

阿彭则牧牛犬（APPENZELL CATTLE DOG）

这是一个多才艺的犬种，喜欢工作也喜欢家庭生活

FCI

体高
50~56厘米

体重
22~32千克

寿命 12~13年

原产地 瑞士

阿彭则牧牛犬繁育在阿尔卑斯农场，主要用来放牧和警戒，但也很适应都市生活。该犬在瑞士有忠实的拥趸，但在其他地区尚不出名。阿彭则牧牛犬头脑机敏，警觉性高且精力旺盛，在忙碌和感兴趣时状态最佳。

白色焰斑，可延伸至鼻口部两侧

警觉时向前竖起的垂耳

镰刀尾

面部红棕色斑纹

白色胸脯

杏仁状小眼睛

厚密平坦而闪亮的三色被毛

白色足

恩特雷布赫山地犬（ENTLEBUCHER MOUNTAIN DOG）

该犬外形灵巧，情绪欢乐

KC

体高
42~50厘米

体重
21~28千克

寿命 11~15年

原产地 瑞士

恩特雷布赫山地犬是来自恩特雷布赫山谷地区的赶牛犬，在数种确认的瑞士山地犬中它体型最小，如今成为日益受人喜爱的家犬。该犬充满乐观情绪，自信心强，在家庭中举止得体，但保护性本能强烈，对生人很警惕。

高位竖耳

背部长度大于腿部

白色胸脯

眼部上方红棕色斑纹

略弯曲的长尾巴

短而硬、光滑的三色被毛

腿上红棕色斑纹

伯尔尼兹山地犬（BERNESE MOUNTAIN DOG）

该犬身体带有美丽的斑纹，性情温柔而富有魅力

KC

体高
58~70厘米

体重
32~54千克

寿命 10年以下

原产地 瑞士

这一可爱的犬种取名自瑞士的伯尔尼州，在该地区传统上用作编篮者的运输工具。它的外表和性情都很吸引人，作为家犬也很受人喜爱。尽管个头大又强壮，但伯尔尼兹山地犬很易于训练，性格很温顺可靠，对孩子友爱。它惹人注目的三色被毛需要充分梳理保养，以保持其丝滑质地和特有的柔和光泽。

三角垂耳

头部白色焰斑

宽头型，鼻止明显

长而毛密的墨黑色尾巴

长而丝滑、略卷曲的三色被毛

宽阔深胸，带白色斑纹

红棕色斑纹，向下延伸至足部

大型瑞士山地犬（GREAT SWISS MOUNTAIN DOG）

该犬体型大而强壮，性情温柔，对孩子和其他宠物友好

FCI

体高
60~72厘米

体重
36~59千克

寿命 8~11年

原产地 瑞士

大型瑞士山地犬繁育在瑞士阿尔卑斯地区，这种高大强壮而引人注目的犬曾被用来牵引装满牛奶、奶酪和其他农产品的货车，也用于牧牛和警戒。该犬在20世纪初几乎消失，多亏爱犬人士保护繁育，才免于灭绝，但数量仍然稀少。作为真正意义上的工作犬，其性格讨人喜欢，是在家中能腾出较大空间的爱犬人士的良好伴侣。

白色胸脯

宽阔平坦的头骨

与头贴近的三角耳

眼部上方棕黄色斑点

深色眼睛，神情友善

图案对称的三色被毛

肌肉强壮的身躯

白色瑞士牧羊犬（WHITE SWISS SHEPHERD DOG）

该犬对家人友好，喜欢儿童，但对陌生人警觉

FCI

体高
53~66厘米

体重
25~40千克

寿命 8~11年

原产地 瑞士

纯白牧羊犬在20世纪70年代由北美引入瑞士，在随后的20多年间繁育改良，于1991年作为一个品种在瑞士被认可。白色瑞士牧羊犬脾气好又聪明，适合工作和陪伴，有中毛和长毛两种被毛类型。

高位竖耳

拱形颈部，被毛更长

黑色眼睛

浓密毛尾

白色被毛

长被毛型

安那托利亚牧羊犬（ANATOLIAN SHEPHERD DOG）

该犬保护意识强，忠实于主人，与儿童和陌生人相处时需要监管

KC

体高
71~81厘米

体重
41~64千克

寿命 12~15年

原产地 土耳其

其他毛色

任何毛色

安那托利亚牧羊犬作为畜牧犬历史悠久，这一强壮而吃苦耐劳的犬种今天在土耳其仍被用作工作犬。该犬因其勇气和独立精神而被广泛繁育，它尊重严格又有爱心的犬主的权威，如果当作伴侣犬喂养，需要早期开始社交训练。

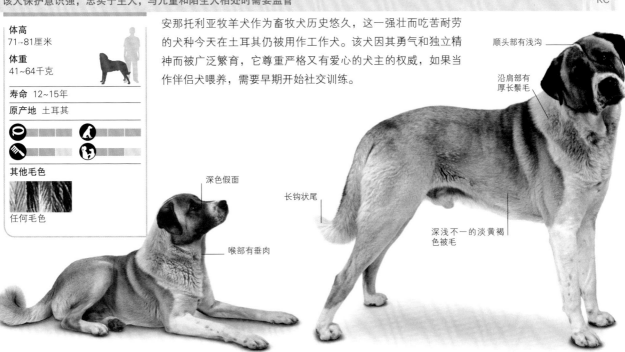

顺头部有浅沟

沿肩部有厚长鬃毛

深色假面

长钩状尾

喉部有垂肉

深浅不一的淡黄褐色被毛

阿卡巴士犬（AKBASH）

该犬保护意识极强，需要有经验的主人管理

体高
69~79厘米

体重
34~59千克

寿命 10~11年

原产地 土耳其

阿卡巴士犬是为看护牧群而培育的土耳其犬种，强壮有力，已有数千年历史。该犬在北美牧场用作牲畜和财产守护者，最适应工作环境，但需要有经验的管教以避免行为问题。它有中毛和长毛两种被毛类型。

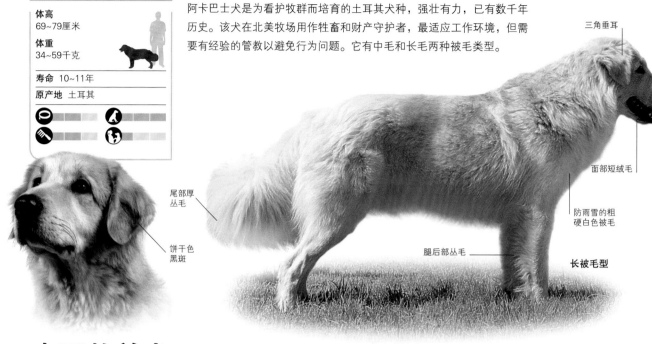

三角垂耳

面部短绒毛

防雨雪的粗硬白色被毛

腿后部丛毛

长被毛型

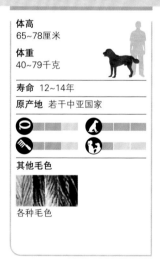

尾部厚丛毛

饼干色黑斑

中亚牧羊犬（CENTRAL ASIAN SHEPHERD DOG）

该犬不是理想的家犬，需要耐心和意志坚强的主人

FCI

体高
65~78厘米

体重
40~79千克

寿命 12~14年

原产地 若干中亚国家

其他毛色

各种毛色

中亚牧羊犬是中亚地区（今哈萨克斯坦、土库曼斯坦、塔吉克斯坦、乌兹别克斯坦和吉尔吉斯斯坦地区）的游牧民几百年来一直用来保护牲畜的犬种，曾在苏联选择繁育。这一少见的犬种需要早期社会化训练，有长毛和短毛两种被毛类型。

鼻止适中

垂耳

强健的肩部

厚密白色被毛，带柠檬色斑纹

典型的獒犬类身躯

短被毛型

大的圆形足

高加索牧羊犬（CAUCASIAN SHEPHERD DOG）

该犬保护意识强，性情凶猛，不适合当宠物犬

FCI

体高
67~75厘米

体重
45~70千克

寿命 10~11年

原产地 俄罗斯

其他毛色

各种毛色

高加索牧羊犬由各类大型犬杂交繁育而成，曾在高加索地区用来保护牧群。该犬种的选择繁育于20世纪20年代在苏联开始进行，后在德国持续。高加索牧羊犬是优秀的看护犬，但想让它成为好的伴侣犬则需要精心管教。

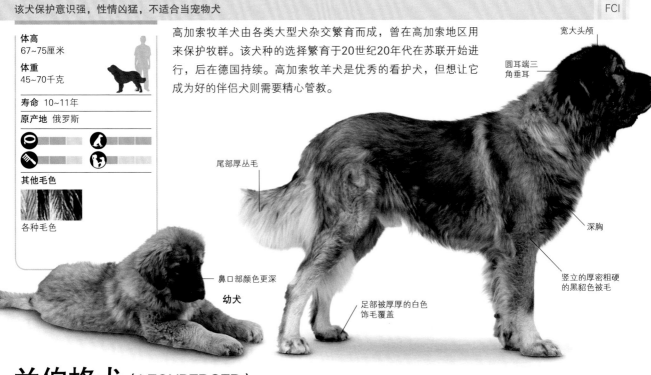

宽大头颅

圆耳端三角垂耳

尾部厚丛毛

深胸

竖立的厚密粗硬的黑貂色被毛

鼻口部颜色更深

幼犬

足部被厚厚的白色饰毛覆盖

兰伯格犬（LEONBERGER）

该犬脾性好，是稳重友善的优秀家犬

KC

体高
72~80厘米

体重
45~77千克

寿命 10年以上

原产地 德国

其他毛色

沙黄色　　红色

可能有白色斑纹

兰伯格犬以德国巴伐利亚州的兰伯格市命名，19世纪中期作为圣伯纳犬（见72页）和纽芬兰犬（见74页）的杂交后代被繁育。在第二次世界大战后兰伯格犬几乎消失，后来恢复兴旺，由于其友善的天性和出众的外表广受人们喜爱。

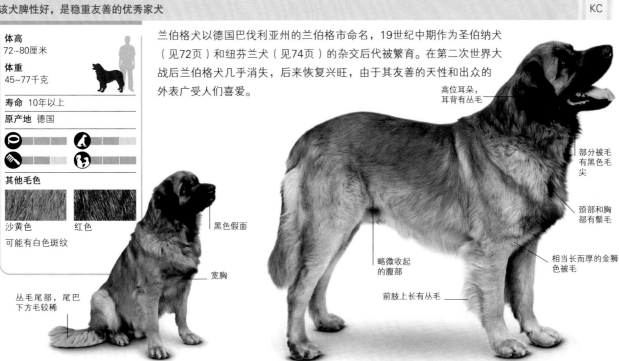

高位耳朵，耳背有丛毛

部分被毛有黑色毛尖

颈部和胸部有鬃毛

相当长而厚的金狮色被毛

黑色假面

宽胸

略微收起的腹部

前肢上长有丛毛

丛毛尾部，尾巴下方毛较稀

圣伯纳犬（ST. BERNARD）

该犬体型大得几乎无可匹敌，有着令人愉悦而友善的性格

KC

体高
70~75厘米

体重
59~81千克

寿命 8~10年

原产地 瑞士

其他毛色

斑纹

圣伯纳犬最初由瑞士阿尔卑斯山区圣伯纳修道院的僧侣用獒犬类杂交而成，该犬作为山地救援犬的名声世人皆知。有许多优点的圣伯纳犬富有爱心，为人深深信赖，它性格稳重，生活节奏不疾不徐。该犬因为体型过大，需要尽可能大的生活空间，较少充当家犬，食物费用支出很大。它有绒毛和硬毛两种类型的被毛。

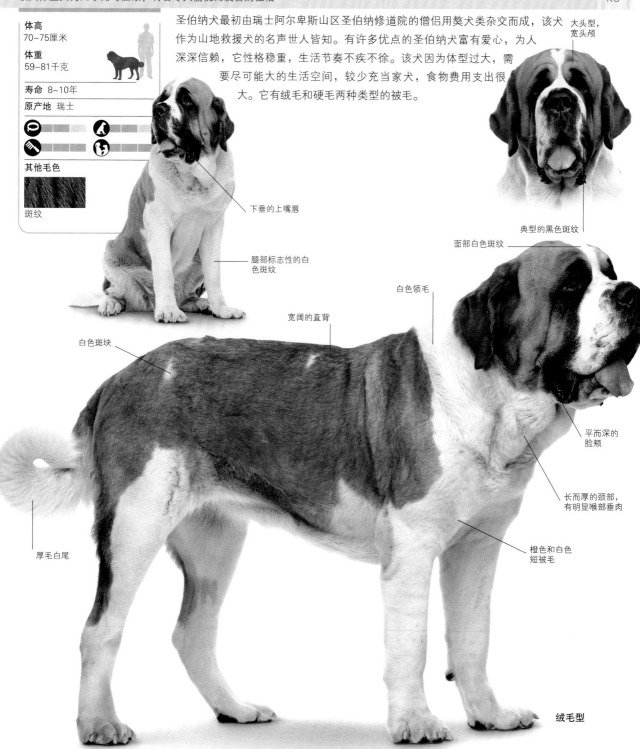

大头型，宽头颅

下垂的上嘴唇

典型的黑色斑纹

面部白色斑纹

腿部标志性的白色斑纹

白色领毛

宽阔的直背

白色斑块

平而深的脸颊

长而厚的颈部，有明显喉部垂肉

橙色和白色短被毛

厚毛白尾

绒毛型

泰托拉牧羊犬（TATRA SHEPHERD DOG）

该犬对家人很温和，对陌生人不友善

FCI

体高
60~70厘米

体重
36~59千克

寿命 10~12年

原产地 波兰

泰托拉牧羊犬在今天波兰的泰托拉山区仍被用来保护和驱赶牧群，在保护家庭财产和家人时同样尽职尽责。该犬体型大而俊逸，对熟悉的人通常温和，举止良好，面对威胁时它是不可小觑的威慑力量。如果要它做家犬，有经验犬主的合理而严格的管教，以及对其潜在攻击性的监视都是不可缺少的。泰托拉牧羊犬极厚的被毛脱毛现象严重，需要经常梳理。

体型庞大

大鼻孔的
黑鼻子

圆耳端三角垂耳

长至跗关节的
尾巴

厚密而略卷曲的白
色被毛

眼睛和嘴唇
有深色边缘

环绕颈部的厚
长鬃毛

四肢下部和足部被毛
较短

纽芬兰犬（NEWFOUNDLAND）

该犬体型大却很温和友好，喜欢游泳戏水

体高
66~71厘米

体重
50~69千克

寿命 9~11年

原产地 加拿大

其他毛色

黑棕色

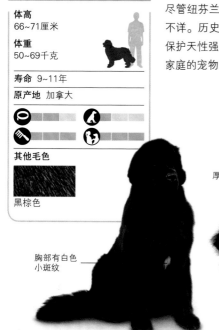

尽管纽芬兰犬的名字与加拿大同名省份相关，但该犬真正的起源地不详。历史上渔民用其寻回渔网，今天有时用于海上救援。该犬保护天性强，以对儿童温柔著称，但其硕大的体型不适合做小型家庭的宠物。

大头

厚密粗硬、略油性的黑色被毛

厚毛尾巴

前肢有丛毛

大型足

胸部有白色小斑纹

兰希尔犬（LANDSEER）

因为一位画家而出名的黑白色纽芬兰犬种

体高
66~71厘米

体重
50~69千克

寿命 9~11年

原产地 加拿大

该犬是纽芬兰犬的变色品种，在有些国家被视为不同品种。兰希尔犬以维多利亚时代中期的英国画家埃德温·兰希尔爵士的名字而命名，因为他经常画这种犬。兰希尔犬安静友好而又独立，除去双色被毛外，拥有与纯色纽芬兰犬一样的特征。

黑色头颅，鼻止发育良好

强壮的颈部

独特的黑色鞍背被毛

黑白色被毛

腿前部短绒毛，后部丛毛

比利牛斯山地犬（PYRENEAN MOUNTAIN DOG）

这种巨型犬满意于中等运动量，喜欢家庭生活

KC

体高
65~70厘米

体重
40~50千克

寿命 9~11年

原产地 法国

其他毛色

纯白色

比利牛斯山地犬是最伟岸的犬种之一，源自法国比利牛斯山，其传统用途为畜牧犬，现已完全融入现代家庭生活。比利牛斯山地犬性情稳重，不好斗，对儿童友好，安全可靠。尽管该犬体型大，力气惊人，但并不需要超大运动量，悠闲散步即可，但犬主应当乐于投入精力梳理它的被毛，以使其厚厚的被毛处于最佳状态。

头上棕黄色斑块

三角小耳朵

带黑边的深琥珀色眼睛

厚密卷曲的白色被毛

环绕颈部和肩部的厚鬃毛

羽毛尾

臀部棕黄色斑纹

后肢长有双残留趾，被饰毛覆盖

比利牛斯獒犬（PYRENEAN MASTIFF）

一般情况下该犬性情温和，仪态高贵，但对陌生人生疑

KC

体高
72~81厘米
体重
54~70千克

寿命 10年
原产地 西班牙

比利牛斯獒犬是西班牙本土犬种，最初繁育用于保护山区的牧群。该犬体型大而勇猛，敢于攻击野熊和狼，现在常用作看门犬。比利牛斯獒犬聪明而稳重，经过合理训练可成为很好的伴侣犬。

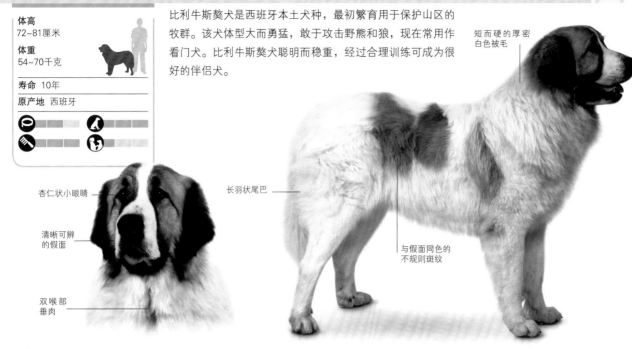

短而硬的厚密白色被毛

杏仁状小眼睛

清晰可辨的假面

双喉部垂肉

长羽状尾巴

与假面同色的不规则斑纹

藏狮（TIBETAN KYI APSO）

罕见的山地犬种，对所属家庭和成员占有欲极强

体高
56~71厘米
体重
31~38千克

寿命 7~10年
原产地 中国

其他毛色

任何毛色

只有很少一部分藏狮生活在中国西藏以外，在西藏本地该犬种也较少见。藏狮传统上用来守卫牧群和家园，它有着独特的跳跃步态，身体灵活，速度爆发快。

低位吊耳

尾巴高高卷起

长须脸

后肢强健

厚密卷曲的黑色被毛

颈部比躯干相对宽些

西藏獒犬（TIBETAN MASTIFF）

小型獒犬之一，可能需要较多时间进行训练和社交培养

KC

体高
61~66厘米

体重
84~140千克*

寿命 10年以上

原产地 中国

其他毛色

暗蓝灰色　　金色

黑色和灰色犬可能有棕黄色斑纹

西藏獒犬作为喜马拉雅地区游牧部族牧羊人使用的放牧犬有相当一段历史，该犬保护意识很强，在中国西藏，它也是要小心接近的犬种。但在西方，经过100多年的选择繁育，西藏獒犬大大减少了进攻习性，已成为可接纳的家犬和好的伴侣犬，虽然它还不太喜欢对人亲切。西藏獒犬需要一位有耐心的犬主给予其完整而稳定的训练，假以时日，也可以成为成熟的家犬。

胸部有白星点

眼上方有棕黄色斑点

厚毛尾巴，蜷曲在背部上

短毛垂耳

颌部强壮

颈部和肩部的被毛形成鬃毛

浓密黑色直被毛

脚趾间有丛毛

*原文有误，西藏獒犬体重超出常理（参见70~76页）。

——译者注

斯洛伐克楚维卡犬 (SLOVAKIAN CHUVACH)

该犬坚忍无畏，如果合理训练可成为优秀的家犬

FCI

体高
59~70厘米

体重
31~44千克

寿命 11~13年

原产地 斯洛伐克

斯洛伐克楚维卡犬最初是斯洛伐克阿尔卑斯山区的牧羊犬，现在已经成功繁育为优良的家犬。这种大而强壮的犬保留了非凡的警惕性，成为牧场和牲畜的超级护卫，有策略的培训可使其达到最佳训练结果。

面部绒毛

长有丰富丛毛的低尾

宽前额，带有浅沟

高位垂耳

略卷曲的白色被毛

匈牙利库瓦茨犬 (HUNGARIAN KUVASZ)

该犬平时待人亲切，但在防卫时变得富有攻击性

KC

体高
66~75厘米

体重
32~52千克

寿命 10~12年

原产地 匈牙利

匈牙利库瓦茨犬可能是匈牙利犬种里最古老和知名的，曾被当作牧羊犬。该犬天生的保护本能会导致其具有攻击性，在无经验的犬主管理下可能成为一个麻烦，需要严格的训练方能使其成为一只为人接受的家犬。

宽头颅，鼻止不突出

粗硬卷曲的白色被毛

肌肉发达的颈部

圆耳端三角垂耳

长且极为强壮的大腿

霍夫瓦尔特犬 (HOVAWART)

该犬是非常吃苦耐劳而又忠心耿耿的伴侣，有时会企图支配其他犬只

KC

体高
58~70厘米

体重
28~45千克

寿命 10~14年

原产地 德国

霍夫瓦尔特犬有相当长的历史，其祖先据说在13世纪用作牧场犬。它作为伴侣犬虽不出名，但日渐受人欢迎，该犬的现代品种在20世纪上半叶的德国被繁育进化成功。霍夫瓦尔特犬非常吃苦耐劳，无论什么天气都乐意走出户外，是家庭里友好忠实的朋友。尽管它意志坚强，但并不难训练，不过在其他犬只面前要小心管理。

黑色和金色被毛

三角垂耳

中等长度金色被毛

厚毛尾巴，可有一些白色被毛

头骨和鼻口部等长

浓密黑色被毛

前肢可有很长的丛毛

椭圆足，拱形脚趾

法国狼犬（BEAUCERON）

这一活跃的犬种喜爱工作，但需要精心的社交化训练

KC

法国狼犬是来自法国中部波瑟平原地区的牧犬、护卫犬，是优秀的工作犬，在合适的环境中也是温和的家庭伴侣犬。这种强壮的大型犬对其他犬可能不够容忍，早期训练可以最大程度地减少潜在问题。

体高
63~70厘米

体重
29~39千克

寿命 10~15年

原产地 法国

其他毛色

灰色、黑色和棕黄色

可能会有一些白色胸毛

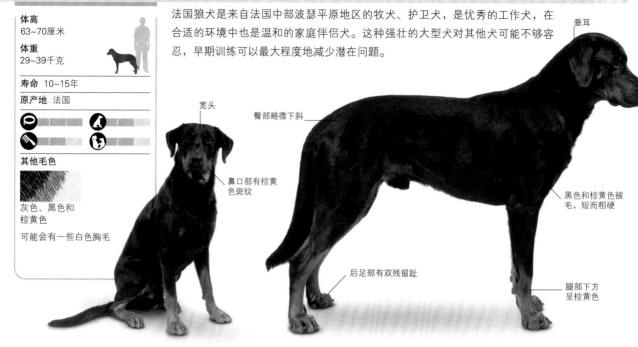

宽头

鼻口部有棕黄色斑纹

垂耳

臀部略微下斜

黑色和棕黄色被毛，短而粗硬

后足部有双残留趾

腿部下方呈棕黄色

马略卡牧羊犬（MAJORCA SHEPHERD DOG）

该犬在原产国很受人喜爱，在境外鲜为人知

FCI

马略卡牧羊犬在世界上相对少见，在西班牙东部的马略卡岛曾被广泛用作牧羊犬，是当地人的骄傲，现在则是受人喜爱的表演犬。该犬尽管乐意听从主人命令，但牧羊犬本能使其对陌生人和其他犬戒备心很强。

体高
62~73厘米

体重
35~40千克

寿命 11~13年

原产地 西班牙

间距大的小眼睛

锥形尾巴

黑色短被毛

小足，拱形脚趾

罗威纳犬（ROTTWEILER）

健壮的大型犬，适合严格而有责任心的犬主

KC

体高
58~69厘米

体重
38~59千克

寿命 10~11年

原产地 德国

罗威纳犬曾在德国南部用作牧牛犬，不幸获得一个危险凶恶的护卫犬形象。然而，该犬并不是天生的坏脾气，若由严格而有经验的犬主加以精心训练，并注意其进攻性的潜在触发可能，它也可成为稳重而顺从的伴侣犬。罗威纳犬力量大，大摇大摆的步态令人印象深刻，保护反应易被激惹。就体型而言，该犬可谓灵活性很强，其健硕的体格表明它喜欢充分活跃的运动。

头部清晰可见的棕黄色斑纹

小型垂耳

宽阔深胸

宽阔头型，鼻止清晰

深鼻口部，上嘴唇紧致下垂

闪亮的黑色和棕黄色短绒被毛

胸部棕黄色斑纹

腿部棕黄色斑纹

沙皮犬（SHAR PEI）

沙皮犬的怒容之下隐藏着友善的性情

KC

体高
46~51厘米

体重
18~25千克

寿命 10年以上

原产地 中国

其他毛色

各种毛色

沙皮犬是中国本土犬种，早期用途包括放牧、保卫牲畜、狩猎和斗架，但其温和的性格和相对小的体型适合做城市或乡村家庭的宠物。沙皮犬独特的外貌对人们有巨大的吸引力，至少在某时期拥有一只沙皮犬是一种时尚。一些养殖者企图通过繁育面部皮肤极度松弛和褶皱较多的犬来突出该犬种的皱纹面容，但是这会导致沙皮犬的眼疾，现在该做法一般是有损育种者名声的。

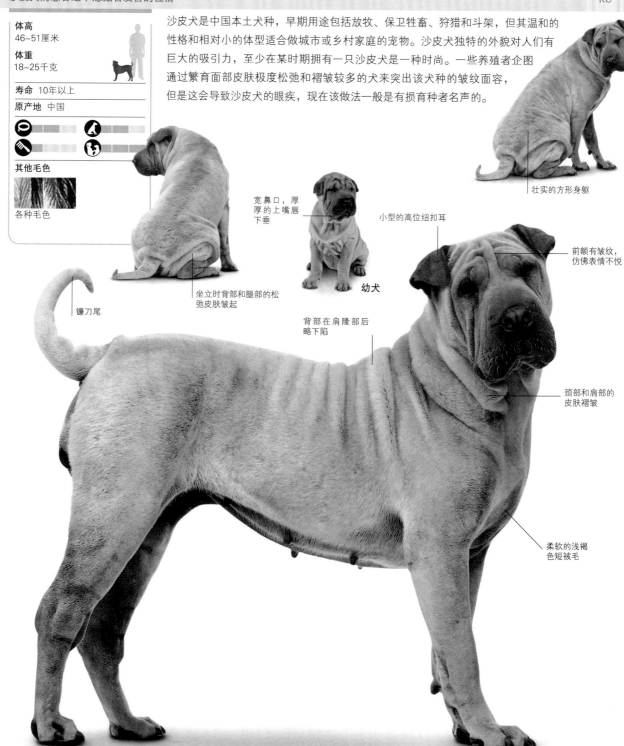

壮实的方形身躯

宽鼻口，厚厚的上嘴唇下垂

小型的高位纽扣耳

前额有皱纹，仿佛表情不悦

幼犬

镰刀尾

坐立时背部和腿部的松弛皮肤皱起

背部在肩隆部后略下陷

颈部和肩部的皮肤褶皱

柔软的浅褐色短被毛

台湾犬 （TAIWAN DOG）

该犬需要广阔的开放空间，喜欢追逐小动物

FCI*

体高
43~52厘米

体重
12~18千克

寿命 10年以上

原产地 中国

其他毛色

各种毛色

台湾犬，以前称为台湾山地犬，即使在中国台湾也是少见品种。据信是当地人以前打猎使用的半野犬的后代。该犬可成为聪明的家犬，但其狩猎本能需要加以控制。

密毛高位镰刀尾

竖耳

短而硬的斑纹被毛

黑色鼻子

向上收起的腹部

修长强健的四肢

马略卡獒犬 （MALLORCA MASTIFF）

该犬是杰出的看门犬，兼备勇气和沉稳的性格

FCI

体高
52~58厘米

体重
30~38千克

寿命 10~12年

原产地 西班牙

其他毛色

黑色

马略卡獒犬也称为卡德博犬（Ca de Bou），有斗架和用来激惹斗牛的用途背景。这一强健的犬种有獒犬典型的体格和警觉的天性，当被严格而平和地管教时社交表现良好，但它更适合护卫犬工作而非家庭宠物生活。

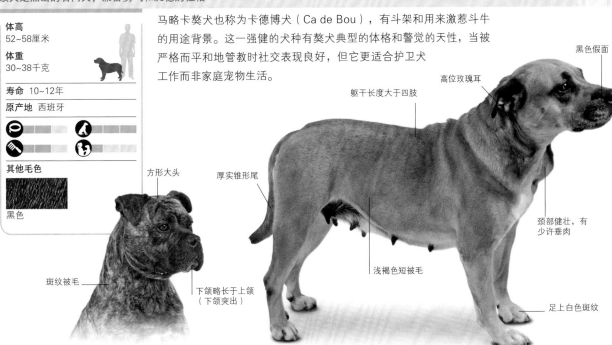

方形大头

厚实锥形尾

躯干长度大于四肢

黑色假面

高位玫瑰耳

颈部健壮，有少许垂肉

斑纹被毛

下颌略长于上颌（下颌突出）

浅褐色短被毛

足上白色斑纹

加那利杜高犬（DOGO CANARIO）

该犬体型大而强壮，意志坚强，不适于无经验的犬主

FCI

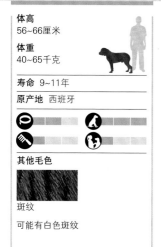

体高
56~66厘米

体重
40~65千克

寿命 9~11年

原产地 西班牙

其他毛色

斑纹

可能有白色斑纹

加那利杜高犬在19世纪早期的加那利群岛繁育，据说其祖先包括獒犬（见93页）。该犬很难训练和社交培养，在了解并能够控制其支配欲的犬主手中才能被驾驭，需要早期社交训练。

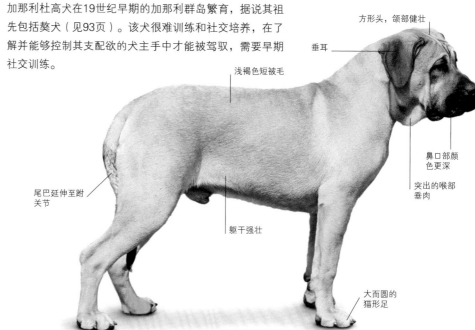

方形头，颌部健壮

垂耳

浅褐色短被毛

鼻口部颜色更深

突出的喉部垂肉

尾巴延伸至跗关节

躯干强壮

大而圆的猫形足

阿根廷杜高犬（DOGO ARGENTINO）

该犬被繁育用于狩猎，若社交训练成功会性格表现良好

FCI

体高
60~68厘米

体重
36~45千克

寿命 10~12年

原产地 阿根廷

阿根廷杜高犬起源于20世纪20年代的阿根廷科尔多瓦，是一位当地医生为获取大型猎犬所进行的创造，他用像獒犬和斗牛犬（见94页）之类的斗犬杂交育成了这一新犬种。阿根廷杜高犬性格温和，但有时会有过分保护意识。

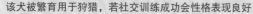

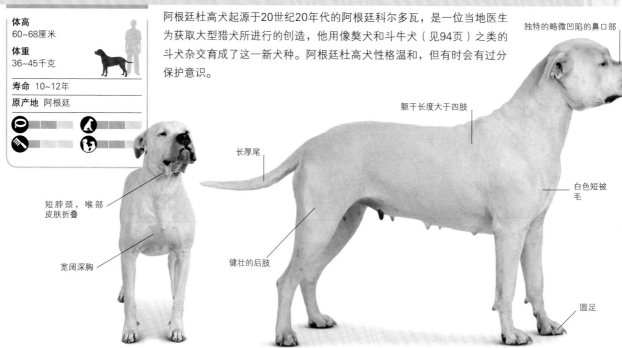

独特的略微凹陷的鼻口部

躯干长度大于四肢

白色短被毛

长厚尾

短脖颈，喉部皮肤折叠

宽阔深胸

健壮的后肢

圆足

巴西獒犬（FILA BRASILEIRO）

该犬勇敢而自信，对陌生人警觉

FCI

体高
60~75厘米

体重
40千克以上

寿命 9~11年

原产地 巴西

其他毛色

任何纯色

巴西獒犬被繁育用于保护大宗产业和牲畜，它不畏惧任何入侵者，体型大但比例匀称，表现得很有信心和意志。该犬对家人和气安分，但一般犬主会觉得难以驾驭其狩猎和保护本能。

发育完善的眉毛

大垂耳

带白色斑纹的阔胸

前肢比后肢骨骼粗壮

足上白色斑纹

宽大的头颅

光滑的斑纹短被毛

松弛的厚皮肤形成喉部垂肉

乌拉圭西马伦犬（URUGUAYAN CIMARRON）

该犬聪明而又灵活，需要早期社交训练，是优秀的看护犬

体高
55~61厘米

体重
33~45千克

寿命 10~13年

原产地 乌拉圭

其他毛色

浅褐色

浅褐色被毛可能有黑色斑纹

乌拉圭西马伦犬的祖先由西班牙和葡萄牙殖民者带入乌拉圭，与当地犬种杂交繁育出该犬种。偏远的塞罗拉尔戈地区的牧场主繁育该犬用于放牧和守卫。同许多工作犬种一样，乌拉圭西马伦犬需要有经验的犬主才能养为宠物。

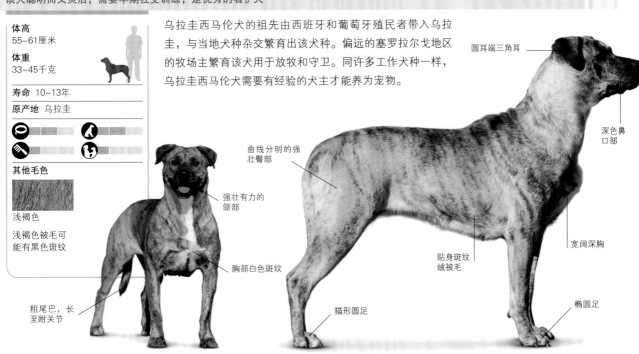

圆耳端三角耳

深色鼻口部

曲线分明的强壮臀部

强壮有力的颌部

胸部白色斑纹

宽阔深胸

贴身斑纹绒被毛

粗尾巴，长至跗关节

猫形圆足

椭圆足

阿拉帕哈蓝血斗牛犬（ALAPAHA BLUE BLOOD BULLDOG）

如给以定时运动和精心训练，这会是一只好家犬

体高
46~61厘米

体重
25~41千克

寿命 12~15年

原产地 美国

其他毛色

白色

该犬会有各种色斑

斗牛犬类品种曾广泛用于美国佐治亚州南部的庄园护卫工作，但到19世纪早期几乎灭绝，经过随后200余年的精心繁育，人们才挽救了该犬种，并培育出阿拉帕哈蓝血斗牛犬这一品种。该犬目前仍较稀少，在美国境外并不著名。勇敢而强壮的阿拉帕哈蓝血斗牛犬有很强的保卫本能，但容易训练成为举止良好、富有爱心的伴侣。它在户外精力旺盛，运动量充分时最为开心。

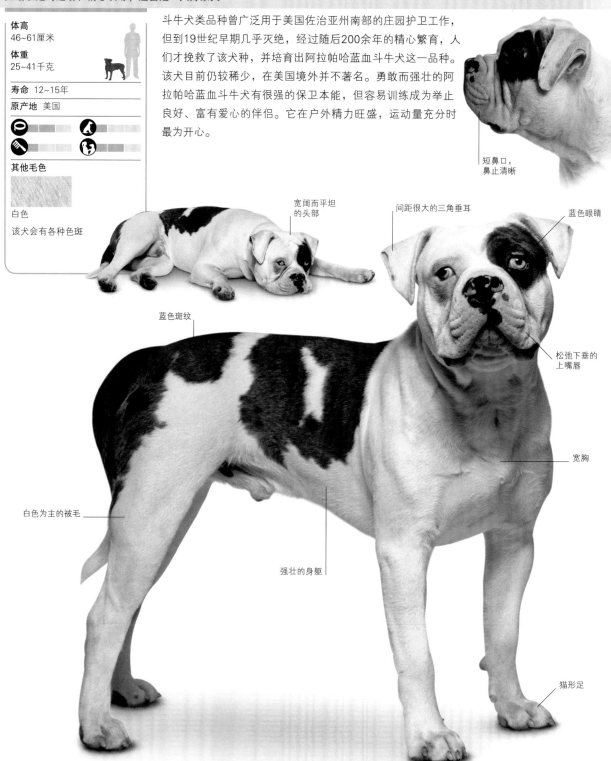

短鼻口，鼻止清晰

宽阔而平坦的头部

间距很大的三角垂耳

蓝色眼睛

蓝色斑纹

松弛下垂的上嘴唇

宽胸

白色为主的被毛

强壮的身躯

猫形足

南非獒犬（BOERBOEL）

该犬热爱家人，对生人心生警惕，需要一个有责任心的犬主

体高 55~66厘米	
体重 75~90千克	

寿命 12~15年

原产地 南非

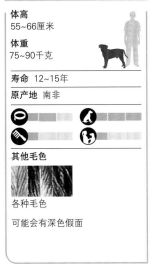

其他毛色

各种毛色

可能会有深色假面

南非獒犬由17世纪以来到南非好望角地区的定居者引入的獒犬繁育而成，对家人及其朋友热情，但对于生人是令人生畏、体型巨大强壮的护卫犬。有经验的犬主对于南非獒犬的早期社交训练是非常重要的。

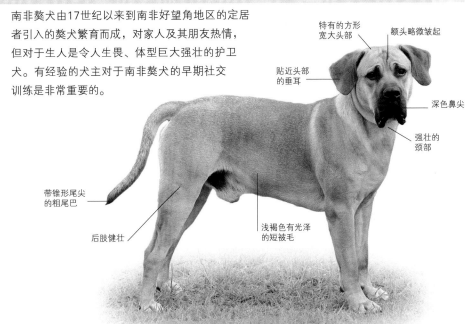

特有的方形宽大头部

额头略微皱起

贴近头部的垂耳

深色鼻尖

强壮的颈部

带锥形尾尖的粗尾巴

后肢健壮

浅褐色有光泽的短被毛

西班牙獒犬（SPANISH MASTIFF）

该犬是重量级的家庭护卫犬，领地意识强，需要专业的管理

FCI

体高 72~80厘米	
体重 52~100千克	

寿命 10~11年

原产地 西班牙

其他毛色

任何毛色

西班牙獒犬过去和现在都承担着看管家园和牧群的职责，在西班牙也是受人喜爱的伴侣犬，它对家庭友善忠诚，但对陌生人和其他犬只有进攻性。

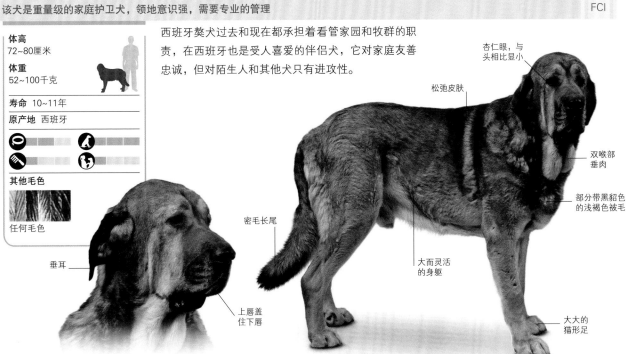

杏仁眼，与头相比显小

松弛皮肤

双喉部垂肉

部分带黑貂色的浅褐色被毛

密毛长尾

垂耳

大而灵活的身躯

上唇盖住下唇

大大的猫形足

直立高耸的尾巴

拱形颈部

身躯侧面轮廓呈方形

鼻止清晰

圆耳端的高位耳朵

深棕色眼睛，皱纹前额，面部表情丰富

下颌长于上颌（下颌突出）

短而宽阔的鼻口部

臀部健壮

白色胸部

向上收起的腹部

浅褐色光滑被毛

四肢下方和足部白色

拳师犬（BOXER）

该犬聪明忠诚，活力充沛，喜欢玩乐，是精力旺盛犬主的理想选择

KC

体高
53~63厘米

体重
25~32千克

寿命 10~14年

原产地 德国

其他毛色

黑色斑纹

白色斑纹不会盖过第三种被毛色

一朝养拳师，终生为其主，拳师犬主因它独具魅力的性格几乎不会再考虑喂养其他犬种。现代拳师犬是19世纪繁育进化的品种，其祖先包括像大丹犬（见95页）和斗牛犬（见94页）一类的獒犬。拳师犬强壮而好动，最初繁育用作斗犬或用来激惹赛场上的公牛，也用于农场活计，搬运、猎取和拖曳野猪等大型猎物。因其良好的耐力和勇气，它今天也从事警察和军队的搜救和警戒工作。

拳师犬的历史背景，高傲、健壮的仪态和前凸的颌部赋予其凶猛的形象，它当然是看家护院的好手，但也是优良的伴侣犬。它忠诚而热爱主人，总想吸引主人的注意力，讨人喜欢且爱热闹，是儿童有耐心的朋友。这种活力无限的犬可保持兴奋情绪和顽皮一直到成熟晚期，因此适合身体健康、精力充沛的主人。任何乐趣都能使拳师犬开心，最好每天有两小时的散步时间和充分的户外活动空间，考虑到其精力和好奇心，喂养家庭最好有个大花园，里面有充足的游荡空间和可探索的趣味角落。

拳师犬非常聪明，可能不太容易训练，但是若施以平静持续的命令并明确主人的领导权，它会很服从。借助早期社交训练，拳师犬可与家庭中其他任何宠物友好相处，但如果外出散步时见到鸟类和其他小动物，它的狩猎本能会被激发而到处追撵。

亚速尔牧牛犬 (ST. MIGUEL CATTLE DOG)

该犬是防范陌生者的警卫犬，需要户外工作的生活方式　　　　　　　　　　　FCI

体高
48~60厘米
体重
20~35千克

寿命 15年左右
原产地 葡萄牙

其他毛色

灰色斑纹

亚速尔牧牛犬源自圣米格尔的亚速尔岛屿，是强壮的牧牛犬和护卫犬。它对信赖的主人顺从而安静，但在儿童和陌生人面前要小心管理，需要早期社交训练。

浅褐色斑纹短绒被毛

高位略弯曲的粗尾巴

三角垂耳

宽口，颌部有力

胸部白斑纹

椭圆足

意大利卡斯罗犬 (ITALIAN CORSO DOG)

该犬强壮而优雅，需要有经验的管理者　　　　　　　　　　　　　　　　　FCI

体高
60~68厘米
体重
40~50千克

寿命 10~11年
原产地 意大利

其他毛色

灰色　　牡鹿红色

斑纹

可能有白色斑纹

意大利卡斯罗犬源自罗马斗犬，现在主要用于护卫和跟踪。该犬体态较优雅，但它也是非常壮硕的犬种，需要有经验和责任心的犬主将其训练为优秀的家犬。

典型的獒犬型头颅

短而光滑的黑色被毛

松弛悬垂的上嘴唇

健壮的身躯

浅褐色被毛　**幼犬**

深色鼻口部

那不勒斯獒犬（NEAPOLITAN MASTIFF）

这一重量级犬种是有责任心的犬主的忠实伴侣

FCI

那不勒斯獒犬据说源自古罗马竞技场的摩卢萨斯斗犬，面容严厉吓人，有着大而厚实的头型。它主要用作警察和军队的护卫犬，需要有自信心和能力的犬主管理。

体高
60~75厘米

体重
50~70千克

寿命 10年

原产地 意大利

其他毛色

各种毛色

有着松弛皮肤的大头

中等长度的喉部垂肉

质地硬的灰色短被毛

尾巴根部粗，尾尖锥形

宽头颅上间距大的耳朵

深鼻口部，摆动的下垂上嘴唇

趾尖有白色斑点

法国波尔多獒犬（DOGUE DE BORDEAUX）

这是一种不好斗的护卫犬，体型不小，但灵活度很高

KC

法国波尔多獒犬是法国古老犬种，曾用于狩猎和斗架，是天生的护卫犬，但缺乏进攻性。该犬健壮好动，较之另外一些獒犬更易于训练和社交能力培养，但仍需要有经验的主人管教才能很好适应家庭生活。

体高
58~68厘米

体重
45~50千克

寿命 10~12年

原产地 法国

头部有皱纹沟

颈部健壮，皮肤松弛

休息时耷拉的粗尾巴

棕色鼻子

从喉部拖到胸部的垂肉

柔软的浅褐色短绒被毛

腿部肌肉粗壮

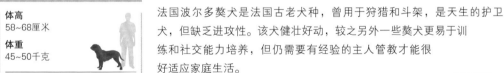

布罗荷马獒犬（BROHOLMER）

这种大型摩卢萨斯犬健壮而性格稳重

FCI

体高
70~75厘米

体重
40~70千克

寿命 6~11年

原产地 丹麦

其他毛色

黑色

布罗荷马獒犬历史上先是用作狩猎犬，后来当作牧场护卫犬，如今只在家中喂养。20世纪中期布罗荷马獒犬几乎消失，爱犬人士复兴并改良了该犬种，但在丹麦本土以外仍很少见。

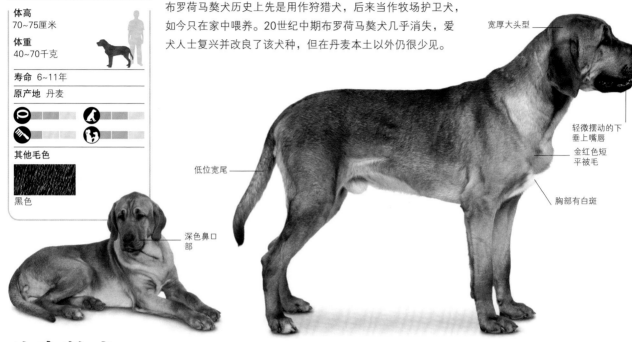

宽厚大头型

轻微摆动的下垂上嘴唇

金红色短平被毛

胸部有白斑

低位宽尾

深色鼻口部

斗牛獒犬（BULLMASTIFF）

该犬外表庄严，其实情绪欢快，性格乐观

KC

体高
61~69厘米

体重
41~59千克

寿命 10年以下

原产地 英国

其他毛色

红色　　斑纹

斗牛獒犬是古代英国獒犬和斗牛犬（见94页）的杂交后代，被繁育用作猎场看守人的护卫犬。该犬比许多其他种类的獒犬性情更可靠，可成为聪明忠实的家犬，它有着结实的方形身躯，充满活泼性情和无穷精力。

间距很大的深色高位耳朵

黑色鼻口部

浅褐色短平被毛

胸部有白斑

健壮的厚脖颈

高位尾巴，尾根宽，至跗关节处变尖

獒犬（MASTIFF）

该犬安静而又热爱主人，需要充足时间陪伴

KC

体高
70~77厘米

体重
79~86千克

寿命 10年以下

原产地 英国

其他毛色

杏黄色　黑色斑纹

在躯干、胸部和足上可能有白色区域

有着充当护卫犬、斗犬和诱熊犬的历史，今天的獒犬性格却令人吃惊地温和并容易相处。该犬巨大的体型可能是安置、喂养和让它运动的最大麻烦，但它愿意热爱和忠诚于主人，尤其喜欢人们的陪伴。獒犬聪明而可训，但需要有经验和体力较佳的犬主对其施以严格的约束，以确保它的护卫本能不会失控。

间距很大的小眼睛

警觉时前额皱起

摆动的下垂上嘴唇

头部高处的小而平的黑色耳朵

黑色鼻口部

浅褐色短被毛，颈部和肩部最厚密

长而宽的躯干

直的大骨节四肢

斗牛犬（BULLDOG）

个性鲜明的斗牛犬是勇气、决心和坚韧精神的象征

KC

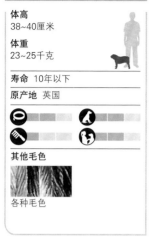

体高
38~40厘米

体重
23~25千克

寿命 10年以下

原产地 英国

其他毛色

各种毛色

斗牛犬曾用于引诱赛场上的斗牛，因从来不愿放走对手而充满传奇色彩。但作为伴侣犬，斗牛犬性情温和而又可爱，在人们心中有好脾气的名声。该犬性格有时倔强，保护意识强，虽很少发展为攻击性，但需要主人有策略的调教。斗牛犬有着矮胖而肌肉健硕的身躯，皱纹头部，上翻的鼻子，不漂亮但很有个性，摇摆的步态提醒主人要让它充分运动，以免过于肥胖。

浅褐色光滑被毛

宽而圆的深胸

下颌长于上颌（下颌突出）

间距较大的短粗前肢

高位玫瑰耳

独特的上翻鼻子

厚而悬吊的嘴唇

健壮的斜肩

后肢长于前肢

大丹犬（GREAT DANE）

该犬性格温和，易于喂养，但占据空间较大

KC

体高
71~76厘米

体重
46~54千克

寿命 10年以下

原产地 德国

其他毛色

蓝色　　黑色

斑纹

大丹犬源于德国猎犬，优雅高贵的姿态和健硕的体格令其成为最引人瞩目的犬种之一。该犬性格温顺，乐于成为家居宠物，但要为它提供充分的跳跃活动空间和运动量。

拱形长颈，没有赘皮

头和耳部有黑斑

斑块短被毛

浅黄褐色的修长身躯

土佐犬（TOSA）

该犬以前被繁育作斗犬，需要有经验的管理者

FCI

体高
55~60厘米

体重
37~90千克

寿命 10年以上

原产地 日本

其他毛色

浅褐色　　黑色

斑纹

土佐犬是日本斗犬和西方犬种如斗牛犬（见94页）、獒犬（见93页）和大丹犬（见本页）之间改良杂交的结果。该犬体型大而健壮，有潜在的斗架本能，只能由专业管理者喂养。

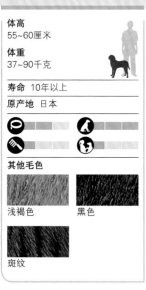

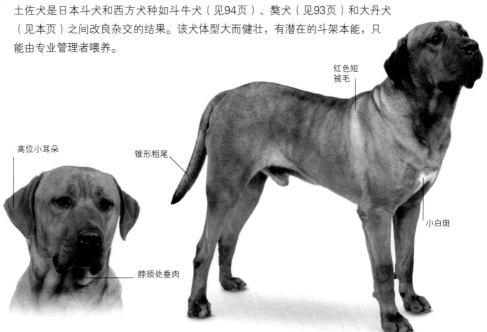

高位小耳朵

锥形粗尾

红色短被毛

小白斑

脖颈处垂肉

共同拖曳
一组西伯利亚哈士奇犬在深深的积雪中奋力开路前行。在有经验的管理者驾驭下，这些吃苦耐劳、精力旺盛的犬只协作出色。

狐狸犬（SPITZ-TYPE DOGS）

一组在冰雪荒原上奋力拖曳雪橇的哈士奇犬常被当作狐狸犬组的形象缩影，其实这一犬组有着不同的用途，如放牧、狩猎和警戒；许多小型狐狸犬被养为宠物，它们身上野狼祖先的血缘特征明显，包括头型、毛色和警觉神情。

微笑表情的萨摩耶犬源自西伯利亚

许多今天所见的狐狸犬种起源于很多世纪前的北冰洋地区，还有包括松狮犬和秋田犬在内的一部分源自东亚。有关狐狸犬更早的历史不详，当前正在研究的一个理论认为，该犬组最早都源于亚洲，一部分随人类部落迁徙到非洲，而其余者跨越白令海峡来到北美。

昔日像格陵兰犬和西伯利亚哈士奇犬一类的犬种，在19世纪和20世纪初期主要被极地探险者用于拖拉雪橇，并因此而出名。这些坚忍顽强的犬只工作在令人生畏的恶劣天气条件下，往往食物贫乏，甚至经常落得被耗尽给养的主人吃掉的结局。雪橇狐狸犬过去被北美的狩猎者和获取皮毛的捕兽者广泛使用，而今天它们主要用于耐力竞赛，或服务于想体验驾驭雪橇之快感的游客。其他种类的狐狸犬被繁育用于帮助捕获像狼和熊之类的大型猎物，或用于放牧驯鹿。源于日本的秋田犬，以前用作斗犬和猎熊犬，现在主要充当护卫犬。小型非工作狐狸犬包括博美犬，还有近些年培育出的小型哈士奇犬——阿拉斯加克利凯犬，则是由大型犬繁育改良成小体型的。

狐狸犬种无论大小，都有在极端寒冷地区繁衍的特性，以很厚的双层被毛为典型，被毛长度和密度因犬种血缘而各异。为防止在低温下热量丧失，狐狸犬大都有小型尖毛耳和覆满饰毛的足等生理特征。许多狐狸犬种还有引人注目的狐型突出尾巴，并卷曲在背部之上。

作为家犬，大多数狐狸犬喜欢家庭生活，但并不容易训练，若缺乏运动和乐趣，它们会借助破坏性行为来发泄，如挖掘地洞和狂吠不止。

最小的狐狸犬
博美犬是最小的狐狸犬种。尽管被繁育为宠物，但该犬性格鲜明，充满大无畏的"狐狸犬精神"。

昔日斗士
健壮的秋田犬曾是日本的斗犬。

加拿大爱斯基摩犬（CANADIAN ESKIMO DOG）

该犬性情友好，喜欢归属于人类"群体"，但需要严格管理

KC

体高
50~70厘米

体重
18~40千克

寿命 10年以上

原产地 加拿大

其他毛色

任何毛色

加拿大爱斯基摩犬，也称为因纽特犬（Inuit Dog），是世界上最古老的雪橇犬种之一，可在最严酷的条件下生存。该犬天性喜欢群体生活和奔跑，训练应当严格并为其提供充分乐趣。

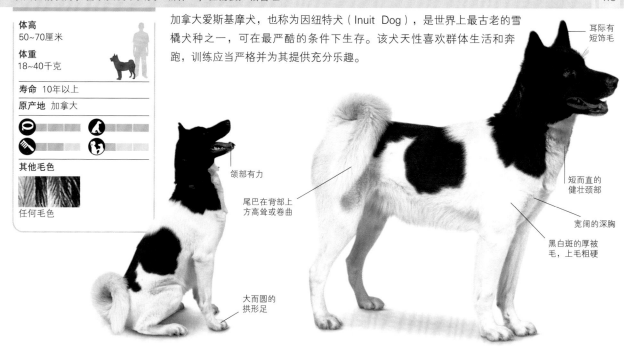

耳际有短饰毛

颌部有力

尾巴在背部上方高耸或卷曲

短而直的健壮颈部

宽阔的深胸

黑白斑的厚被毛，上毛粗硬

大而圆的拱形足

格陵兰犬（GREENLAND DOG）

该犬力气大，耐力强，喜欢户外活动

KC

体高
51~68厘米

体重
27~48千克

寿命 10年以上

原产地 格陵兰

其他毛色

任何毛色

早在欧洲和美洲探险家发现其价值前，格陵兰犬就被北极地区的各民族用于狩猎和运输，后来成为极地探险活动的经典雪橇犬。格陵兰犬体力强大，一般情况下性情令人愉悦，但意志坚强甚至很固执，在专业人员的耐心训练下方能表现出最佳状态。

间距很大的小耳朵

厚毛尾巴在背部上方松散卷曲

被毛在臀部形成"长马裤"状

结实健壮的身躯

趾间有厚厚饰毛的大型足

肢体强壮、骨骼粗大

防雨雪的厚被毛，在身躯上部呈深色，下部浅色

西伯利亚哈士奇犬（SIBERIAN HUSKY）

该犬多才多艺，爱好交际，但总忍不住追逐小动物

KC

体高
51~60厘米

体重
16~27千克

寿命 10年以上

原产地 俄罗斯

其他毛色

任何毛色

西伯利亚哈士奇犬耐力好，热爱工作，能抗拒严寒，被东部西伯利亚地区的智慧民族长期用作雪橇犬。该犬在今天的北极地区仍很受欢迎，尤其在雪橇比赛类的运动赛事中。西伯利亚哈士奇犬可成为温和可爱的伴侣犬，但需要充分活跃的运动以释放其体能。它天性喜欢群居，不愿孤单，容易把小动物视为自然界的猎物，所以要小心看护你的其他宠物。

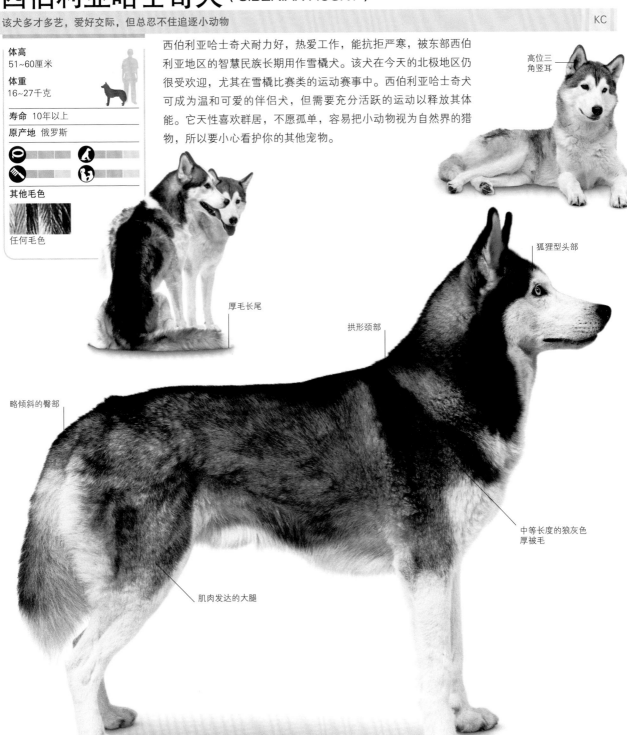

高位三角竖耳

厚毛长尾

狐狸型头部

拱形颈部

略倾斜的臀部

中等长度的狼灰色厚被毛

肌肉发达的大腿

在背部卷曲的毛尾

狼灰色粗硬上被毛，下被毛油性、茸软且长

圆耳端三角竖耳，耳内表面有毛

双眼间有浅沟

黑色鼻子

颈部周围被毛更为厚密

腹部白色

腿股部肌肉强健

阿拉斯加雪橇犬（ALASKAN MALAMUTE）

这是一种能很好适应家庭生活的大型雪橇犬　　　　KC

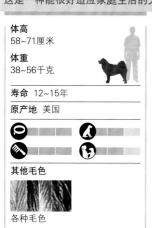

体高
58~71厘米

体重
38~56千克

寿命 12~15年

原产地 美国

其他毛色

各种毛色

各型阿拉斯加雪橇犬均为白色腹部

酷似野狼外形的阿拉斯加雪橇犬以美洲本土的马拉摩特（Mahlemut）民族命名，该民族繁育阿拉斯加雪橇犬用于在积雪中拖拉负载重荷的雪橇并长途跋涉，这是当地唯一的运输模式。今天，阿拉斯加雪橇犬仍在北美的偏僻地区被用来运货和参与雪橇比赛，也用于极地探险活动。该犬体力和耐力惊人，坚韧不拔，方向感和嗅觉高度敏锐。

尽管强悍，但阿拉斯加雪橇犬对人类却很友好，所以不宜充当护卫犬。它喜欢孩子，但体型过于庞大而且凶猛，不应让其与孩子独处。阿拉斯加雪橇犬，尤其是雄犬，不能容忍陌生犬只，若不经过充分社交训练可能会迅速发起攻击。它追逐猎物的本能很强烈，常飞速追赶被视为猎物的小动物至很远的距离，因此主人应注意何时何地能松开牵绳来使它运动。阿拉斯加雪橇犬学习接受新技能很快，意志坚强，需要尽早严格管理和训练以养成好习惯。

只要每天有两小时以上的运动时间和一个可以漫步的花园，阿拉斯加雪橇犬很适应驯养生活；但若留置家中无人监管，它会感到枯燥乏味，无处发泄精力，从而产生破坏性行为。尽管阿拉斯加雪橇犬的厚被毛在春天会脱毛，但天气炎热时若运动过量也会中暑，因此需要给它阴凉。该犬生性吃苦耐劳，在有同伴时喜欢在户外睡眠。

阿拉斯加克利凯犬（ALASKAN KLEE KAI）

该犬精力旺盛，信任主人但警惕陌生者

体高
玩赏型：
可达33厘米
迷你型：
33~38厘米
标准型：
38~44厘米

体重
玩赏型：
可达4千克
迷你型：
4~7千克
标准型：
7~10千克

寿命 10年以上

原产地 美国

其他毛色

任何毛色

阿拉斯加克利凯犬是阿拉斯加雪橇犬（见100页）的迷你版，被繁育作家犬，分玩赏型、迷你型和标准型三种体型。该犬很适合中等规模的家庭，像近亲大型阿拉斯加雪橇犬一样，它有非常旺盛的精力，因而需要充分运动来保持身心健康。作为典型的哈士奇犬种，该犬喜欢同伴，愿意充当家庭群体的一员，对生人较冷淡，主人需要对其细心训练并进行早期社交培养。

双眼颜色不一样

标准型

三角竖耳

警觉的表情

玩赏型

鼻止清晰

尖端细的鼻口部

特有的面部假面

厚被毛的刷状尾巴

长度适中的狼灰色厚被毛

迷你型

奇努克犬（CHINOOK）

该犬永远乐于工作和玩耍，对儿童很友好

体高
55~66厘米
体重
25~32千克
寿命 10~15年
原产地 美国

奇努克犬是在20世纪初的美国由獒犬、格陵兰犬（见98页）和牧羊犬杂交繁育出的雪橇犬，它活跃而性情温和，是热爱乐趣、多才多艺的优秀家犬。

宽阔、略呈拱形的头部

V形耳朵，颜色深于躯干

中等长度的沙色被毛

清晰可辨的腿股肌肉

坏绕颈部的长颈毛

宽阔深胸

肌肉强壮的前肢

椭圆足，趾间带蹼

卡雷利亚熊犬（KARELIAN BEAR DOG）

该犬勇敢而自信，对人温和，但对其他犬只敌视

FCI

体高
52~57厘米
体重
20~23千克
寿命 10~12年
原产地 芬兰

卡雷利亚熊犬源自芬兰，是用来挑战大型猎物（如狗熊和麋鹿）的勇猛狩猎犬。该犬有很强的战斗本能，对人没有进攻性，但对其他犬只具有威胁，不大容易适应家庭生活。

高耸而蜷曲在背部上的尾巴

直鼻梁

颈部被毛更厚

黑白色外层被毛，直而质地粗硬

略微向上收起的腹部

常见清晰的白色斑纹

腿部骨骼壮实

西西伯利亚莱卡犬（WEST SIBERIAN LAIKA）

该犬聪明而警惕性高，嗅觉灵敏，狩猎本能强烈

FCI

体高
51~62厘米

体重
18~22千克

寿命 10~12年

原产地 俄罗斯

其他毛色

各种毛色

西西伯利亚莱卡犬在西伯利亚森林地区繁育用于狩猎，在其家乡深受喜爱。它强壮而自信，渴望追踪大小猎物。该犬尽管性情稳定，但狩猎天性令其不宜充当大多数家庭的家犬。

保持直立的高耸耳朵

颈部和肩部的黑貂色被毛形成较长的领毛

尾巴在背部上方紧凑蜷曲

沙色被毛

椭圆而略深陷的眼睛

前肢上部长而健壮

足上脚趾间有饰毛

东西伯利亚莱卡犬（EAST SIBERIAN LAIKA）

该犬是天生的猎手，但对人性情温柔而随和

FCI

体高
53~64厘米

体重
18~23千克

寿命 10~12年

原产地 俄罗斯

其他毛色

白色

黑色和棕黄色

花斑色

这种俄罗斯狩猎犬在其祖国名声远扬，甚至传到斯堪的纳维亚半岛。东西伯利亚莱卡犬主要繁育用于工作，性格坚强、活跃而自信，尽管有追踪大型猎物的强烈本能，但它性格稳定可控，对人类友好。

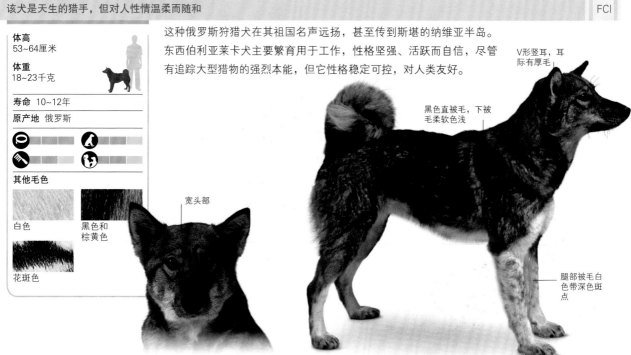

V形竖耳，耳际有厚毛

黑色直被毛，下被毛柔软色浅

宽头部

腹部被毛白色带深色斑点

欧式俄国莱卡犬（RUSSIAN-EUROPEAN LAIKA）

该犬强壮而喜爱工作，但不适于家庭生活

FCI

体高
48~58厘米

体重
20~23千克

寿命 10~12年

原产地 俄罗斯

其他毛色

白色　黑色

欧式俄国莱卡犬在20世纪40年代早期才被认可为独立品种，它肢体瘦长但很健壮，主要在俄罗斯北部森林地区用于狩猎。该犬是可靠的工作者，在传统用途中优秀出色，但不太适应家庭生活方式。

狭长三角形头颅

黑色鼻子

后肢上的被毛构成"马裤"

修长而健壮的肢体

尾巴卷曲在背部之上

质地粗硬的黑色被毛，带有白色斑纹

芬兰狐狸犬（FINNISH SPITZ）

该犬活泼欢快，喜欢家庭乐趣，通常对孩子很有耐心

KC

体高
39~50厘米

体重
14~16千克

寿命 12~15年

原产地 芬兰

芬兰狐狸犬是芬兰的国犬，昔日被繁育用于捕猎小猎物，今天在斯堪的纳维亚地区用于体育竞赛。别致的狐狸外形、华丽的被毛和对运动的热情使该犬成为很具吸引力的家庭宠物，但它吠叫频繁，应当在幼犬期训练控制。

小尖耳

红棕色被毛，上有黑色毛稀疏分布

粗密毛尾

健壮的方形躯干

外眼角上挑

腹部毛色较浅

狐狸头型，狭窄鼻口部

厚毛长尾耸立在背部上方，偏向一侧

宽阔健壮的背部

黑边深色眼睛

楔形宽头颅

圆耳端竖耳，镶饰有厚毛

典型的"微笑"表情

环绕颈部的长密颈毛

厚而柔软的白色被毛，外被毛银光闪烁

前肢后面丛毛

萨摩耶犬（SAMOYED）

外观非常吸引人的著名家庭宠物

体高
46~56厘米

体重
16~30千克

寿命 12年以上

原产地 俄罗斯

许多世纪以前，美丽的萨摩耶犬由西伯利亚地区的萨摩耶游牧民族繁育用于放牧和守护驯鹿，也用于拉雪橇。萨摩耶犬是性格坚忍的户外工作犬，也是很优秀的家犬，喜欢在主人的帐篷中占据一席之地并与人为伍。该犬种在19世纪初被带入欧洲，约10年后到达美国。萨摩耶犬有着众多与19世纪末和20世纪初极地探险有关的神话和传奇故事，可能在极地探险活动的全盛时期它被编入了带往南极的雪橇犬队。现代萨摩耶犬保留了令其成为游牧家庭受重视一员的随和脾气和社交习性，在它那"微笑"的表情特征之下是热爱主人的天性和与人人为友的愿望，但该犬也保留了很强的看护犬本能，所以虽然没有进攻性，却会对任何引起它怀疑的事物不停吠叫。萨摩耶犬渴望主人陪伴，喜欢忙个不停，聪明而活跃的它如果感到孤单和厌倦会借助恶作剧发泄，或刨洞或找围

篱上的缺口逃逸。萨摩耶犬对精心的管理反应理想，主人在训练它时需要耐心和毅力。要使萨摩耶犬华贵醒目的被毛保持独特的银白色光泽并整洁，每天的被毛梳理是必需的。该犬下被毛的季节性脱毛可能很厉害，但除非遇上极暖和的天气，一年只会发生一次。

芬兰拉普猎犬（FINNISH LAPPHUND）

该犬友好而忠诚，有一定放牧本性，学习东西很快

KC

体高
44~49厘米

体重
15~24千克

寿命 12~15年

原产地 芬兰

其他毛色

任何毛色

芬兰拉普猎犬是拉普兰地区的萨米族人用放牧驯鹿的犬繁育出的犬种，它在芬兰和其他地区日益受到人们喜爱。该犬热爱并忠于主人，适应能力强，既乐于工作，也高兴成为家庭宠物和看门犬。

深褐色眼睛

黑色长厚被毛

竖耳

丰密长毛尾巴

厚鬃毛，雄犬尤为明显

胸部白斑

前肢后部丛毛

腿部棕黄色斑纹

拱形椭圆足

拉普兰德驯鹿犬（LAPPONIAN HERDER）

该犬被繁育用于放牧，性情温顺，精力充足

FCI

体高
46~51厘米

体重
可达30千克

寿命 11~12年

原产地 芬兰

拉普兰德驯鹿犬，或称为拉品坡考亚犬（Lapinporokoira），最初由芬兰拉普猎犬（见本页）、德国牧羊犬（见35页）和工作柯利犬杂交繁育而成，在20世纪60年代被认可为独立品种。该犬至今仍被驯鹿狩猎者使用，有时充当家犬，性格安静而友好。

镶有厚毛的竖耳

尾巴延伸至跗关节以下

厚密黑色被毛

深胸，带有棕黄色斑纹

间距很大的椭圆形黑色眼睛

面部棕黄色斑纹

椭圆足，覆有厚饰毛

深褐色被毛

瑞典拉普猎犬（SWEDISH LAPPHUND）

该犬性情友好但需要主人严格管教，被单独留置时会躁动不安

KC

体高
40～51厘米

体重
19～21千克

寿命 9～15年

原产地 瑞典

其他毛色

棕色　　　　黑色和棕色

在胸部、足部和尾尖可能有白色斑点

瑞典拉普猎犬与芬兰拉普猎犬（见108页）除颜色外完全相似，曾被游牧生活的萨米族人用作驯鹿放牧犬。瑞典拉普猎犬在瑞典是颇受人喜爱的家犬，但在其他地方不常见。它喜欢主人陪伴，若被单独留置过久会吠叫。

间距很大的竖耳

鼻止适中

厚长毛尾，卷曲在背部上方

楔形头颅

深棕色眼睛

面部被毛短

耸立的黑色厚被毛

坚实的椭圆足

瑞典猎鹿犬（SWEDISH ELKHOUND）

该犬强健有力，身体灵活，但不适合都市生活

FCI

体高
52～65厘米

体重
可达30千克

寿命 12～13年

原产地 瑞典

瑞典猎鹿犬，亦称杰米特犬（Jämthund），源自瑞典北部的森林地区，身躯挺拔硕大，曾用于捕猎麋鹿、狗熊和猞猁。该犬很受瑞典军队的喜爱，被视为瑞典国犬。它对家人友好，但与其他犬只和宠物相处时需小心管理。

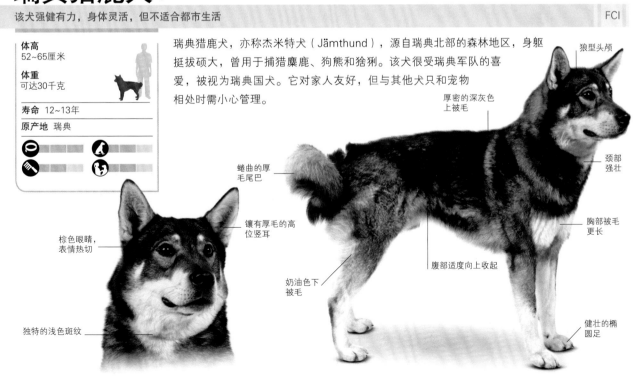

狼型头颅

厚密的深灰色上被毛

颈部强壮

胸部被毛更长

腹部适度向上收起

蜷曲的厚毛尾巴

镶有厚毛的高位竖耳

棕色眼睛，表情热切

奶油色下被毛

独特的浅色斑纹

健壮的椭圆足

挪威猎鹿犬（NORWEGIAN ELKHOUND）

该犬性格安静，对儿童友好，但会对陌生人吠叫

KC

体高
49~52厘米

体重
20~23千克

寿命 12~15年

原产地 挪威

据说挪威猎鹿犬在斯堪的纳维亚地区生存了好几百年，曾被用来追踪猎物，它身体健壮，足以拉动雪橇。该犬不畏寒冷和潮湿天气，喜欢待在户外。它的狩猎本能强烈，需要主人耐心训练。

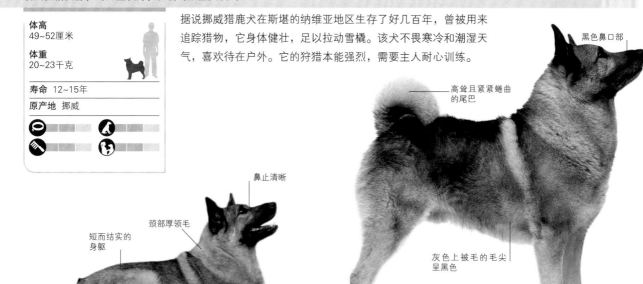

黑色鼻口部

高耸且紧紧蜷曲的尾巴

鼻止清晰

颈部厚领毛

短而结实的身躯

灰色上被毛的毛尖呈黑色

黑色挪威猎鹿犬（BLACK NORWEGIAN ELKHOUND）

该犬与家庭关系紧密，但在训练中有点固执

FCI

体高
43~49厘米

体重
18~27千克

寿命 12~15年

原产地 挪威

黑色挪威猎鹿犬是灰色被毛挪威猎鹿犬（见本页）的小型稀有变种，最初繁育用于追踪猎物。它多才多艺，可当作雪橇犬、放牧犬、看护犬或家庭宠物。该犬容易吠叫，但经过训练可以让它听到命令即刻停止。

宽耳根尖耳

卷曲在背部上的短粗尾巴

头顶宽

鼻口部窄而不尖

防雨雪的纯黑被毛

足部有白色小斑点

北海道犬（HOKKAIDO DOG）

该犬勇敢无畏，在家庭中性情温和，但与其他动物相处时须监管

FCI

体高
46~52厘米

体重
20~30千克

寿命 11~13年

原产地 日本

其他毛色

各种毛色

在历史上，北海道犬（别名为阿伊努犬）由迁徙的阿伊努族（Ainu）人带到日本北海道地区。尽管它是中等体型，却强悍勇敢到能参与捕猎狗熊。精心的训练和社交能力培养可使该犬成为优秀的伴侣犬和家庭卫士。

蜷曲背上的粗尾

健壮的直背

强壮颈部

黑色小三角眼

芝麻色粗硬直被毛

四国犬（SHIKOKU）

该犬对爱抚反应欣然，但不能放任它与小宠物在一起

FCI

体高
46~52厘米

体重
16~26千克

寿命 10~12年

原产地 日本

其他毛色

芝麻色和黑芝麻色

四国犬一度在偏僻的日本山区用于捕猎野猪，没有机会进行杂交，所以它的血统保持了纯正。该犬身体灵活且弹跳性好，喜欢追逐其他动物，这对它的训练是个挑战，但它与被其热爱信赖的主人关系密切。

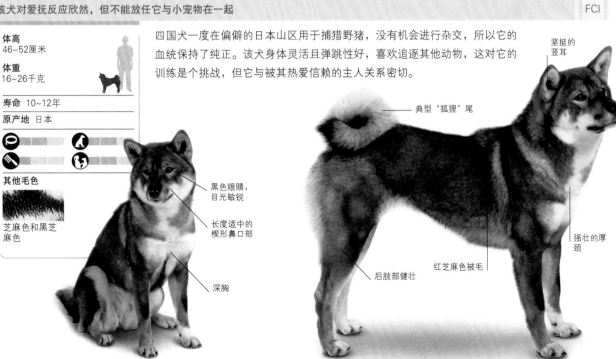

坚挺的竖耳

典型"狐狸"尾

强壮的厚颈

黑色眼睛，目光敏锐

长度适中的楔形鼻口部

红芝麻色被毛

深胸

后肢部健壮

秋田犬（AKITA）

该犬脾性多变，需要有经验的管理

KC

体高
美国秋田犬：
61~71厘米
日本秋田犬：
58~70厘米

体重
美国秋田犬：
29~52千克
日本秋田犬：
34~45千克

寿命 10~12年

原产地 日本

其他毛色

任何毛色

秋田犬最初在19世纪的日本繁育用作斗犬，之后美国的繁育者对该犬产生兴趣并加以培育，故而该犬也称作美国秋田犬。结实俊秀的秋田犬安静而高贵，喜欢支配其他犬只，如果主人不对它进行有经验的早期训练控制，该犬容易变得任性或具有进攻性。较小的日本秋田犬与其美国表亲虽拥有共同祖先，但在许多国家却被视为不同品种。

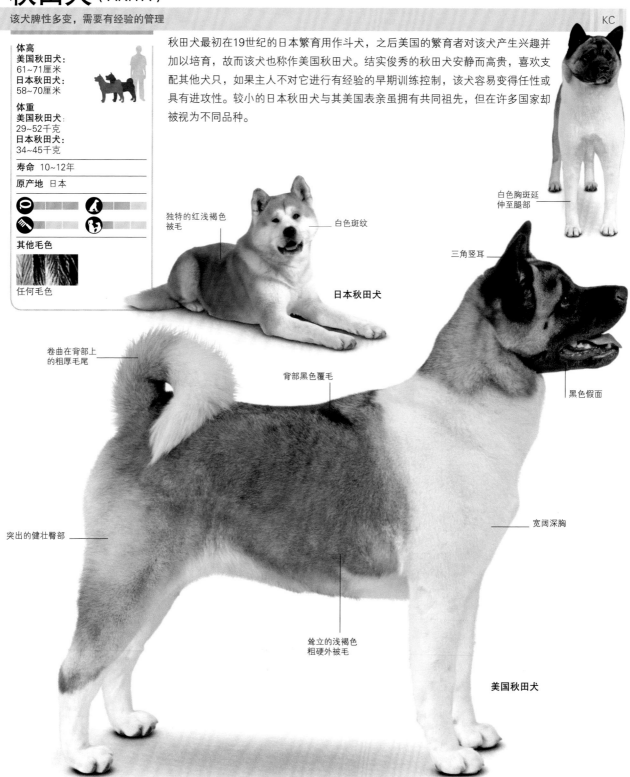

白色胸斑延伸至腿部

独特的红浅褐色被毛

白色斑纹

日本秋田犬

三角竖耳

卷曲在背部上的粗厚毛尾

背部黑色覆毛

黑色假面

突出的健壮臀部

宽阔深胸

耸立的浅褐色粗硬外被毛

美国秋田犬

松狮犬 (CHOW CHOW)

该犬对主人忠诚，但对生人冷漠

KC

体高
46~56厘米

体重
21~32千克

寿命 8～12年

原产地 中国

其他毛色

奶油色　　金色

蓝色

松狮犬在中国有2 000多年的历史，但直到19世纪才为西方国家所了解，最初用于护卫和狩猎，可能还为人们提供皮毛和肉食。松狮犬粗短壮实，闷闷不乐的面容和蓝黑色的舌头令其外形独一无二；它性格独立固执，需要严格训练和早期社交能力培养。松狮犬分为粗被毛型（非常厚而直立的被毛）和短被毛型（短而厚密的被毛）两种。

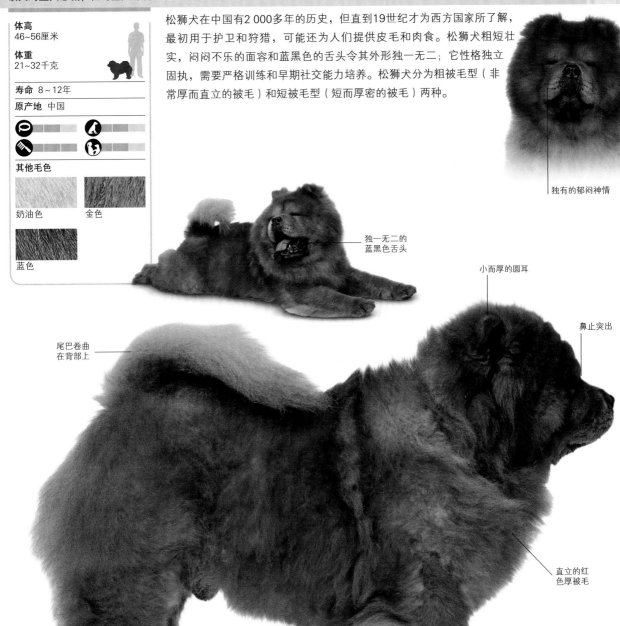

独有的郁闷神情

独一无二的
蓝黑色舌头

尾巴卷曲
在背部上

小而厚的圆耳

鼻止突出

直立的红
色厚被毛

腿部后面
毛色较浅

粗被毛型

小而圆的足

韩国金多犬（KOREAN JINDO）

该犬个性独立，狩猎本能强烈，需要早期社交培养

KC

韩国金多犬以其产地——韩国金多岛而命名，在韩国很受人喜爱，但在其他地区少见，主要用于捕猎各类大小猎物。该犬强烈的追逐动物本能较难控制。

体高
46~53厘米

体重
9~23千克

寿命 12~15年

原产地 韩国

其他毛色

白色　红色

黑色和棕黄色

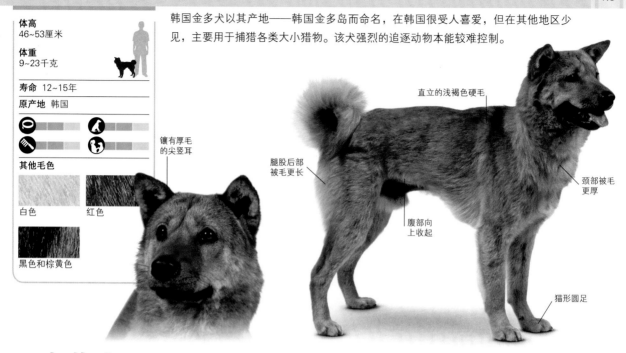

镶有厚毛的尖竖耳

直立的浅褐色硬毛

腿股后部被毛更长

腹部向上收起

颈部被毛更厚

猫形圆足

日本柴犬（JAPANESE SHIBA INU）

该犬敏捷活泼，动作迅速，狩猎欲望强烈

KC

日本柴犬在日本闻名数百年，可谓"国宝"，是体型最小的日本狩猎犬。该犬勇敢而活泼，可成为快乐的家犬，但如果不进行早期社交培养，其他宠物无法与其相处，犬主需要在户外时控制它的狩猎本能。

体高
37~40厘米

体重
7~11千克

寿命 12~15年

原产地 日本

其他毛色

白色　黑色和棕黄色

红色犬可能有黑色覆毛层（红芝麻色）

三角形小耳朵，略向前倾

高高卷起的长毛尾巴

深棕色眼睛，眼神敏锐警觉

粗硬的红色被毛

稍带白色的下身斑纹

猫形圆足

甲斐犬（KAI）

适合单人喂养的犬种，擅长守卫，户外活动时要套上牵绳　　　　　FCI

体高
48~53厘米

体重
11~25千克

寿命 12~15年

原产地 日本

其他毛色

各种深浅度的
红色斑纹

作为日本本土最古老和血统最纯的犬种，甲斐犬于1934年被授予"国宝"身份。甲斐犬是活跃而爱运动的猎手，它习惯结队奔跑，可成为家庭伴侣犬，但不适合新手喂养。

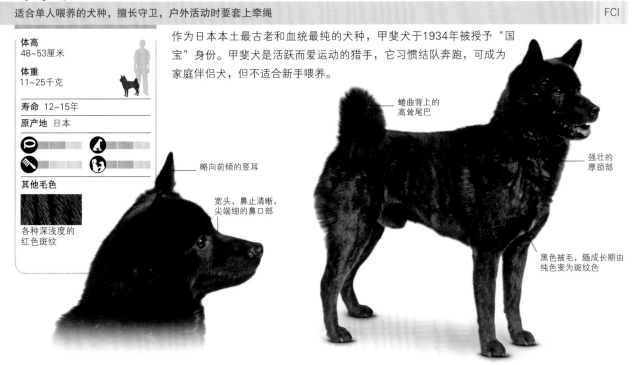

蜷曲背上的
高耸尾巴

强壮的
厚颈部

略向前倾的竖耳

宽头，鼻止清晰，
尖端细的鼻口部

黑色被毛，随成长期由
纯色变为斑纹色

纪州犬（KISHU）

该犬是天生猎手，对其他犬只友好，但有时会任性

体高
46~52厘米

体重
13~27千克

寿命 11~13年

原产地 日本

数百年前，纪州犬在日本的九州山区被繁育用于捕获大型猎物，现在因数量稀少而受人们珍视。作为"国宝"的纪州犬性格安静，忠于主人，但因其强烈的追逐猎物本能而不太容易当作伴侣犬。

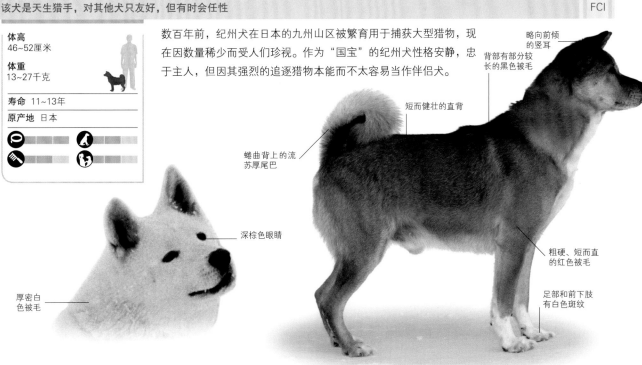

略向前倾
的竖耳

背部有部分较
长的黑色被毛

短而健壮的直背

蜷曲背上的流
苏厚尾巴

深棕色眼睛

粗硬、短而直
的红色被毛

足部和前下肢
有白色斑纹

厚密白
色被毛

日本狐狸犬（JAPANESE SPITZ）

该犬爱交际，自信心强，喜欢运动，适合小型家庭

KC

体高
30~37厘米

体重
5~10千克

寿命 12年以上

原产地 日本

日本狐狸犬看上去像是萨摩耶犬（见106页）的迷你版，但没有证据表明二者有共同的血缘。该犬聪明而活跃，虽源于日本，却受到全世界的喜爱，经过训练可以控制它持续吠叫的习性。

直立的小耳朵

厚长的纯白色被毛

臀部结实健壮，皮毛很厚

盖住颈部和肩部的长鬃毛

小而圆的黑色鼻子

小而圆的猫形足

欧亚大陆犬（EURASIER）

该犬热爱家人，对生人冷淡，但不会被轻易激怒

KC

体高
48~60厘米

体重
18~32千克

寿命 12年以上

原产地 德国

其他毛色

所有毛色

被毛不会通体白色，赤褐色或带白色斑纹

在20世纪60年代的德国，人们用松狮犬（见113页）、德国绒毛狼犬（见118页）和萨摩耶犬（见106页）杂交培育出了欧亚大陆犬，它是现代仍然稀有的品种。该犬性情平和安静，警惕性高，是很好的伴侣犬，容易与家庭成员关系亲密。

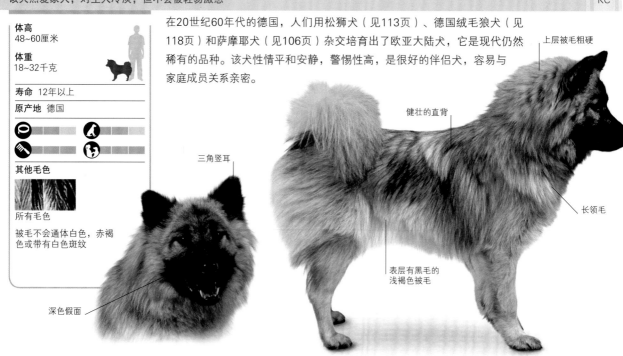

上层被毛粗硬

健壮的直背

长领毛

三角竖耳

深色假面

表层有黑毛的浅褐色被毛

意大利狐狸犬（ITALIAN VOLPINO）

该犬体型小却英勇无畏，警觉性高，聪明而个性顽皮

FCI

体高
25~30厘米

体重
4~5千克

寿命 可达16年

原产地 意大利

其他毛色

红色

意大利狐狸犬是最受意大利人喜爱的犬种，其历史超过一个世纪。这种魅力十足的小狗昔日被贵族豢养为饮食奢侈的宠物，还被农民养作看门犬。意大利狐狸犬见到生人容易吠叫，也会引起其他大型护卫犬的警惕而造成潜在麻烦。它活泼又爱嬉戏，几乎适合所有类型的家庭。

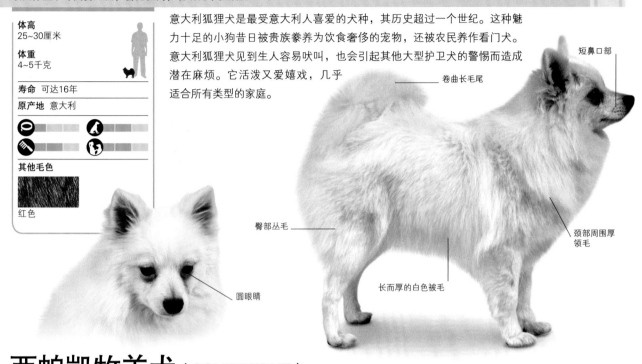

短鼻口部

卷曲长毛尾

颈部周围厚领毛

臀部丛毛

长而厚的白色被毛

圆眼睛

西帕凯牧羊犬（SCHIPPERKE）

该犬感觉敏锐而好奇心强，个头虽小但保护意识很强

KC

体高
25~33厘米

体重
6~8千克

寿命 12年以上

原产地 比利时

其他毛色

各种毛色

西帕凯牧羊犬有时称作比利时驳船犬（Belgian Barge Dog），曾被佛兰德的船夫用来守护驳船和减轻鼠患。在家庭中，西帕凯牧羊犬并未丧失其守卫本能，它对生人很警惕，有着活泼可爱的个性，不失为令人愉快的伙伴。

三角小耳朵

狐狸样的楔形头

厚厚的黑色被毛

天生短尾巴

大腿后部的"长裙裤"状被毛

粗短的躯干

特有的环绕颈部和肩部的鬃毛和"披肩"

荷兰狮毛犬（KEESHOND）

该犬没有进攻性，容易训练，热爱主人和交际

体高
43~46厘米

体重
15~20千克

寿命 12~15年

原产地 荷兰

荷兰狮毛犬在18世纪被船夫和农民用作看护犬。它聪明外向，没有进攻性，温和的性情使其成为受人喜爱的伴侣犬。该犬乐于学习，能与人和其他宠物相处融洽。

眼睛周围独特的"眼镜"斑纹

环状长厚颈毛

灰黑色被毛

卷曲在背上的高耸尾巴

腿股处被毛形成"厚马裤"

清晰的肩部斑纹

在腿部下方和足上有较短的奶油色被毛

德国绒毛狼犬（GERMAN WOLFSPITZ）

该犬聪明善学，是最适合与家庭相处的优秀看门犬

体高
43~55厘米

体重
27~32千克

寿命 12~15年

原产地 德国

德国绒毛狼犬是欧洲最古老闻名的犬种之一，若干世纪里人们认为它和用它繁育出的荷兰狮毛犬并非不同品种。该犬容易训练，渴望成为家庭生活的一员，对生人狐疑时容易吠叫，但没有进攻性。

厚毛尾

短而直的背部

三角形小竖耳

狐狸头型，表情聪颖

灰色和黑色上层长被毛

颈部和肩部厚鬃毛

猫形小足

德国狐狸犬 (GERMAN SPITZ)

该犬欢快好动，警戒本能强，适于任何家庭

KC

体高
小型:
23~29厘米
标准型:
30~38厘米
大型:
42~50厘米

体重
小型:
8~10千克
标准型:
11~12千克
大型:
17~18千克

寿命 14~15年

原产地 德国

其他毛色

各种毛色

德国狐狸犬分大型、小型和标准型三种，其中小型和标准型为KC认可，大型为FCI认可，它们都是昔日北极地区游牧民族使用的放牧犬的后裔。德国狐狸犬独立意识强，若没有严格管理会发展为任性脾气，所以需要耐心训练。一旦在家庭中确立地位，欢快而热爱主人的德国狐狸犬会是各年龄段主人的优秀伴侣犬。该犬需要定时的精心被毛梳理，以防很厚的被毛打结。

黑色被毛

大型

白色被毛

小型

狼灰色和黑貂色被毛

面部绒毛

中等宽度的头部

紧凑的方形躯干

尾巴卷曲在背部上

绕颈部和肩部的褶边毛

腿后长丛毛

丰厚的双层被毛，外毛长并呈橙色和黑貂色

标准型

冰岛牧羊犬（ICELANDIC SHEEPDOG）

该犬动作敏捷，性格欢快，是爱表达声音的伴侣犬

AKC

体高
42~46厘米

体重
9~14千克

寿命 12~15年

原产地 冰岛

其他毛色

灰色

巧克力色

黑色

棕黄色和灰色犬只可能有黑色假面

冰岛牧羊犬也称作弗里亚犬（Friaar Dog），由早期开拓者带入冰岛。它身体健壮灵活又能吃苦耐劳，能轻松通过崎岖地形和浅水滩，加之喜欢吠叫，使其成为完美的放牧犬。该犬作为宠物需要充分的运动量，分为长被毛和短被毛两种类型。

竖耳，顶部略圆

小而健壮的长方形躯干

黑色嘴唇

典型狐狸尾巴，卷曲在背部上

面部白色斑纹

厚而防水的棕黄色被毛，带有白色斑纹

长被毛型

挪威卢德杭犬（NORWEGIAN LUNDEHUND）

该犬有着像杂技演员般的身手，性格独立，保护意识强

AKC

体高
32~38厘米

体重
6~7千克

寿命 12年

原产地 挪威

其他毛色

白色

灰色

黑色

黑色和灰色被毛有白色斑纹，白色被毛有深色斑纹

挪威卢德杭犬，也称为挪威海雀犬，身体极度灵活，可将头部后倾到肩部，将前肢撇成八字形。该犬曾被用于捕猎海雀，每只足上都有一个多出的脚趾，使它能悄然接近很警觉的猎物。作为宠物，它需要充足的训练和运动量。

三角竖耳

鼻止很突出

部分被毛有黑色绒尖

红褐色厚被毛，脱毛量大

楔形头部

每只足上有六个脚趾

北欧绒毛犬（NORDIC SPITZ）

该犬活泼可爱，富有爱心，寿命长，身上气味小

FCI

体高
42~45厘米

体重
8~15千克

寿命 15~20年

原产地 瑞典

身形轻巧的北欧绒毛犬是瑞典的国犬，在瑞典国外鲜为人知，在当地称作"诺波特尼斯贝克犬"（Norbottenspets），意思是来自波的尼亚（Bothnia）的狐狸犬。该犬曾被用于捕猎松鼠，近来从事鸟类捕猎。它眼睛明亮，尾巴粗，不难训练成家庭宠物，但需要充分的定时运动。

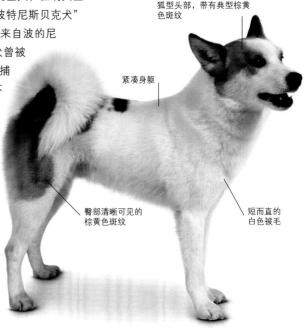

狐型头部，带有典型棕黄色斑纹

紧凑身躯

短而直的白色被毛

臀部清晰可见的棕黄色斑纹

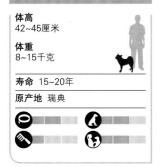

黑色竖耳

挪威布哈德犬（NORWEGIAN BUHUND）

这种农场工作犬需要一位精力充沛、热爱户外生活的主人

KC

体高
41~46厘米

体重
12~18千克

寿命 12~15年

原产地 挪威

其他毛色

红色

被毛可为狼灰色和黑貂色、红色、小麦色；狼灰色和黑貂色被毛的犬可能有黑色的假面、耳朵和尾尖。

挪威布哈德犬是身材中等而灵活的农场犬，昔日用来警戒狗熊和狼，有充分持久的运动和训练时会长得很健壮。该犬喜欢吠叫，一年两次大量脱毛，不适合讲究家居整洁的主人。

鼻止显著

长厚而粗硬的小麦色上被毛，柔软的下被毛

紧紧卷曲在背部上的尾巴

三角竖耳

后肢被毛较长

黑色被毛

胸部白毛

蝴蝶犬（PAPILLON）

这是一种娇俏而欢快、聪明而活泼的伴侣犬

KC

体高
20~28厘米

体重
2~5千克

寿命 14年

原产地 法国或比利时

其他毛色

黑色和白色　白色

白色被毛可有除赤褐色
之外的各色斑纹

小巧的蝴蝶犬别名大陆玩赏猎犬（Continental Toy Spaniel），是魅力十足的伴侣犬，曾受18世纪法国王后玛丽·安托瓦内特的特别宠爱，经常出现在欧洲宫廷的画像中。蝴蝶犬有着引人注目的蝴蝶翅膀一般的大耳朵和独有的面部斑纹，垂耳蝴蝶犬称为法连尼（Phalene，法语"飞蛾"的意思）犬。蝴蝶犬喜欢人类陪伴和充分玩乐，需要早期社交培养以便与其他犬只和生人相处融洽。它那长而优雅的丝滑被毛需要每日梳理，以防打结。

长流苏状的"蝴蝶翅膀"耳朵

垂耳

法连尼犬

长羽尾垂落在背部上

柔软丰密的三色被毛

圆形头部上的精致尖鼻口部

狭长的兔形足

博美犬（POMERANIAN）

该犬尽管体型小，却勇敢而又保护性强，是热爱主人的迷你犬种

KC

体高
22~28厘米

体重
2~3千克

寿命 12~15年

原产地 德国

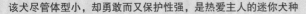

其他毛色

任何纯色

不应有黑色或白色底纹

体型最小的德国狐狸犬（见119页），在19世纪被选择繁育成玩赏犬般的小体型，称为博美犬。该犬聪慧忠诚，喜欢主人关注并愿意回报主人的爱心。它个头虽小却速度惊人，所以放任其奔跑时要注意看护。它的被毛厚但不难打理。

绒毛狐狸脸型

环绕颈部、肩部和胸部的丰密褶边毛

耸立在背部的厚羽状尾巴

后肢和臀部被毛较长

蓬松柔软的橙色被毛

美国爱斯基摩犬（AMERICAN ESKIMO DOG）

该犬被毛超亮，顺从而又喜爱乐趣，热爱工作和玩耍

AKC

体高
迷你型：
23~30厘米
玩赏型：
30~38厘米
标准型：
38~48厘米

体重
迷你型：
3~5千克
玩赏型：
5~9千克
标准型：
9~18千克

寿命 12~13年

原产地 美国*

美国爱斯基摩犬并不是真正的爱斯基摩犬种，它源于德国，可能在19世纪被德国定居者带到美国。它曾在流动马戏团表演杂耍，学习技巧很快，喜欢取悦人们，有玩赏型、迷你型和标准型三类。

间距很大的圆眼睛，带黑色眼边

乌黑唇部

耳端略钝的三角竖耳

上被毛为长长的白色针毛

颈部和胸部丰厚的被毛

玩赏型

玩赏型

*原文有误，应为德国。——译者注

高速度
在赛道上，灵猩达到过约72千米/时的速度，是现有生物中速度最快的动物之一。

视觉猎犬 (SIGHT HOUNDS)

视觉猎犬，有时称作犬类中的超速者或锐目猎犬，是主要运用其敏锐的视力来锁定和追踪猎物的猎犬。视觉猎犬有着流线体型，结构轻巧却健壮有力，追捕猎物时速度飞快，转向非常灵活。这一犬组中的许多犬种昔日都被繁育用于狩猎。

爱尔兰猎狼犬在古罗马时代用于狩猎

考古证据表明，躯干和肢体瘦长的犬种随人类狩猎达数千年之久，但现代视觉猎犬的早期繁育史并不完全为人所知。很可能涉及众多各类犬种（包括㹴犬）的多次杂交逐渐繁衍出典型的视觉猎犬，如灵缇和惠比特犬。

大多数视觉猎犬很容易识别，选择性繁育强化了一些旨在提高其速度的生理特征，比如健壮灵活的背部，能使身体舒展飞驰的运动体型，能大跨步奔跑的弹性肢体，以及能提供推动力的强健后肢。视觉猎犬的另一特征是没有突出鼻止的狭长头颅，有的品种（如俄国猎狼犬）鼻止完全消失了。用于捕获和扑咬小型猎物的视觉猎犬的典型特征之一是在高速奔跑时头部低垂；另一特征是深厚的胸部，可容纳更大的强健心脏并使肺活量增加。这一犬组的典型被毛为绒被毛或丝质被毛，只有阿富汗猎犬是长被毛。

典雅而高贵的视觉猎犬在历史上一直是富豪和名门宠爱的狩猎犬，与现代品种非常相似的赛犬和灵缇曾被古埃及的法老们所豢养。许多世纪以来，萨卢基猎犬被阿拉伯的酋长们在沙漠中用于猎获羚羊，今天还偶尔有此用途。在沙俄时代，健硕的俄国猎狼犬是贵族乃至皇室首选的犬种，人们对其进行特殊繁育用于追赶和猎杀野狼。

今天视觉猎犬主要用于赛跑，也常养为宠物。它们一般情况下没有攻击性，有时显得冷漠，可成为有吸引力的家犬，但在户外时需要主人小心管理，最好带上牵绳运动。视觉猎犬追逐小动物的本性足以压过它所接受的服从性训练，主人几乎无法阻止它去追赶自视为猎物的东西。

家庭生活
许多昔日飞奔的视觉猎犬能很好地适应作为家庭伴侣的生活，它们的追逐欲望可以引导为娱乐活动。

贵族气质
长鼻俄国猎狼犬看上去非常华贵，但在沙俄时代曾用于狩猎，它甚至能击败一只完全成年的野狼。

灵猭 (GREYHOUND)

所有犬种中速度最快的猎犬，但在家庭中温和顺从

KC

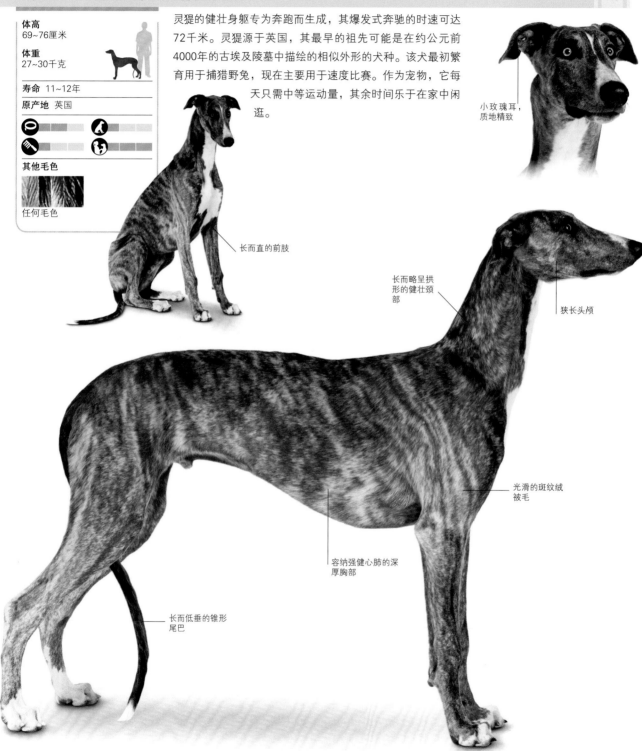

体高
69~76厘米

体重
27~30千克

寿命 11~12年

原产地 英国

其他毛色

任何毛色

灵猭的健壮身躯专为奔跑而生成，其爆发式奔驰的时速可达72千米。灵猭源于英国，其最早的祖先可能是在约公元前4000年的古埃及陵墓中描绘的相似外形的犬种。该犬最初繁育用于捕猎野兔，现在主要用于速度比赛。作为宠物，它每天只需中等运动量，其余时间乐于在家中闲逛。

小玫瑰耳，质地精致

长而直的前肢

长而略呈拱形的健壮颈部

狭长头颅

光滑的斑纹绒被毛

容纳强健心肺的深厚胸部

长而低垂的锥形尾巴

意大利灵猩（ITALIAN GREYHOUND）

这种有着缎子一样光滑皮肤的迷你灵猩喜欢安逸的生活

KC

体高
32~38厘米

体重
4~5千克

寿命 14年
原产地 意大利

其他毛色

各种毛色

但不可能有黑色、斑纹和带棕黄色斑纹的蓝色

意大利灵猩是文艺复兴时期极受喜爱的宠物，这种迷你灵猩今天依然希望受到主人的宠爱。该犬体型虽小，但速度惊人，突然奔跑时速度可达60千米/时。很短的被毛使其易感风寒，但还是需要经常的户外运动。

大眼睛

长而平的窄头颅

精致的鼻口部

头上很靠后的玫瑰耳

缎子般光滑的浅红褐色短被毛

柔软细致的皮肤

修长优雅的拱形颈部

很低垂的细长尾巴

四肢骨骼细致

成年犬和幼犬

匈牙利灵猩（HUNGARIAN GREYHOUND）

这种警觉性强的家犬充满了速度和耐力

FCI

体高
62~70厘米

体重
25~40千克

寿命 12~14年
原产地 匈牙利

其他毛色

任何毛色

匈牙利灵猩，或称作马札尔阿加犬（Magyar Agar），曾用于捕猎野兔和狐狸，可能在约1 000年前随马札尔人进入匈牙利，虽不如灵猩（见126页）快捷，但更坚忍和精力旺盛。该犬需要经常奔跑，可成为保护意识强的忠实伴侣犬。

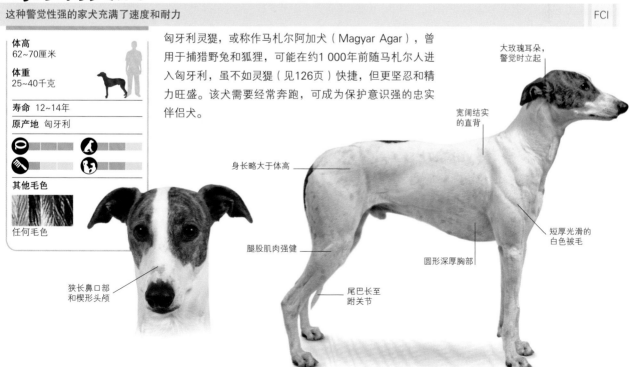

大玫瑰耳朵，警觉时立起

宽阔结实的直背

身长略大于体高

短厚光滑的白色被毛

腿股肌肉强健

圆形深厚胸部

尾巴长至跗关节

狭长鼻口部和楔形头颅

银白色和浅褐色短绒被毛

强健优雅的外形轮廓

玫瑰耳

深色鼻口部

表情丰富的椭圆形眼睛

健壮的臀部

腹部向上收起

深胸

长锥形尾，长至跗关节

整洁的椭圆足，带有拱形脚趾

惠比特犬（WHIPPET）

该犬是极限速度奔跑者，喜欢安静，性格温和，爱慕家人

KC

体高
44~51厘米

体重
11~18千克

寿命 12~15年

原产地 英国

其他毛色

任何毛色

惠比特犬奔跑速度可达56千米/时，就其体重而言，是速度最快的驯养动物，它有着令人印象深刻的加速能力和高速灵活的转弯能力。这种优雅的小型犬源于19世纪末的英格兰北部地区，由灵猩（见126页）和各类㹴犬杂交繁育而成。惠比特犬最初用于捕杀兔子和其他小型猎物，很快成为受人喜爱而又买得起的赛犬。只要有几百米长可供它全速奔跑的场地，便可举行惠比特犬比赛，而这成了昔日采矿城镇和矿工们的定期娱乐项目。今天该犬仍用于追赶诱饵和灵活性比赛，但主要养为宠物。

惠比特犬安静温顺，热爱主人，在家庭中举止良好，对孩子很温和。作为性格敏感的犬种，惠比特犬需要有智慧的管理，它很容易对难度大的活动和过于严厉的命令感到沮丧。惠比特犬皮肤细嫩，被毛短而柔软，冬天需要穿上一件外套。它自身的被毛几乎没有一点异味，甚

至潮湿时也没有犬类特有的气味。偶尔人们会发现长被毛惠比特幼犬，但这一品种未被正式认可。

惠比特犬精力充沛，需要定时运动，在安全区域内应有充分机会自由奔跑。它一般情况下对其他犬只友好，但狩猎本能强烈，若有可能会追赶猫咪和其他小动物。如果与家猫同时喂养，惠比特犬会容忍或选择无视猫咪，但不要在无监管的情况下让它与其他家庭宠物（如兔子或天竺鼠）待在一起。惠比特犬对陌生人警惕，所以是很好的看门犬，对主人表现出坚定不移的忠诚。

俄国猎狼犬（BORZOI）

这种高贵的俄罗斯犬集速度、优雅和些许冷淡于一身

KC

体高 68~74厘米	
体重 27~48千克	
寿命 11~13年	
原产地 俄罗斯	

其他毛色

各种毛色

这种带有褶边被毛，近似猫科动物的大型犬被有争议地认定为最高贵的视觉猎犬，曾称为俄罗斯猎狼犬，主要繁育用作沙皇和贵族们猎杀野狼的工具。昔日，人们经常聚集100多只俄国猎狼犬在雪覆冰封的冻土原野上追赶狼群。许多年来，俄罗斯境外的俄国猎狼犬常被繁育用作伴侣犬。该犬今天喜欢在普通家庭环境中生活，但需要充分距离的漫步和奔跑，它还需要定期梳理和沐浴以保养长而卷曲的亮泽被毛。

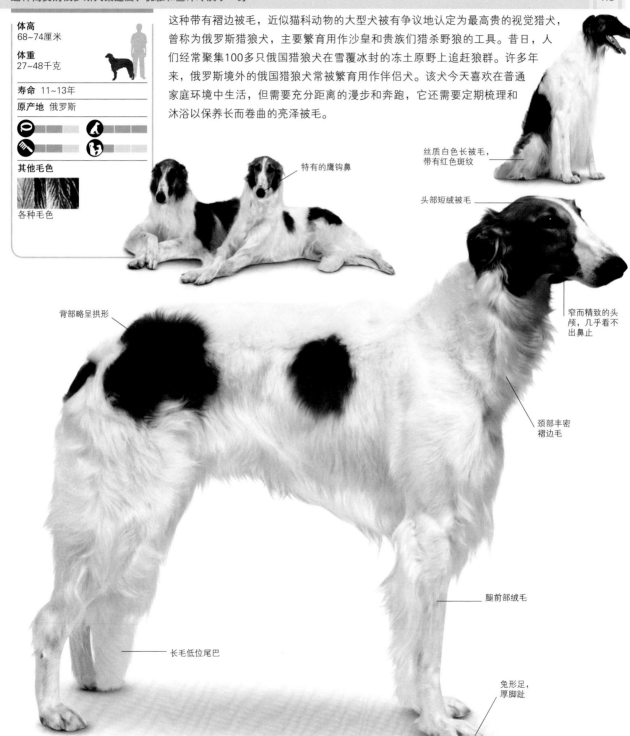

丝质白色长被毛，带有红色斑纹

头部短绒被毛

特有的鹰钩鼻

窄而精致的头颅，几乎看不出鼻止

颈部丰密褶边毛

背部略呈拱形

腿前部绒毛

长毛低位尾巴

兔形足，厚脚趾

萨卢基猎犬（SALUKI）

该犬体型修长而健壮，是忠诚勇敢的羚羊猎手

KC

体高
58~71厘米
体重
16~29千克
寿命 12年
原产地 伊朗

其他毛色

各种毛色

萨卢基猎犬（以一座古老城市命名）在苏美尔古帝国享有盛名，是能与国王一起被做成木乃伊的极少数犬种之一。它在中东地区因其高速穿越沙漠的非凡能力而备受人们珍视，常与猎鹰一起参与狩猎。萨卢基猎犬不是太爱表现和触感很强的宠物，有时略显冷漠。分为绒毛和丛毛两种被毛类型。

修长柔软的颈部

光滑的丝质短被毛

窄长头部

窄而深的胸部

腿部后有少量丛毛

带棕黄色斑纹的黑色被毛

丛毛型

长着丝质金色长毛的吊耳

丛毛型

波兰灵猠（POLISH GREYHOUND）

这是一种健壮的追逐猎犬，奔跑速度快，对家人友好

FCI

体高
68~80厘米
体重
65~85千克
寿命 12~15年
原产地 亚洲

其他毛色

所有毛色

波兰灵猠可能是灵猠（见126页）和俄国猎狼犬（见130页）的杂交后裔，比其他视觉猎犬更为强壮结实，常被繁育用于捕猎鸨（大型鹤形鸟）和狼，也是很受欢迎的跑道赛手。该犬需要严格训练、充分运动和定时被毛梳理。

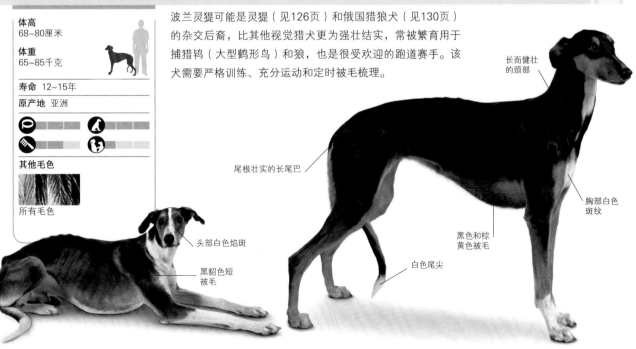

长而健壮的颈部

尾根壮实的长尾巴

胸部白色斑纹

黑色和棕黄色被毛

头部白色焰斑

黑貂色短被毛

白色尾尖

爱尔兰猎狼犬（IRISH WOLFHOUND）

该犬是世界上最高的猎犬，仪表威严，忠诚温顺

KC

体高
71~86厘米

体重
48~68千克

寿命 8~10年

原产地 爱尔兰

其他毛色

各种毛色

爱尔兰猎狼犬体型大而健壮，凭后肢站起时体高可超过1.8米（6英尺），曾被爱尔兰酋长和国王用于猎杀野狼，后来服役为军犬，是爱尔兰军队的吉祥物，可作为温和的伴侣犬和护卫犬。

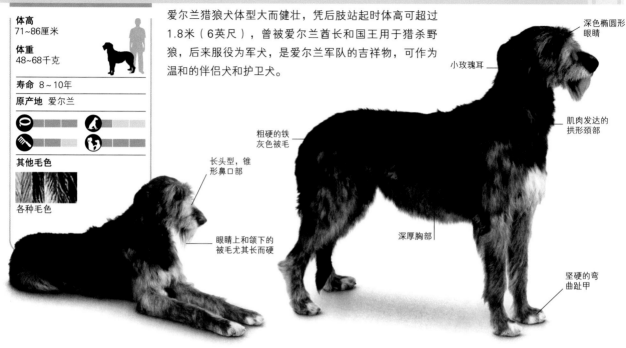

深色椭圆形眼睛

小玫瑰耳

粗硬的铁灰色被毛

肌肉发达的拱形颈部

长头型，锥形鼻口部

深厚胸部

眼睛上和颌下的被毛尤其长而硬

坚硬的弯曲趾甲

猎鹿犬（DEERHOUND）

这是有着苏格兰历史传奇色彩的猎犬，奔跑迅速，勇敢而友好

KC

体高
71~76厘米

体重
37~46千克

寿命 10~11年

原产地 英国

其他毛色

红浅褐色或沙红色

黑色斑纹

猎鹿犬是爱尔兰猎狼犬（见本页）的粗毛版，昔日苏格兰贵族猎杀牡鹿的助手，它现在满足于温暖的客厅，就像过去卧于高堂榭屋的壁炉边。只要有每天一次充分的散步和供其闲逛的花园空间，它愿意在家中慵懒地陪伴主人。

小玫瑰耳

尖鼻口部

长而健壮的颈部

头部和胸部被毛更柔软

浅色丝质被毛的上须和下须

粗硬厚密的深蓝灰色被毛

低垂的粗尾根长尾巴

白色脚趾

阿富汗猎犬（AFGHAN HOUND）

它富有魅力但略显冷淡，是犬类中的超级模特，被毛梳理要求高

KC

体高
63~74厘米

体重
21~29千克

寿命 12~14年

原产地 阿富汗

其他毛色

任何毛色

作为最光亮和最优雅的犬种，阿富汗猎犬的确切血缘无人知晓，据说它是由商贸通道带到阿富汗的，当地的酋长用它追踪鹿、野山羊和雪豹。阿富汗猎犬长而奢华的被毛保护它不受其山区原产地严酷气候的侵袭。该犬在20世纪30年代被带到美国，从此深受名流喜爱。它是性格独立和活泼的伴侣犬，也精通体育运动和服从测验一类的赛事。

近乎三角形的深色眼睛，略向上挑

长头骨和长鼻口部

丰富的头部被毛结

覆有长丝质被毛的吊耳

少毛的环状尾巴，运动时立起

丝质金色长被毛，除去短而封闭的鞍背部位外，被毛质地均很优良

足部健壮，覆盖有厚长饰毛

瑞木颇灵猩 (RAMPUR GREYHOUND)

这是一种行动迅捷、健壮有力的猎犬，不适于都市生活

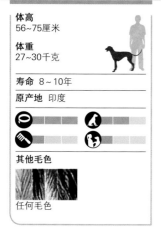

体高
56~75厘米

体重
27~30千克

寿命 8 ~ 10年

原产地 印度

其他毛色

任何毛色

瑞木颇灵猩是现代稀有犬种，曾是昔日印度王子们最喜爱的狩猎运动伴侣，主要用于捕猎豺和鹿。该犬健壮得足以击败野猪，其血缘史不详，可能是人们选中体力和耐力俱佳的英国灵猩与印度本地犬种进行杂交的结果。

平头骨，窄长尖鼻

黑色短被毛

窄而深的胸部

瘦长锥形尖尾巴

强壮的后躯干和长腿

腹部向上收起

健壮的拱形足，高速奔跑时抓地牢稳

腿部下方棕黄色斑纹

北非猎犬 (SLOUGHI)

该犬优雅活泼，与家庭成员关系紧密，但对陌生人冷淡

KC

体高
61~72厘米

体重
20~27千克

寿命 12年

原产地 北非

北非猎犬作为猎犬在北非久已闻名，但在欧洲和美国近些年才为人所知。它性格安静，是令人喜欢的伴侣，喜欢家庭生活。但该犬追逐小动物的欲望强烈，需要早期社交培养，以便与其他家庭宠物和谐相处。

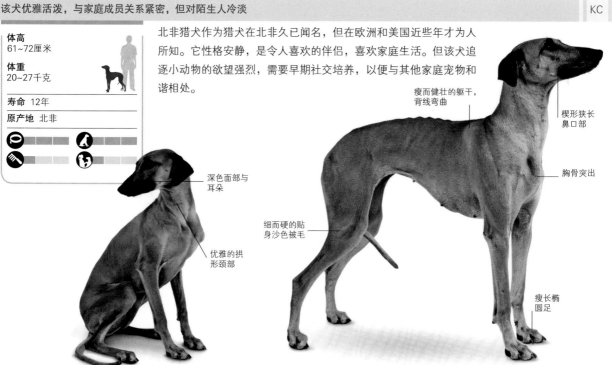

瘦而健壮的躯干，背线弯曲

楔形狭长鼻口部

胸骨突出

深色面部与耳朵

优雅的拱形颈部

细而硬的贴身沙色被毛

瘦长椭圆足

西班牙灵猩 (SPANISH GREYHOUND)

该犬繁育用于狩猎，温和含蓄，适应家庭生活

KC

体高 58~72厘米	
体重 20~30千克	
寿命 12年	
原产地 西班牙	

其他毛色

任何毛色

西班牙灵猩是奔跑迅速的猎手，据说是约公元前500年随凯尔特人进入伊比利亚半岛的犬种的后裔，最初只为王室豢养，后来广泛用于追逐猎物和速度比赛。西班牙灵猩不难训练成家犬，但运动量要求高，有绒被毛和刚被毛两种被毛类型。

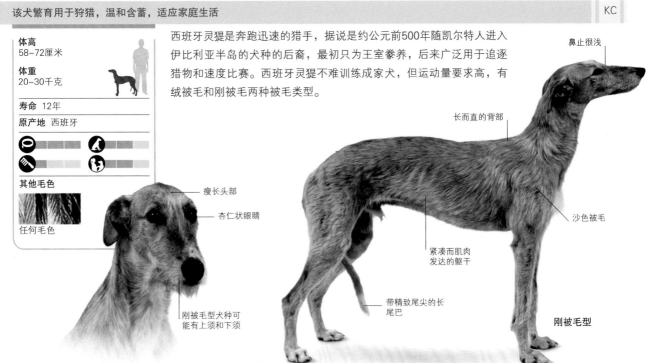

- 鼻止很浅
- 长而直的背部
- 沙色被毛
- 瘦长头部
- 杏仁状眼睛
- 紧凑而肌肉发达的躯干
- 带精致尾尖的长尾巴
- 刚被毛型犬种可能有上须和下须

刚被毛型

阿札瓦克犬 (AZAWAKH)

该犬速度惊人，专门捕获小猎物，可养为宠物

KC

体高 60~74厘米	
体重 15~25千克	
寿命 12~13年	
原产地 马里	

阿札瓦克犬是一种长腿猎犬，来自南部撒哈拉沙漠地区，被游牧部族用于狩猎、护卫和陪伴主人。该犬有着非常细嫩的肌肤，其下是肌肉发达而瘦长的身架。和善而不失严格的管理，加上每日的奔跑运动，能使其成为很好的家庭宠物。

- 精雕般的窄头
- 略呈拱形的细长颈部，肌肉发达
- 浅褐色短被毛
- 间距很大的吊耳
- 细嫩皮肤下可见肌肉和骨骼
- 长锥形尾巴，带白色刷状尾尖
- 典型的白色围嘴状斑纹
- 腿下部独有的与身体颜色不同的圈毛

群体围猎

使用猎犬群体来捕杀狐狸曾是人们熟悉的乡村景象，现在被寻味比赛替代，在其中猎犬们追踪嗅闻人为制造的气味。

嗅觉猎犬 （SCENT HOUNDS）

敏锐的嗅觉是犬类的重要功能，嗅觉猎犬拥有最敏锐的鼻子，靠嗅觉追踪猎物，而不像视觉猎犬（见124、125页）依赖视力。昔日群体狩猎的嗅觉型犬组天生具备追踪气味路径的能力，哪怕气味已留存数日，它们仍会专心搜寻。

奥达猎犬是稀有的嗅觉猎犬犬种之一

人们究竟何时开始认可有着非凡循味追踪和捕猎能力的犬种尚不清楚，现代嗅觉猎犬的血统可追溯到古代獒犬类犬种，它们被商贩从今天的叙利亚地区带入欧洲。在中世纪，使用群体嗅觉猎犬来围猎已是普遍和受人喜爱的运动，猎物种类包括狐狸、兔子、鹿和野猪等等。群猎习俗由带着自己猎狐犬团队的欧洲定居者于17世纪传到美洲。

嗅觉猎犬体型大小各异，但都具备典型的发达鼻口部，其中布满探测气味的感官细胞，有能帮助感知气味的松弛湿润嘴唇，还有长长的吊耳。该犬组繁育目的中力量优于速度，故而这类犬一般身躯健壮，尤其是前部躯干。今天已知的嗅觉猎犬在被选择繁育时，不仅考虑它们追踪的猎物，还要参考围猎所覆盖的田野地形。以英国猎狐犬为例，其相对轻巧的流线体型可以适应经常在开阔地形进行的骑马围猎。而整体外观相似，但体型小得多的比格犬有时需在茂密灌木丛中捕猎兔子，所以足部长有能消除声音的圆垫。一些短腿嗅觉猎犬被繁育用于追踪或挖出地下的猎物，如最知名的小型嗅觉猎犬腊肠犬，它身体灵活小巧，擅长进出很狭窄的角落。而在河流和溪水中捕猎的奥达猎犬大多时间要在水中游泳，所以长有防水被毛，在脚趾间还有比其他犬只更宽的蹼。

随着立法广泛禁止使用猎犬捕猎，像英国猎狐犬和猎兔犬的未来命运不得而知。尽管嗅觉猎犬一般爱好交际，对其他犬只友好，但很少能成为令人满意的家庭宠物。它们需要活动空间，爱吠叫，喜欢追踪气味路径，因此难于训练。

美国猎浣熊犬
这种蓝点猎浣熊犬是大型俊美猎浣熊犬的典型代表，在美国的狩猎和犬类技能测试中很受人们喜爱。

昔日宠儿
长耳、胸部低陷的巴塞特猎犬过去因其狩猎能力而备受喜爱，现在仅因其外形得宠。

汝拉布鲁诺猎犬（BRUNO JURA HOUND）

这种山地猎犬性格温和，但作为伴侣犬并不多见

FCI

体高
45~57厘米

体重
16~20千克

寿命 10~11年

原产地 瑞士

汝拉布鲁诺猎犬是在瑞士汝拉山区繁育的两种相似犬种之一，也是可能源自更古老、更重量级法国犬种的四大劳弗杭犬（见176页）之一。该犬主要用于猎兔，嗅觉功能强大，在陡峭地带工作时表现得力量大而身体灵活。它精力充沛，喜欢不停活动，讨厌室内束缚。

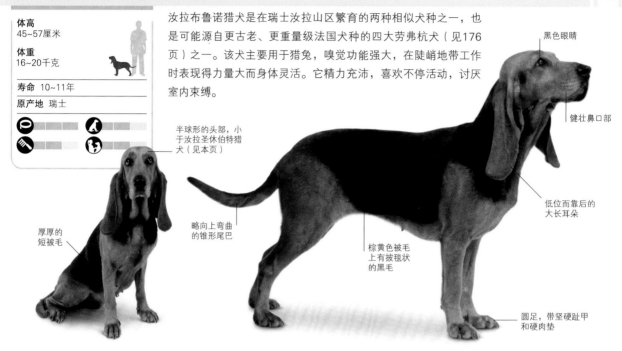

黑色眼睛

健壮鼻口部

半球形的头部，小于汝拉圣休伯特猎犬（见本页）

低位而靠后的大长耳朵

厚厚的短被毛

略向上弯曲的锥形尾巴

棕黄色被毛上有披毯状的黑毛

圆足，带坚硬趾甲和硬肉垫

汝拉圣休伯特猎犬（ST. HUBERT JURA HOUND）

该犬健壮灵活，擅长追踪，最喜欢在户外工作中表现

FCI

体高
45~58厘米

体重
15~20千克

寿命 10~11年

原产地 瑞士

汝拉圣休伯特猎犬和汝拉布鲁诺猎犬（见本页）有共同血缘，外形非常相近，但前者体型较大，被毛更柔软。汝拉圣休伯特猎犬是非常优秀的追踪犬，在寻找气味时会大声吠叫，在捕捉兔子、狐狸和鹿等猎物时耐力很持久。

宽大的半球形头部

松弛上唇盖住下唇

直而宽的背部，肌肉发达

深褐色到棕色的眼睛

光滑的棕黄色短被毛上带有披毯状的黑毛

大型吊耳

前肢直而健壮

寻血猎犬（BLOODHOUND）

该犬体型庞大，但性格温柔且爱交际，吼叫声低沉

KC

体高
58~69厘米

体重
36~50千克

寿命 10~12年

原产地 比利时

其他毛色

黑色和棕黄色　　赤褐色和棕黄色

寻血猎犬，在比利时称作圣休伯特猎犬（St. Hubert Hound），最早由圣休伯特修道院的僧侣在比利时繁育成功，在1066年被征服者威廉带到英格兰。寻血猎犬体型庞大，皮肤皱起，耳朵耷拉，是侦探小说中经典的警犬形象，以其跨越不同地形的超级灵活跟踪能力而著称，它能嗅出几天前留下的气味。该犬性情温和，举止文雅，是能腾出较大室内空间的主人的优良伴侣犬。

很长的吊耳

长而粗的锥形尾巴

眼睛深陷，表情严肃

防雨雪的暗红色被毛，短而光滑

厚而松弛的上唇

突出的喉部垂肉

耳朵下方向内卷起

在前缘收起的长吊耳

被毛完全覆盖的头部

黑色和棕黄色被毛，粗硬防水

尾巴下部表面被毛略长

深胸

大而圆的足，趾间有发育完善的蹼

高位尾巴长至跗关节

奥达猎犬（OTTERHOUND）

该犬随和而富有爱心，保留了强烈的狩猎本能

KC

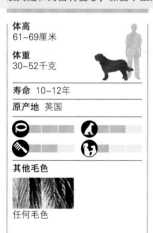

体高
61~69厘米

体重
30~52千克

寿命 10~12年

原产地 英国

其他毛色

任何毛色

粗浓被毛的奥达猎犬（意为水獭猎犬）曾被用于捕猎水獭，血缘史不详，用于群体狩猎的类似犬种从大约18世纪就已在英国出名。有史料记载的群猎水獭活动可以追溯至12世纪，当水獭成为受保护物种以后，捕猎水獭在英国于1978年被禁止，奥达猎犬数量随之锐减。现在该犬被视为稀有犬种，每年仅有不到60只幼犬在KC注册，包括美国、加拿大和新西兰在内的其他国家也有少量奥达猎犬。

奥达猎犬身体健壮，精力充沛，如给予充分运动量，完全可以适应家庭生活。该犬性格温和，但和其他群体猎犬一样很难训练。它体型庞大而活跃，不建议小型家庭或有老人与幼儿的家庭喂养，以防被其撞倒。奥达猎犬最适合喜爱户外活动并有大花园和开阔空间的犬主喂养。因为最初繁育用于水中狩猎，奥达猎犬生性喜欢游泳，若有机会，会在溪水中嬉戏数小时之久。

奥达猎犬厚而粗的被毛略显油性，所以能够防水，定期梳理可以防止长长的上被毛打结；潮湿天气时它的被毛容易溅上泥浆，但干燥后容易清除。它面部的被毛较长，有时需要清洗。

格里芬尼韦奈犬（GRIFFON NIVERNAIS）

该犬坚忍而独立，会有些喧闹，需要严格的主人

FCI

体高
53~63厘米

体重
23~25千克

寿命 12~15年

原产地 法国

格里芬尼韦奈犬是最古老的法国运动犬种之一，具有英国猎狐犬（见158页）和奥达猎犬（见140页）的血统。格里芬尼韦奈犬主要用于捕猎野猪，有超强的耐力，通常群体围猎，也会单独行动，粗硬蓬乱的被毛可以保护它不被厚厚的植被刺伤。

深色眼睛，带着深邃而活泼的目光

大大的黑色鼻子

高位尾巴

粗浓厚硬的沙色被毛，覆有黑色外毛

大格里芬犬（GRAND GRIFFON VENDEEN）

身材比例匀称，富有激情的聪明猎手，对家人友好

FCI

体高
60~68厘米

体重
30~35千克

寿命 12~13年

原产地 法国

其他毛色

浅褐色

黑色和棕黄色

黑色和白色

三色

浅褐色犬只可能有黑色外毛

大格里芬犬是四个格里芬犬品种之一，如其名所示，它是体型最大的一种，也是出名时间最长的。该犬用于捕杀野猪和鹿，一般群体围猎，外观和性格都很吸引人，叫声动听，富有乐感。

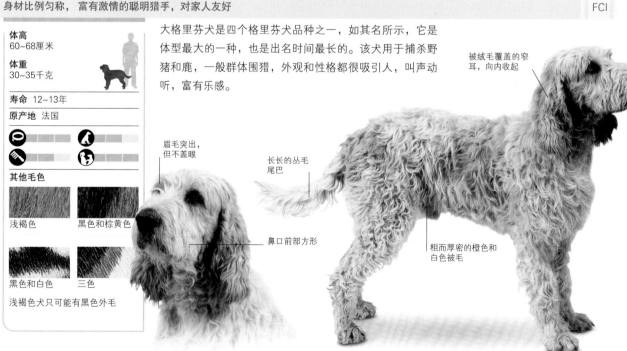

眉毛突出，但不盖眼

长长的丛毛尾巴

被绒毛覆盖的窄耳，向内收起

鼻口前部方形

粗而厚密的橙色和白色被毛

大格里芬巴塞特犬（GRAND BASSET GRIFFON VENDEEN）

这种短腿猎犬是很敬业的猎手

KC

体高
38~44厘米

体重
18~20千克

寿命 12年

原产地 法国

这种短腿格里芬犬最初繁育用于捕猎兔子，今天用来追踪从兔子到野猪等各类猎物，在追踪路径上表现勇敢而执着，擅长在复杂乡村地形如茂密灌木丛中捕猎。

长长的吊耳

突出的大鼻孔鼻子

带橙色斑纹的白色被毛

厚厚的下被毛，毛平而硬

带黑色和橙色斑纹的白色被毛

小格里芬巴塞特犬（PETIT BASSET GRIFFON VENDEEN）

精力充沛，性格外向，这是一种欢快、自信和好奇的家犬

KC

体高
33~38厘米

体重
11~19千克

寿命 12~14年

原产地 法国

小格里芬巴塞特犬是格里芬犬种里体型最小的，精力旺盛而活跃，警惕性高，能吃得消一整天的狩猎。该犬腿短，身躯长度是高度的2倍，厚而粗密的被毛令其最为适合在荆棘多刺的茂密灌木中工作。像所有猎犬一样，小格里芬巴塞特犬精力无穷，适合喜欢户外活动的犬主。

向里折的吊耳

从肩隆到臀部的直背

长眉毛和上下须

粗厚硬被毛

带深色斑纹的白色被毛

布里吉特格里芬犬 (BRIQUET GRIFFON VENDEEN)

粗硬被毛，随遇而安的嗅觉猎犬

FCI

体高
48~55厘米
体重
16~24千克
寿命 12年
原产地 法国

其他毛色

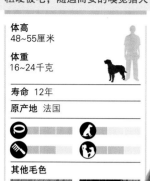

带黑色覆毛的浅褐色　　黑色和棕黄色

黑色和白色　　黑色、棕黄色和白色

布里吉特意为"中型"，是对这种比例匀称的格里芬犬的贴切描述。其外表俊秀，是其前辈大格里芬犬（见142页）的缩小版，是野猪和狍子的坚定追击者。布里吉特格里芬犬喜欢群猎，也能在早期驯养的情况下适应都市生活。

长在眼部水平线下的长吊耳

醒目的浓密眉毛，但不盖眼

棕色鼻子

长长的橙色和白色被毛

巴塞特猎犬 (BASSET HOUND)

该犬身躯低陷，耳朵耷拉，性情温和，是优秀的追踪犬

KC

体高
33~38厘米
体重
18~27千克
寿命 10～13年
原产地 法国

其他毛色

各种毛色

任何被认可的猎犬毛色

巴塞特猎犬由法国僧侣繁育而成，用于覆盖有厚岩层地区的狩猎，无论在荒原上还是在壁炉边都生活得很快乐。这种完美的嗅探犬非常聪明而且坚忍顽强，一点不像卡通片里描绘的傻瓜形象。作为家庭宠物，它安静而充满友爱。

眼睛略深陷，眼神柔和忧伤

宽而水平的背部

长而深的躯干，就其体重而言，是所有犬中骨骼最粗壮的

深色鼻子，鼻孔宽大

三色短被毛

身躯低矮，可在任何地形下运动自如

阿提桑诺曼底短腿犬（BASSET ARTESIEN NORMAND）

这种短腿的坚定狩猎犬是活泼忠实的家庭宠物

FCI

体高
30~36厘米

体重
15~20千克

寿命 13~15年

原产地 法国

其他毛色

棕黄色和白色

这种身躯长而低陷的猎犬来自法国阿图瓦和诺曼底地区，以搜寻、追踪、撵出和捕获兔子和鹿而著称，或单独行动或小型群体围猎。阿提桑诺曼底短腿犬仪态优雅，相对其矮小的体型，它那深沉的吠叫声令人惊异。像许多猎犬一样，它需要有经验的训练者。

鼻口部与头骨等长

长而低垂的耳朵

短而贴身的三色光滑被毛

高位锥形尾

大大的黑鼻子

布列塔尼短腿犬（BASSET FAUVE DE BRETAGNE）

灵活而身体紧凑的家犬，性情随和而欢乐

KC

体高
32~38厘米

体重
16~18千克

寿命 12~14年

原产地 法国

多才多艺而灵敏的布列塔尼短腿犬由格里芬布列塔尼犬（见146页）繁育而成，二者品质特征完全一样。布列塔尼短腿犬嗅觉发达，天性勇敢，是理想的追踪、搜寻和援救用犬。它的刚被毛只需一周一次的梳理。

略呈锥形的鼻口部，棕色鼻子

高耸的中等长度的尾巴

耳朵上覆有比体毛短而色深的毛

宽阔胸部上有白斑

金黄色被毛

格里芬布列塔尼犬 (GRIFFON FAUVE DE BRETAGNE)

这种吃苦耐劳的刚毛猎兔犬在不捕猎时是性情温和的家犬

FCI

体高
47~56厘米

体重
18~22千克

寿命 12~13年

原产地 法国

格里芬布列塔尼犬是法国最古老的犬种之一，其祖先可以追溯到16世纪，在法国布列塔尼地区繁育用于防范狼群。该犬今天是多才艺的猎手和家犬，它的短腿表亲是布列塔尼短腿犬（见145页）。

深棕色眼睛

低位耳朵，前缘卷起

镰刀尾

很粗硬的红麦色刚被毛

黑色鼻子

宽阔胸部

结实紧凑的足

伊斯特拉刚毛猎犬 (ISTRIAN WIRE-HAIRED HOUND)

这种坚忍但温和的猎犬适合在山地捕猎狐狸和兔子

FCI

体高
46~58厘米

体重
16~24千克

寿命 12年

原产地 克罗地亚

伊斯特拉刚毛猎犬与伊斯特拉短毛猎犬（见147页）一样，对狩猎充满坚忍精神和热情。伊斯特拉刚毛猎犬在克罗地亚伊斯特拉半岛上的家乡被称作伊斯特拉高尼克犬，因其固执的性格而难以成为理想的宠物。

椭圆形深色眼睛

耳朵上的橙色斑

黑色鼻子

尾巴根部有橙色毛

宽阔深胸延伸至肘部

粗硬雪白上被毛，毛短而钝硬

猫形窄足

伊斯特拉短毛猎犬（ISTRIAN SMOOTH-COATED HOUND）

该犬与长腿猎狐犬相似，是最古老的巴尔干猎犬　　　　　FCI

体高
44～56厘米

体重
14～20千克

寿命 12年

原产地 克罗地亚

伊斯特拉短毛猎犬最初繁育用于在伊斯特拉广袤的开阔地上捕猎兔子和狐狸，如在本土众所周知的那样，它展示出令人叹为观止的雪白被毛。该犬在伊斯特拉半岛用作工作犬，在乡村家庭中也是开心的家犬。

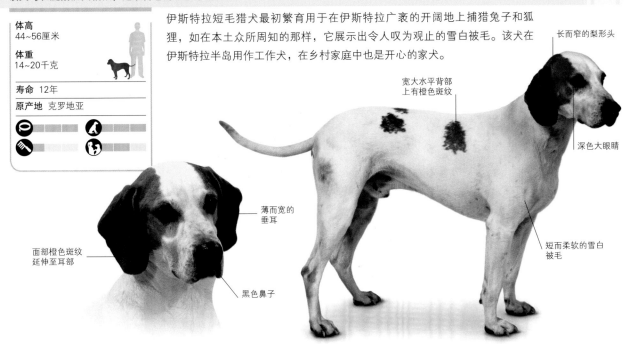

长而窄的梨形头

宽大水平背部上有橙色斑纹

深色大眼睛

薄而宽的垂耳

短而柔软的雪白被毛

面部橙色斑纹延伸至耳部

黑色鼻子

斯提瑞恩粗毛山地猎犬（STYRIAN COARSE-HAIRED MOUNTAIN HOUND）

这种稀有工作犬适合高海拔地区和崎岖地形的狩猎　　　FCI

体高
45～53厘米

体重
15～18千克

寿命 12年

原产地 奥地利

其他毛色

红色

胸部可能有白色斑纹

斯提瑞恩粗毛山地猎犬体型中等，在奥地利和斯洛文尼亚的山地练就了狩猎技能，能在陡峭危险的地形灵活转弯，能成为安静而性情温和的宠物。该犬也以18世纪育犬者的姓名命名为彭迪根猎犬（Peintingen Hound），该育犬者用伊斯特拉刚毛猎犬（见146页）和汉诺威嗅猎犬（见178页）进行杂交，育成斯提瑞恩粗毛山地猎犬。

适中鼻止

宽大背部

深色垂耳，覆有绒毛

表情丰富的棕色眼睛

黑色鼻子

粗硬浅褐色被毛

奥地利黑褐猎犬（AUSTRIAN BLACK AND TAN HOUND）

该犬身体柔软，精力旺盛，适合跨越山地追踪猎物

FCI

体高
48~56厘米

体重
15~23千克

寿命 12~14年

原产地 奥地利

奥地利黑褐猎犬源自凯尔特猎犬，有时也称作布兰德布雷克犬（Brandlbracke）。该犬在奥地利本土很受喜爱，被繁育出利用它的高灵敏度嗅觉和方向感寻找兔子和追踪受伤的猎物，工作热情，性格沉稳。

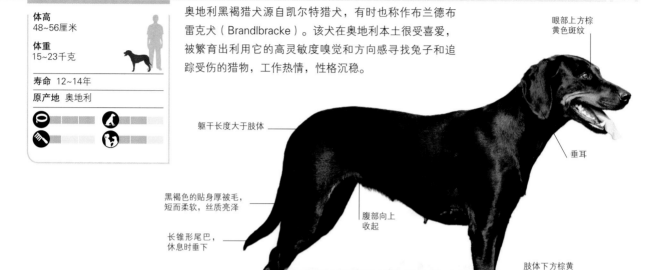

眼部上方棕黄色斑纹

躯干长度大于肢体

垂耳

黑褐色的贴身厚被毛，短而柔软，丝质亮泽

腹部向上收起

长锥形尾巴，休息时垂下

肢体下方棕黄色斑纹

西班牙猎犬（SPANISH HOUND）

血统高贵、意志坚强的猎犬

FCI

体高
48~57厘米

体重
20~25千克

寿命 11~13年

原产地 西班牙

西班牙猎犬也称作西班牙萨布索犬（Sabueso Español），其祖先可以追溯到中世纪。这是一种专业的独行者猎兔犬，在有经验的主人命令下可以整日不停地追踪猎物。该犬种体高变化幅度很大，雄犬比雌犬体型要大很多。

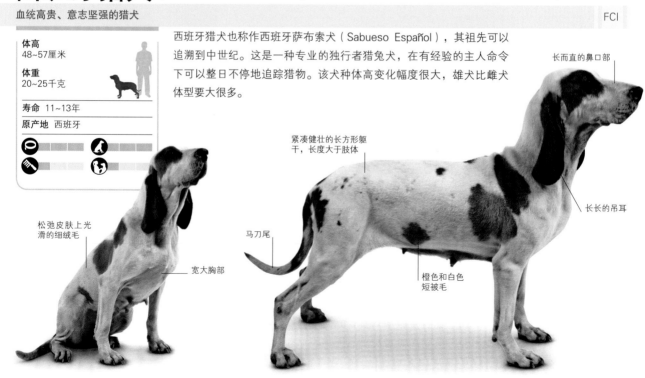

长而直的鼻口部

紧凑健壮的长方形躯干，长度大于肢体

长长的吊耳

松弛皮肤上光滑的细绒毛

马刀尾

宽大胸部

橙色和白色短被毛

意大利塞古奥猎犬（SEGUGIO ITALIANO）

这一聪明而性情温和的猎犬可作为优良的活跃宠物

KC

这种意大利猎犬最初繁育用于捕猎野猪，现在更常用于追捕兔子。该犬是飞速的短跑运动员，也有长距离奔跑的耐力，平时沉稳安静，在狩猎时，它会发出兴奋独特的高声吠叫。意大利塞古奥猎犬若接受良好训练，能有开阔空间定时运动，会对儿童和其他犬只友好；尽管通常性情谨慎，但一只受过良好训练的意大利塞古奥猎犬看到兔子时也会一跃而起。该犬有刚被毛和短被毛两种类型。

体高
48~59厘米

体重
18~28千克

寿命 10~14年

原产地 意大利

其他毛色

小麦色

黑色和棕黄色

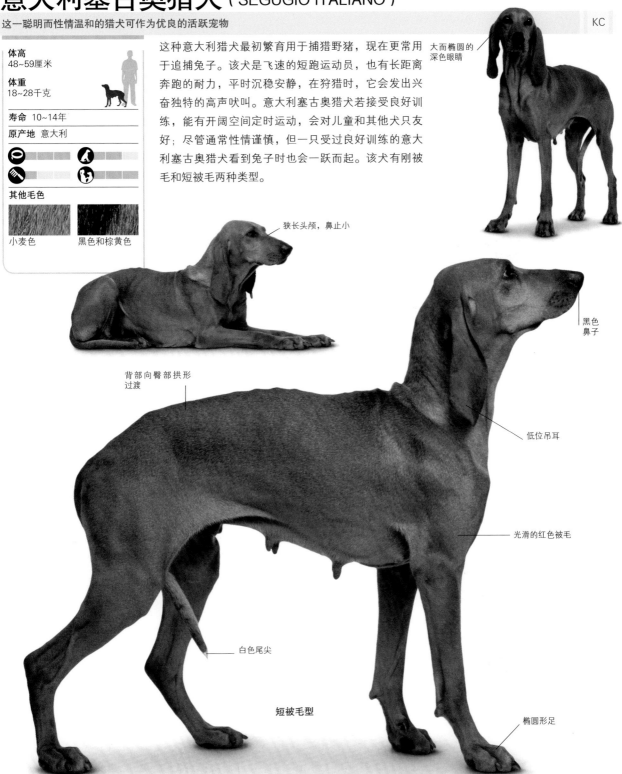

大而椭圆的深色眼睛

狭长头颅，鼻止小

黑色鼻子

低位吊耳

背部向臀部拱形过渡

光滑的红色被毛

白色尾尖

短被毛型

椭圆形足

猎兔犬（HARRIER）

这一超级活跃而急切的猎犬是热忱的探索者和跟踪者

FCI

体高 48~55厘米	
体重 19~27千克	

寿命 10~12年

原产地 英国

猎兔犬可能是作为英国猎狐犬（见158页）的缩小版而进行繁育的，体型高度匀称而俊美。猎兔犬脚上长有圆形肉垫，昔日主要用于群猎兔子，后来也随骑马猎手猎杀狐狸，今天则是优秀的户外伴侣犬和灵活性竞赛者。

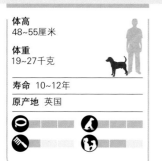

略尖的鼻口部

厚而硬的白色短被毛，带有黑色和褐色斑纹

向上耸立的高位长尾，略弯曲

V形吊耳

突出的黑色鼻子

脚上有厚肉垫，用于崎岖地形的狩猎

比格猎兔犬（BEAGLE HARRIER）

具有沉稳性格的优良伴侣犬，渴望追踪气味

FCI

体高 46~50厘米	
体重 19~21千克	

寿命 12~13年

原产地 法国

比格猎兔犬较之比格犬（见152页）体型大，但比猎兔犬（见本页）要小，据说是后两者的共同后裔，但并非直接杂交育成。比格猎兔犬在法国境外较少见，自19世纪晚期起一直被用于捕猎小动物。它性情可人，是很不错的家庭宠物。

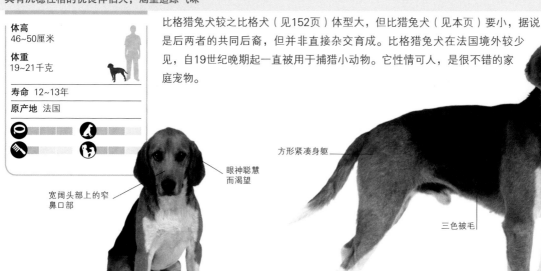

方形紧凑身躯

眼神聪慧而渴望

宽阔头部上的窄鼻口部

三色被毛

宽大深胸

猫形圆足

英法小猎犬（ANGLO-FRANCAIS DE PETITE VENERIE）

这种群猎犬不适合都市生活

FCI

体高
48~56厘米

体重
16~20千克

寿命 12~13年

原产地 法国

其他毛色

棕黄色和白色

英法小猎犬源自法国，是数百年前英国和法国嗅觉猎犬的杂交结果，目前较稀有，主要见于欧洲大陆，仍用于捕猎小型猎物。

棕色大眼睛

高位瘦尾

低位吊耳

光滑的三色短厚被毛

瓷器犬（PORCELAINE）

这种本能很强的猎犬可以训练为家犬，但需要活跃的生活

FCI

体高
53~58厘米

体重
25~28千克

寿命 12~13年

原产地 法国

瓷器犬因其漂亮白色被毛的釉面般光泽而得名，可能是法国最古老的群猎犬种，起源于法国和瑞士边境的弗朗什孔泰地区。该犬主要用于捕猎野猪和鹿，若养为宠物，需要有充足运动量和有策略的训练。

精雕般的瘦长头部

发育完好的黑色鼻子

低位薄吊耳

耳部上非常特殊的橙色条纹麻斑点

极短的白色绒被毛

皮肤上的黑色斑点

肌肉发达的长斜肩部

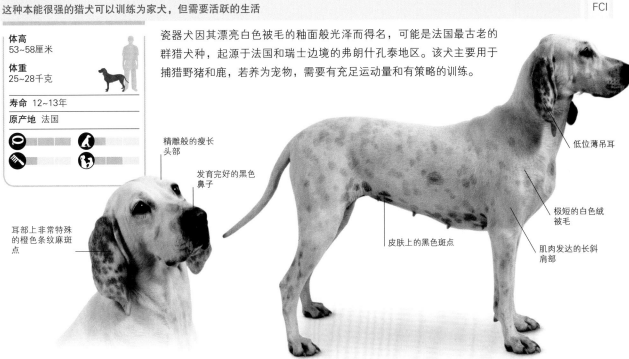

白色尾尖

头部白色焰斑

面部典型棕黄色斑纹

鼻止清晰

黑色鼻子

圆耳端吊耳

直而水平的背线

三色短厚被毛

比格犬（BEAGLE）

最受人喜爱的嗅觉猎犬之一，活跃友善，随遇而安

KC

| 体高 |
| 33~40厘米 |
| 体重 |
| 9~11千克 |
| 寿命 13年 |
| 原产地 英国 |

其他毛色

各种毛色

比格犬体格健壮，身形紧凑，性情欢快，很像英国猎狐犬（见158页）的迷你版。比格犬起源不详，但应该有很长历史，可能是由像猎兔犬（见150页）之类的其他英国嗅觉猎犬繁育而成的。在英国自16世纪以来，小型比格犬类的猎犬群体一直被用于捕猎兔子，但直到19世纪70年代，现代比格犬的标准才被认可。自那以后这一犬种一直非常流行，先被用来狩猎，现在作为伴侣犬。比格犬多才多艺，还被执法部门用来嗅探毒品、爆炸物和其他非法物品。

若有充分的陪伴和运动量，比格犬友好忍耐的天性会使其成为优秀的宠物，它不太容忍长时间的孤单，会引起行为问题。作为典型的嗅觉猎犬，比格犬高度活跃，追踪气味路径的本能强烈，若留置在没有充分围起的花园里或任其自由遛跑，它会转眼间消失得无影无踪，在外

晃荡好几个钟头。比格犬叫声响亮，会过于吵人而惹得邻居不满，好在它易于训练，若主人将爱心和严厉、明确领导权结合起来训练，能使其表现出色。该犬对懂得如何管理犬只的儿童非常友好，但对其他小宠物是个危险。

在美国，基于肩隆骨的高度，两种体型的比格犬被认可：33厘米以下的犬，33～38厘米的犬。

席勒猎犬（SCHILLERSTOVARE）

这种稀有活跃的追踪犬喜欢单独狩猎，是速度最快的瑞典猎犬

FCI

| 体高 | 49~61厘米 |
| 体重 | 15~25千克 |

| 寿命 | 10~14年 |
| 原产地 | 瑞典 |

作为稀有犬种，席勒猎犬因其在雪地上的狩猎速度和耐力而受人珍视，它厚厚的被毛能很好抵挡住故乡严寒的气候。席勒猎犬喜欢单独而非群体狩猎，会发出低沉的叫声来指示猎物的准确位置，猎物多为狐狸或兔子。该犬以其繁育者——农场主波·席勒的名字命名。

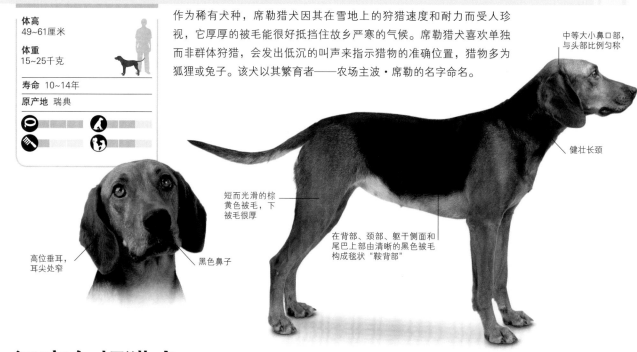

高位垂耳，耳尖处窄

黑色鼻子

短而光滑的棕黄色被毛，下被毛很厚

中等大小鼻口部，与头部比例匀称

健壮长颈

在背部、颈部、躯干侧面和尾巴上部由清晰的黑色被毛构成毯状"鞍背部"

汉密尔顿猎犬（HAMILTONSTOVARE）

瑞典最流行的猎狐犬，是忠诚的伴侣和保护者

KC

| 体高 | 46~60厘米 |
| 体重 | 23~27千克 |

| 寿命 | 10~13年 |
| 原产地 | 瑞典 |

汉密尔顿猎犬也叫作瑞典猎狐犬（Swedish Foxhound），由瑞典犬舍俱乐部的创始人阿道夫·帕特里克·汉密尔顿伯爵繁育而成。该犬外形俊美，性格随和，喜欢在田野上巡弋并追撵小猎物。汉密尔顿猎犬是英国猎狐犬（见158页）和霍尔斯登猎犬、汉诺威赫德布雷克犬、库兰德猎犬的杂交后代。

粗厚贴身被毛

面部白色焰斑

短而厚的柔软下被毛

三色被毛，三种颜色分布均匀

腿下方和足上的袜状白毛

斯莫兰德猎犬（SMALANDSSTOVARE）

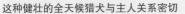
这种健壮的全天候猎犬与主人关系密切

FCI

体高 42~54厘米	
体重 15~20千克	
寿命 12年	
原产地 瑞典	

这种瑞典猎犬的历史可以追溯到16世纪，因其经常在瑞典南部茂密的斯莫兰德森林捕猎狐狸和兔子而得名。斯莫兰德猎犬有着与罗威纳犬（见81页）相似的独特黑色被毛，同时也带有棕黄色斑纹。

高位中等长度耳朵，耳端圆

比大多数猎犬头部更短，楔形更突出

肌肉健壮的方形身躯

眼部以上典型的棕黄色斑纹

天然短尾

厚而光亮的黑色和棕黄色被毛

脚趾上白色小斑点

哈尔登猎犬（HALDEN HOUND）

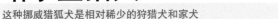
这种挪威猎狐犬是相对稀少的狩猎犬和家犬

FCI

体高 50~65厘米	
体重 23~29千克	
寿命 10~12年	
原产地 挪威	

哈尔登猎犬喜欢在开阔的雪原飞速追赶猎物，像其他繁育用作狩猎助手的挪威犬种一样，这种大型猎犬在其祖国以外并不出名。该犬在挪威东南部的哈尔登地区由英国猎狐犬（见158页）和当地的比格犬杂交而成。

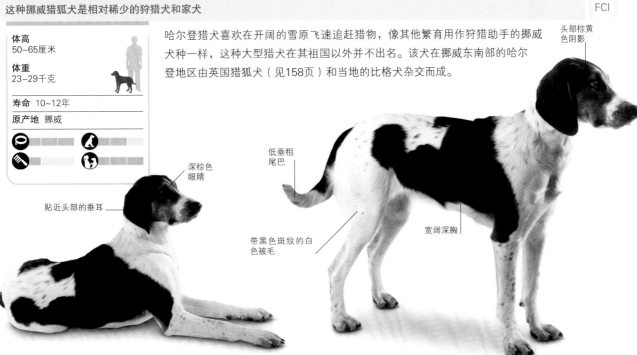

头部棕黄色阴影

深棕色眼睛

低垂粗尾巴

贴近头部的垂耳

带黑色斑纹的白色被毛

宽阔深胸

挪威猎犬（NORWEGIAN HOUND）

披有美丽被毛的猎兔犬，一流的家用猎犬

FCI

体高
47~55厘米

体重
16~23千克

寿命 11~14年

原产地 挪威

其他毛色

三色

挪威猎犬，或叫作敦克犬（Dunker），专门繁育用于在−15℃的雪地中追踪野兔。在非狩猎状态下，该犬对人信赖友好，容易管理。最初以威尔海姆·敦克船长的名字命名，在19世纪早期由其他挪威和俄罗斯猎兔犬杂交育成。

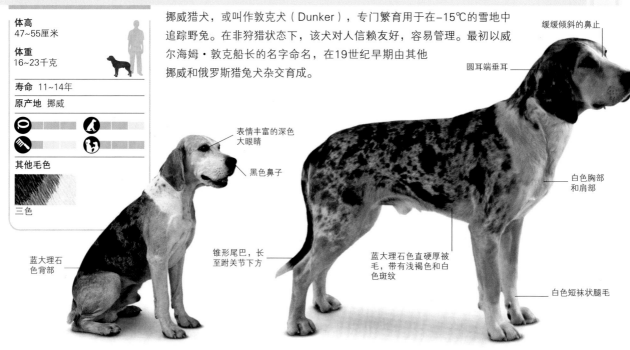

表情丰富的深色大眼睛

黑色鼻子

缓缓倾斜的鼻止

圆耳端垂耳

白色胸部和肩部

蓝大理石色背部

锥形尾巴，长至跗关节下方

蓝大理石色直硬厚被毛，带有浅褐色和白色斑纹

白色短袜状腿毛

芬兰猎犬（FINNISH HOUND）

平静而友好的家犬，运动中精力充沛而活跃的追踪犬

FCI

体高
52~61厘米

体重
21~25千克

寿命 12年

原产地 芬兰

芬兰猎犬是迄今最受人喜爱的狩猎犬，被繁育用于在芬兰白雪皑皑的森林中追赶兔子和狐狸。在狩猎中该犬精力旺盛，在家中则是性情随和而安静、易于管理的宠物，有时在生人面前显得腼腆。

头部白色焰斑

深棕色眼睛

发育良好的黑色鼻子

耳朵后缘向外伸展

贴身的直厚三色被毛

海根猎犬（HYGEN HOUND）

聪明的猎犬、活泼的伴侣，也是可信赖的家庭护卫犬

FCI

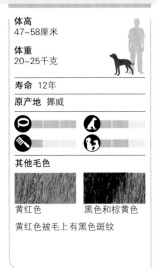

体高
47~58厘米

体重
20~25千克

寿命 12年

原产地 挪威

其他毛色

黄红色　　黑色和棕黄色

黄红色被毛上有黑色斑纹

*原文如此，似有误。——译者注

与挪威猎犬（见156页）相比，海根猎犬是更轻量级的猎犬*，它来自挪威东部的罗姆瑞克和荣格瑞克地区，主要繁育用于冰雪覆盖的北极原野上的狩猎，有着无穷的耐力在其中跃动穿行。该犬像斯莫兰德猎犬（见155页）一样身形紧凑，喜欢长距离漫步，思维很敏捷。

头部和鼻口部比挪威猎犬的更短、更宽

黑色鼻子

头部白色焰斑

薄而柔软的垂耳，顶端圆形

尾巴带黑色斑纹，尾尖白色

厚而光亮的红棕色硬被毛，带有白色斑纹

美国猎狐犬（AMERICAN FOXHOUND）

为速度和距离目的而繁育的猎犬，需要精力充沛的犬主

FCI

体高
53~64厘米

体重
18~30千克

寿命 12~13年

原产地 美国

其他毛色

任何毛色

美国猎狐犬曾拥有过美国历史上最尊贵的犬主——第一任美国总统乔治·华盛顿，他用法国和英国猎狐犬繁育出了更高大健壮和卓越的犬种。美国猎狐犬喜欢结群奔跑、独自狩猎或在赛场上一决高低。

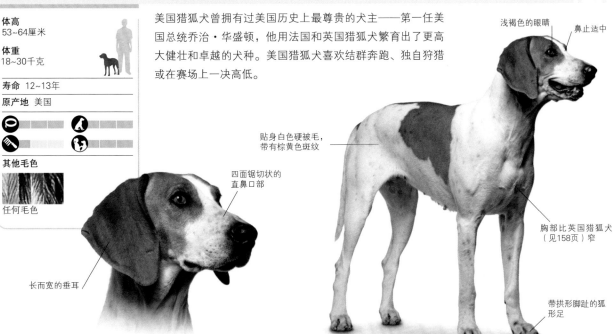

浅褐色的眼睛

鼻止适中

贴身白色硬被毛，带有棕黄色斑纹

四面锯切状的直鼻口部

长而宽的垂耳

胸部比英国猎狐犬（见158页）窄

带拱形脚趾的狐形足

英国猎狐犬（ENGLISH FOXHOUND）

性情开朗而活跃，生活态度乐观的犬只

KC

体高
58~64厘米

体重
25~34千克

寿命 10~11年

原产地 英国

其他毛色

各种毛色

任何被认可的猎犬毛色

英国猎狐犬的祖先可追溯到很多世纪以前，到19世纪为止，在英国有超过200群猎狐犬用于在各类地形上猎杀狐狸。英国猎狐犬是活跃、勇敢和富有激情的狩猎者，对主人的训练反应灵敏，但闻到特殊气味时会变得固执和任性。历史上为群体喂养而不用作家犬，但英国猎狐犬可成为很好的伴侣，对人尤其是儿童非常友好。英国猎狐犬的主人要注意，它会将其嬉戏性、活泼和耐力保有至晚年。

友好神情的大眼睛

背部宽而水平，在健壮的腰部略微隆起

黑色鼻子

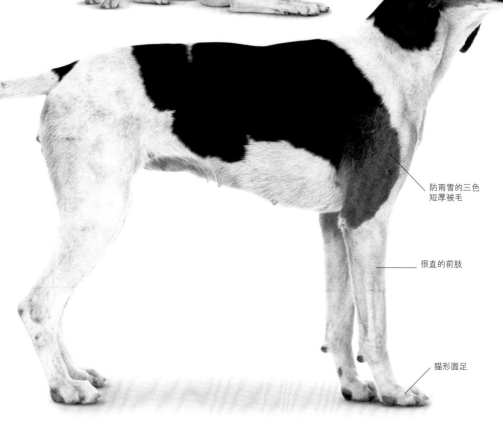

平伏的吊耳

高位尾巴

防雨雪的三色短厚被毛

很直的前肢

猫形圆足

卡他豪拉豹犬（CATAHOULA LEOPARD DOG）

技术高超、意志坚强的猎手，适合有经验的犬主

体高
51~66厘米

体重
23~41千克

寿命 10~14年

原产地 美国

其他毛色

各种毛色

这种外貌引人注意的路易斯安那州放牧犬和野猪、浣熊猎手是西班牙殖民地灵猩、獒犬和本土红狼的杂交后代，能在沼泽、森林和各种更开阔的地形娴熟捕猎。该犬以其家乡州的一个教区命名，是机警的看门犬，对陌生人戒备，但在家人面前安静且忠心耿耿。

双眼颜色
可能不同

贴身的杂有黑斑的
蓝灰色短被毛

胸部带有
白色斑纹

身上的斑点图案
赋予其"豹"名

普罗特猎犬（PLOTT HOUND）

该犬狩猎时无情而坚决，在家中警觉且反应灵敏

AKC

体高
51~64厘米

体重
18~27千克

寿命 10~12年

原产地 美国

这种健壮有力的斑纹猎犬用于捕猎浣熊、狗熊、郊狼、野猪和大型猫科动物，是为数不多的被认可具有美国血统的犬种之一。最早的普罗特猎犬是在18世纪50年代的斯莫基山区，被普罗特家族利用来自德国的汉诺威野猪猎犬繁育而成的。

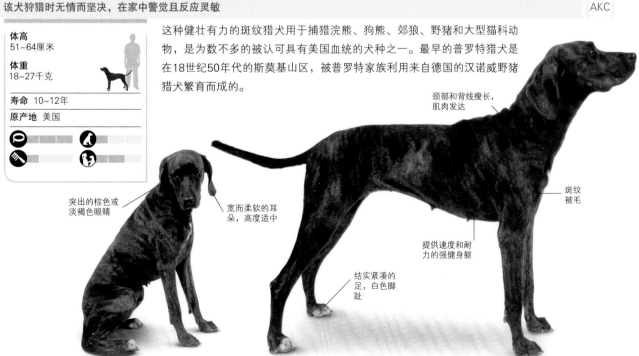

颈部和背线瘦长，
肌肉发达

突出的棕色或
淡褐色眼睛

宽而柔软的耳
朵，高度适中

斑纹
被毛

提供速度和耐
力的强健身躯

结实紧凑的
足，白色脚
趾

黑褐猎浣熊犬 (BLACK-AND-TAN COONHOUND)

该犬主要用于狩猎，在家庭中安静而友好

FCI

体高 58~69厘米	
体重 23~34千克	
寿命 10~12年	
原产地 美国	

黑褐猎浣熊犬是一种大型狩猎犬，可能为寻血猎犬和一种现今已灭绝的叫作陶博特犬的古代英国猎犬杂交的后代。黑褐猎浣熊犬坚忍而强壮，是浣熊、负鼠甚至美洲狮的超级追猎者，在追赶猎物上树时会大声吠叫。

尾巴位于背部水平线略下

耳朵低而靠后

鼻口部深棕黄色

发育完好的下垂上嘴唇

煤黑色被毛

红骨猎浣熊犬 (REDBONE COONHOUND)

这种犬需要很大运动量，难以抗拒追赶的本能欲望

AKC

体高 53~69厘米	
体重 21~32千克	
寿命 11~12年	
原产地 美国	

红骨猎浣熊犬在美国南部诸州繁育，外表俊美，被毛光滑，是一个多世纪以来受人喜爱的狩猎犬。该犬以追踪浣熊、狗熊和美洲狮时的勇猛而著称，几乎在任何地形都能迅速灵活地奔跑。它喜欢社交且富于友情，可以训练为伴侣犬。

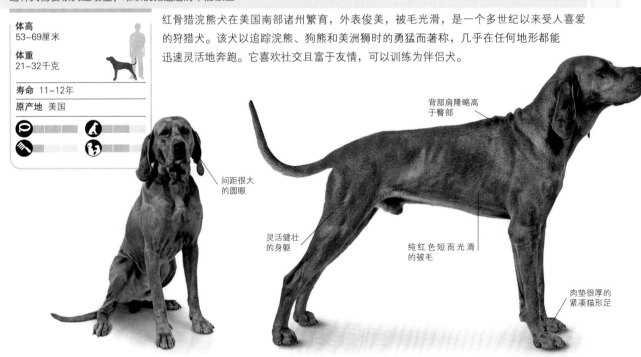

背部肩隆略高于臀部

间距很大的圆眼

灵活健壮的身躯

纯红色短而光滑的被毛

肉垫很厚的紧凑猫形足

蓝点猎浣熊犬（BLUETICK COONHOUND）

这种精力充沛的工作犬种在户外时需要监管　　　　　　　　　　　AKC

体高 53~69厘米	
体重 20~36千克	
寿命 11~12年	
原产地 美国	

蓝点猎浣熊犬最初被认为是英国猎浣熊犬，后被认可为分离出的独立品种，自20世纪40年代以来拥有了忠实的追捧者。该犬主要用于捕猎浣熊和负鼠，也捕猎狗熊和鹿。它在捕猎工作时最为开心，并在服从性和灵活性测试中获得高分。

大鼻子

清澈而锐利的眼睛

长而深的宽鼻口部

被毛上的斑纹构成独特的毛色

带稠密斑点的深蓝色被毛

树丛猎浣熊犬（TREEING WALKER COONHOUND）

这种受人欢迎的猎浣熊犬经社交训练可成为优秀的伴侣

体高 51~68厘米	
体重 23~32千克	
寿命 12~13年	
原产地 美国	

其他毛色

白色

白色被毛有棕黄色或黑色斑点

这种奔跑迅速、高效的猎浣熊犬自从20世纪40年代以来被认可为独立品种，在美国因其在浣熊狩猎比赛中的杰出能力而深受人们赏识。树丛猎浣熊犬喜欢友好的家庭氛围并热爱人类。

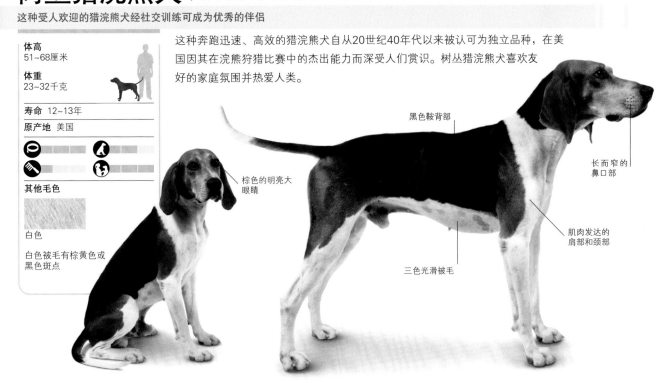

黑色鞍背部

长而窄的鼻口部

棕色的明亮大眼睛

肌肉发达的肩部和颈部

三色光滑被毛

美英猎浣熊犬（AMERICAN ENGLISH COONHOUND）

这种美国繁育的猎浣熊犬充满运动体态和速度

AKC

体高
58~66厘米

体重
21~41千克

寿命 10~11年

原产地 美国

其他毛色

红色和白色　　黑色和白色

可能有蓝色和白色等多色被毛

这种聪明而精力旺盛的猎浣熊犬源自被带到新大陆的英国猎狐犬（见158页），它能够适应更崎岖不平的地形，白天捕猎狐狸，夜间捕猎浣熊。美英猎浣熊犬急速奔跑毫不费力，从不疲倦，与树丛猎浣熊犬（见161页）非常相似，既能数小时逡巡寻觅动物留下的旧气味路径，又能迅速追踪新留下的浓烈气味。美英猎浣熊犬需要严格的管理，但作为回报，它会成为忠实而优秀的护卫犬。

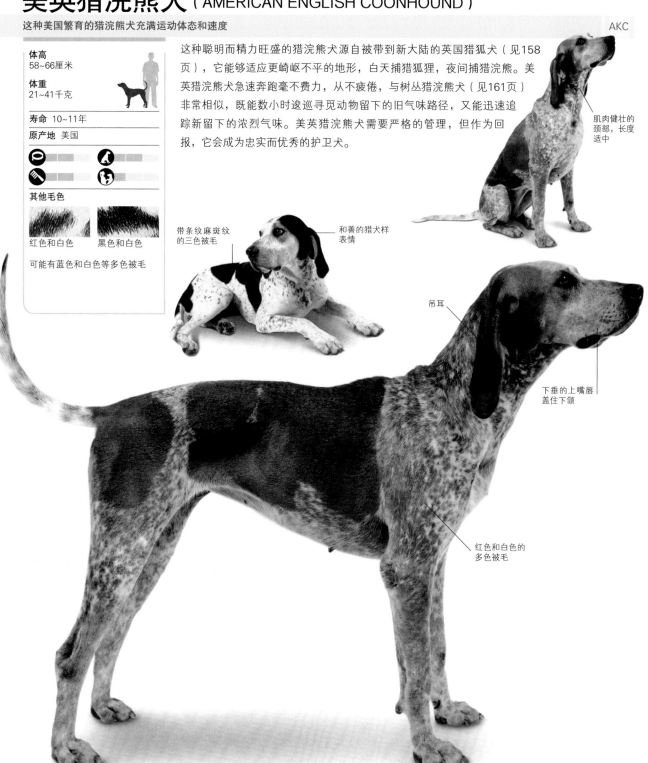

肌肉健壮的颈部，长度适中

带条纹麻斑纹的三色被毛

和善的猎犬样表情

吊耳

下垂的上嘴唇盖住下颌

红色和白色的多色被毛

阿图瓦猎犬（ARTOIS HOUND）

这种友好而可爱的法国猎犬可成为举止良好的狩猎助手

FCI

体高
53~58厘米

体重
28~30千克

寿命 12~14年

原产地 法国

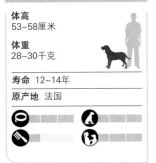

有时略显老成的阿图瓦猎犬是需要大运动量的优秀狩猎助手，与其他法国猎犬的区别在于它有着平坦开放的吊耳。阿图瓦猎犬方向感强，嗅觉非常灵敏，定位准确，行动迅速，充满力量，其祖先是源于圣休伯特犬的大阿图瓦猎犬，还拥有一部分英国血统。在20世纪90年代早期，健壮而勇敢的阿图瓦猎犬几近灭绝，后被繁育恢复，但数量依然稀少。

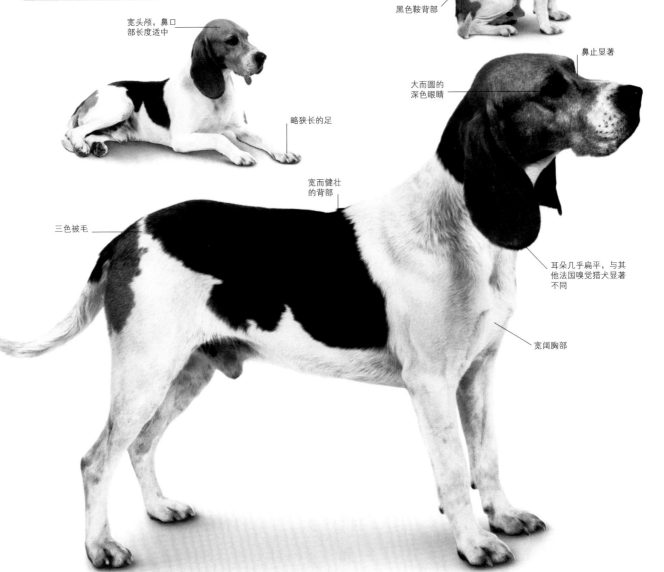

黑色鞍背部

宽头颅，鼻口部长度适中

略狭长的足

鼻止显著

大而圆的深色眼睛

宽而健壮的背部

三色被毛

耳朵几乎扁平，与其他法国嗅觉猎犬显著不同

宽阔胸部

艾瑞格斯犬（ARIEGEOIS）

来自法国南部的仪态优雅、体型最小的猎犬

FCI

体高
50~58厘米

体重
25~27千克

寿命 10~14年

原产地 法国

艾瑞格斯犬是相对较新的犬种，1912年在法国被正式认可，也叫作艾瑞格猎犬，以其原产地——法国和西班牙接壤的干燥岩石地区的名字命名。艾瑞格斯犬的祖先包括大型加斯科尼蓝色犬、大型加斯科尼－圣东基犬（见165页）和地方中型猎犬。艾瑞格斯犬是优秀的猎兔犬，也以性格友好著称。

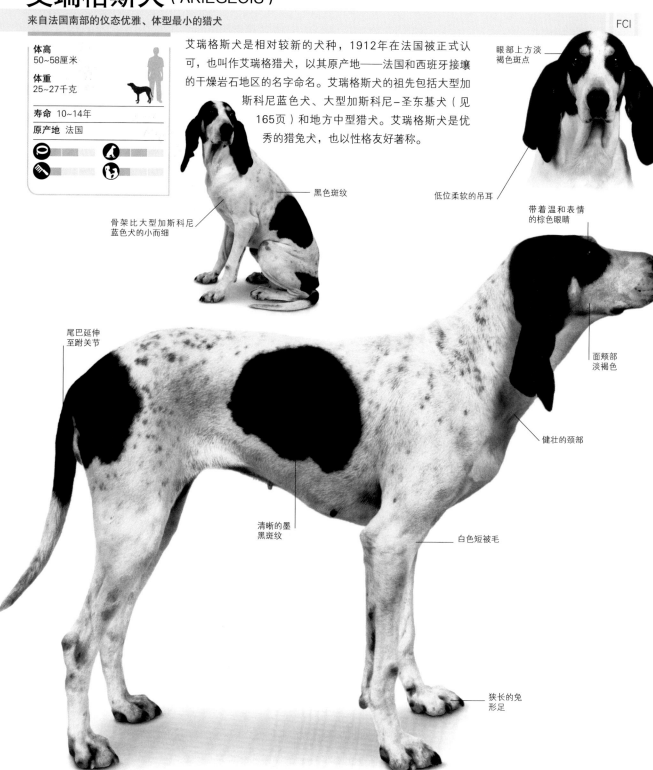

眼部上方淡褐色斑点

低位柔软的吊耳

黑色斑纹

骨架比大型加斯科尼蓝色犬的小而细

带着温和表情的棕色眼睛

面颊部淡褐色

健壮的颈部

尾巴延伸至跗关节

清晰的墨黑斑纹

白色短被毛

狭长的兔形足

加斯科尼-圣东基犬（GASCON-SAINTONGEOIS）

这种狍子群猎犬有着和蔼的性格

FCI

体高
小型：
54~62厘米
大型：
62~72厘米
体重
小型：
24~25千克
大型：
30~32千克

寿命 12~14年
原产地 法国

加斯科尼-圣东基犬是稀有犬种，来自法国加斯科涅地区，因为是维拉德男爵用圣东基犬和大型加斯科尼蓝色犬（见本页）、艾瑞格斯犬（见164页）杂交育成的，所以也称为维拉德猎犬（Virelade Hound）。该犬耐力好，嗅觉调整性佳，有大型和小型两种。

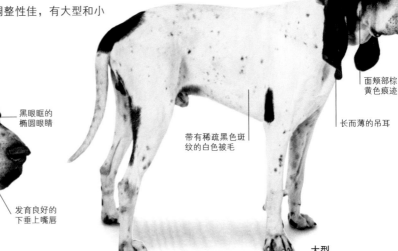

枕骨部（后头部）突出

面颊部棕黄色痕迹

长而薄的吊耳

带有稀疏黑色斑纹的白色被毛

大型

黑眼眶的椭圆眼睛

盖住耳朵和眼部周围的黑色斑纹

发育良好的下垂上嘴唇

大型加斯科尼蓝色犬（GRAND BLEU DE GASCOGNE）

耐力和韧性很棒的大型工作猎犬

KC

体高
60~70厘米
体重
36~55千克

寿命 12~14年
原产地 法国

这种大型循踪猎犬身形健壮，声音有力，白色被毛上可见黑色色斑，形成亮泽的蓝色。该犬需要较大的运动量，不适宜城市生活。它最初用于捕猎野狼，现在主要捕杀野兔，嗅觉技能高度发达，在追踪气味路径时非常专心。

盖住耳朵和眼周边的黑色斑纹

面部棕黄色斑纹

发育良好的下垂上嘴唇

发育良好的鼻止

向内卷的低位吊耳

黑色斑块

防雨雪、光滑厚实的暗蓝灰色短被毛

长而椭圆的足

小型加斯科尼蓝色犬（PETIT BLEU DE GASCOGNE）

这种嗅觉灵敏的猎犬乐于追踪气味，但容易产生枯燥感

FCI

体高 50~58厘米	
体重 40~48千克	

寿命 12年

原产地 法国

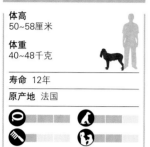

小型加斯科尼蓝色犬是由大型加斯科尼蓝色犬（见165页）繁育出的小型循踪猎犬，主要用来猎获野兔或更大的猎物。它嗅觉敏锐，叫声富有乐感，既能单独也能群体狩猎。若养为宠物，需要严格管理和大运动量。

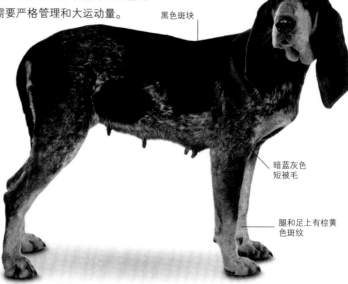

深栗色眼睛

黑色斑块

暗蓝灰色短被毛

腿和足上有棕黄色斑纹

低位吊耳

长而精致的鼻口部

发育良好的喉部垂肉

蓝色加斯科尼格里芬犬（BLUE GASCONY GRIFFON）

精力旺盛、情绪高涨的全天候猎犬

FCI

体高 48~57厘米	
体重 17~18千克	

寿命 12~13年

原产地 法国

蓝色加斯科尼格里芬犬是小型加斯科尼蓝色犬（见本页）和刚被毛猎犬的杂交后裔，其被毛粗硬，所以能在更严酷的环境中工作。作为相对稀少的品种，蓝色加斯科尼格里芬犬主要被繁育用于捕猎鹿、狐狸和兔子，它的耐力更胜速度一筹，鼻子嗅闻效率突出。

长长的硬眉毛

长长的吊耳

鼻口部棕黄色斑纹

肩部被毛更长且浓密

长锥形尾巴

粗硬暗蓝灰色被毛

蓝色巴塞特加斯科尼犬（BASSET BLEU DE GASCOGNE）

这种优雅的短腿猎犬有着令人愉悦的性格，但有时会很固执

KC

体高
30~38厘米

体重
16~20千克

寿命 10~12年

原产地 法国

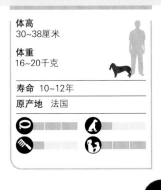

在12世纪的法国，此类蓝色猎犬用于捕猎狼、鹿和野猪。现代蓝色巴塞特加斯科尼犬在20世纪被认可，但不如其他一些加斯科尼犬出名。该犬身形低陷，运动速度不快，但捕猎决心强烈，一旦嗅到气味，能追踪猎物数小时之久。它是热衷户外运动的伴侣，也能成为优良的家庭宠物，但像许多猎犬一样，它需要主人的耐心训练和社交培养。

长长的鼻口部，黑色鼻子和宽大鼻孔

长长的吊耳

短而厚密的被毛，带有清晰的黑色鞍背部

两只椭圆眼睛上方都有棕黄色斑点

长尾延伸至跗关节以下

适中的下垂上嘴唇

黑白混合使被毛呈现暗蓝灰色

健壮的椭圆形足，趾甲黑色

佩狄芬犬 (POITEVIN)

灌木丛中的真正跃动者，勇敢而内心宽仁

FCI

体高
62~72厘米

体重
60~66千克

寿命 11~12年

原产地 法国

其他毛色

橙色和白色

经常会繁育出狼灰色被毛的品种

这种勇敢的大型猎犬擅长在崎岖不平的地形进行飞速激烈的群体围猎，还曾捕猎过游弋在法国西部普瓦图省的野狼。现在经过数度新血缘的注入而培育出的佩狄芬犬在群体追踪野猪和鹿时展现出优秀的耐力和勇气，有时能一整天追猎。佩狄芬犬工作非常努力，会涉水追踪猎物并吠叫不止，它是法国群猎犬中狩猎服务时间最长的犬种。

鼻口部顺鼻子方向逐渐变窄

棕色大眼睛

窄而长的头部

黑色鞍背部

拱形背部

圆锥形薄耳朵

光滑而有光泽的三色被毛

肌肉发达的躯干，深窄胸部

圆足

比利犬（BILLY）

超级猎犬，也是性格随和的家庭宠物

FCI

体高 53~70厘米	
体重 25~33千克	
寿命 12~13年	
原产地 法国	

比利犬外形引人注目，被毛光滑亮泽，是专为速度繁育的品种，但即便在法国本土也相对默默无闻。比利犬的祖先包括现今已经灭绝的蒙特波夫犬、赛里斯犬和拉伊犬。它古怪的名字取自法国普瓦图省的比利庄园，在那里格斯登·黑波伦·日瓦尔于19世纪晚期繁育出了这种天生的猎鹿犬。

略呈拱形的前额

鼻止清晰

略呈拱形的强壮背部

健壮的长尾巴

牛奶咖啡色（浅褐色）斑纹

短而硬的白色被毛

法国三色猎犬（FRENCH TRICOLOUR HOUND）

法国猎犬中最年轻的品种，在外观和能力上与佩狄芬犬相似

FCI

体高 60~72厘米	
体重 34~35千克	
寿命 11~12年	
原产地 法国	

法国三色猎犬可能是法国最受人喜爱的猎犬，是由佩狄芬犬（见168页）和比利犬（见本页）杂交而成的家养群猎犬，尽管看似有一点大英法三色猎犬（见170页）的痕迹，但并无英国猎狐犬（见158页）的血统。今天这种健壮的群猎犬用于捕猎鹿和野猪。

棕色大眼睛

唇部比佩狄芬犬的更方正结实

短而柔软的三色被毛

深厚胸部

大英法三色猎犬（GREAT ANGLO-FRENCH TRICOLOUR HOUND）

这种猎犬在群体围猎时最为开心

FCI

体高
60~70厘米

体重
30~35千克

寿命 10~12年

原产地 法国

如同其他几种法国嗅觉猎犬的名称一样，大英法三色猎犬的名字表明它是三色被毛，带有跨越英吉利海峡的血缘关系，其中的"大"指该猎犬能捕猎大型猎物（如马鹿等），而不是指猎犬本身体型大小。大英法三色猎犬的被毛特征源自佩狄芬犬（见168页），健壮的肌肉和耐力源自英国猎狐犬（见158页）。

宽大的吊耳

非常粗硬的三色短被毛

很宽的胸部

黑色毯状被毛

圆足

大英法黑白猎犬（GREAT ANGLO-FRENCH WHITE AND BLACK HOUND）

精力旺盛的大型猎犬，用于捕获大猎物

FCI

体高
62~72厘米

体重
30~35千克

寿命 10~12年

原产地 法国

大英法黑白猎犬是三色猎犬中被认可的独立品种，它是19世纪加斯科尼蓝色犬、加斯科尼–圣东基犬和英国猎狐犬（见158页）杂交的结果。该犬大多生活在法国，被用于群猎野鹿，只有极少量健壮的猎犬被养为家庭宠物。

深陷的棕色眼睛

面颊处淡褐色

白色短被毛

黑色披风状被毛

带尖尾端的长尾

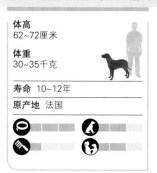

眼部上方淡褐色斑点

法国黑白猎犬（FRENCH WHITE AND BLACK HOUND）

这种奔跑迅速、充满耐力的猎犬追踪之路永无止境

FCI

体高
62~72厘米

体重
26~30千克

寿命 10~12年

原产地 法国

大型而强壮有力的法国黑白猎犬在法国的喂养数量与日俱增，而它作为捕猎狍子的群猎犬声誉很高也不足为奇。法国黑白猎犬对人友好，但它更愿住在犬舍并与主人紧密联系，而非陪伴主人住在现代化的住宅中。该犬在血缘上可能与圣东基猎犬（血统起源不详，被繁育用于捕狼的猎犬）有关，而现代品种的法国黑白猎犬则是加斯科尼蓝色犬和加斯科尼–圣东基犬的杂交后代。

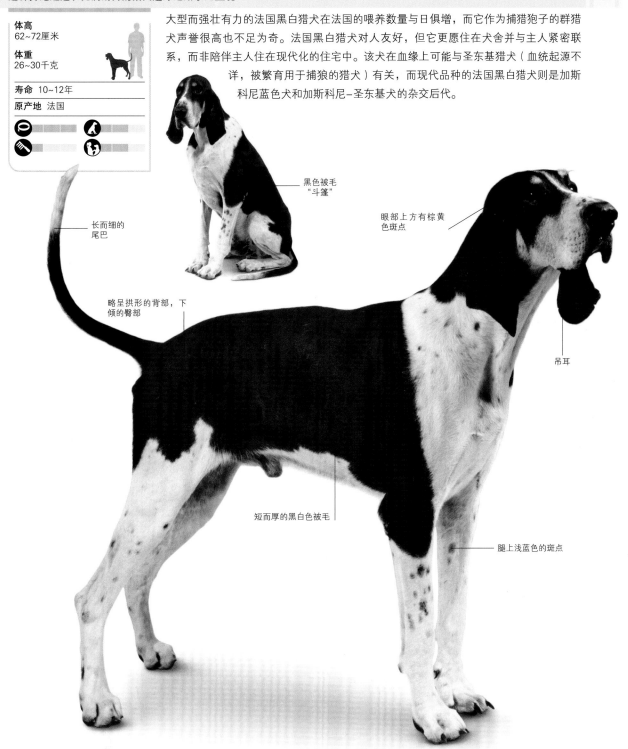

黑色被毛
"斗篷"

眼部上方有棕黄色斑点

长而细的尾巴

吊耳

略呈拱形的背部，下倾的臀部

短而厚的黑白色被毛

腿上浅蓝色的斑点

大英法黄白猎犬（GREAT ANGLO-FRENCH WHITE AND ORANGE HOUND）

该犬繁育用于群体围猎生活，不是公寓生活的理想犬种

FCI

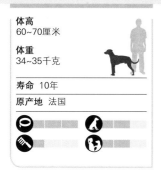

体高
60~70厘米

体重
34~35千克

寿命 10年

原产地 法国

大英法黄白猎犬是19世纪繁育的大英法群猎犬品种之一，是英国猎狐犬（见158页）和大型法国嗅觉猎犬——比利犬（见169页）的杂交结果。大英法黄白猎犬具有可训练性且性格温和，但该犬的狩猎天性和旺盛的精力使其不太乐于完全的家庭生活。

圆耳端垂耳

鼻止清晰

橙色斑块

深棕色
大眼睛

相对较薄的白色短被
毛，光滑亮泽

深胸

法国黄白猎犬（FRENCH WHITE AND ORANGE HOUND）

这一犬种需要激烈的运动，但也会安居于宽敞的家庭

FCI

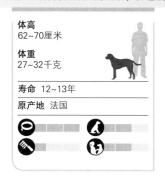

体高
62~70厘米

体重
27~32千克

寿命 12~13年

原产地 法国

法国黄白猎犬是相对较新的猎犬品种，在20世纪70年代才获得认可，仍较少见。该犬比其他多数群猎犬更易管理，通常可以放心将其与儿童和其他犬只留置在一起，但与小宠物相处时必须有人监管。法国黄白猎犬喜欢运动，不宜喂养在狭小空间。

与身躯比例
协调的大头

顶端略微扭曲的
垂耳

健壮的腿股

黄白色短细被毛

威斯特伐利亚达切斯布雷克犬 （WESTPHALIAN DACHSBRACKE）

这种精力充沛的犬种性情温和，但需要严格训练　　　　　　　　FCI

体高
30~38厘米

体重
15~18千克

寿命 10~12年

原产地 德国

这种壮实的小狗是德国猎犬（见175页）的短腿版，被繁育用于在大型犬无法进入的茂密杂草丛中捕获小猎物。威斯特伐利亚达切斯布雷克犬性格活泼快乐，非常适合家庭生活，是讨人喜欢的伴侣。

鼻梁略呈拱形

黑色被毛"斗篷"

躯干长度大于肢体

白色尾尖

白色领毛和胸部

红色光滑短被毛

幼犬

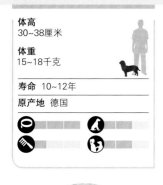

白色焰斑延伸至鼻口部

阿尔卑斯达切斯布雷克犬 （ALPINE DACHSBRACKE）

这种友好的犬种喜欢全天候24小时的户外生活　　　　　　　　FCI

体高
34~42厘米

体重
12~22千克

寿命 12年

原产地 奥地利

其他毛色

黑色和棕黄色

阿尔卑斯达切斯布雷克犬在20世纪30年代被认可为奥地利一流嗅觉猎犬之一，这种小型猎犬的祖先可能是数百年前生存的与该犬外貌相似的狩猎犬种。阿尔卑斯达切斯布雷克犬壮实而精力旺盛，是专门繁育的猎犬，但不是理想的家犬。

鼻止清晰

点缀着黑毛的厚密深鹿红色被毛

带明显皱纹的略呈拱形的头部

丰满的圆耳端垂耳

胸部白色斑纹

尾巴内侧毛较长

肌肉健壮的长身躯

突出的胸骨

短而结实的腿部

健壮的圆足

腊肠犬（DACHSHUND）

该犬好奇心强，勇敢而忠诚，是受人喜爱的伴侣和看门犬

KC

尽管体型小，但腊肠犬需要充分的运动量和智力启发以保持其欢快可爱的性格。在嗅到猎物气味时，腊肠犬往往固执己见而无视主人命令，对家庭的不速之客会警惕吠叫，但对大孩子很友好。腊肠犬有短被毛、长被毛和刚被毛三种被毛类型，其中长被毛品种需要每天梳理。KC认可迷你腊肠犬和标准腊肠犬，如果基于胸围，则有三种体型为FCI认可。

体高
迷你型：
13~15厘米
标准型：
20~23厘米

体重
迷你型：
4~5千克
标准型：
9~12千克

寿命 12~15年

原产地 德国

其他毛色

各种毛色

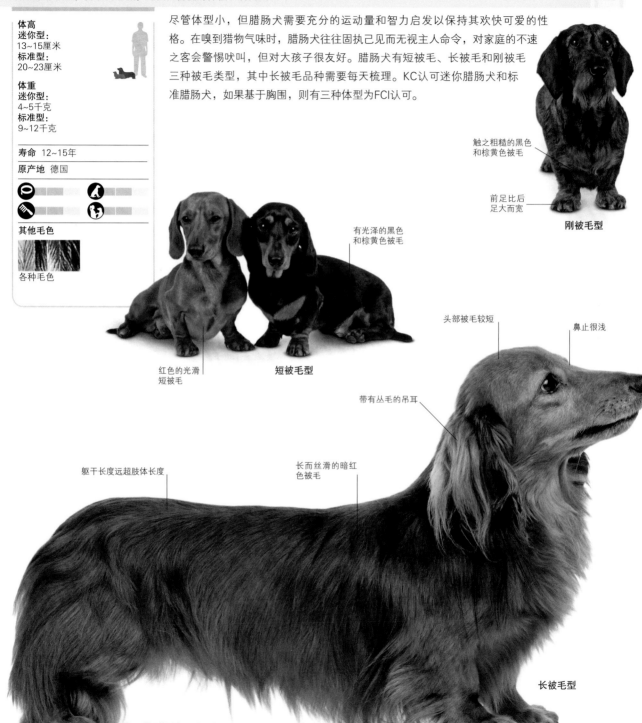

触之粗糙的黑色和棕黄色被毛

前足比后足大而宽

刚被毛型

有光泽的黑色和棕黄色被毛

红色的光滑短被毛

短被毛型

头部被毛较短

鼻止很浅

带有丛毛的吊耳

躯干长度远超肢体长度

长而丝滑的暗红色被毛

长被毛型

德国猎犬 （GERMAN HOUND）

这种精力充沛的犬种性情温和，但需要严格训练

FCI

体高
40~53厘米

体重
16~18千克

寿命 10~12年

原产地 德国

德国猎犬，或称作德国布雷克犬，是数世纪以来德国存有的众多布雷克猎犬当中为数极少的幸存品种之一。德国猎犬由几种布雷克猎犬品种混合繁育而成，至今仍主要用于狩猎。尽管性情和善，但该犬不能很好适应户内生活。

头部白色焰斑

略呈拱形的背部，带有黑色毯状被毛

宽大吊耳

白色胸部斑纹

独有的带黑边的肉粉色鼻子

短而柔软的棕黄色被毛

足上白斑

瑞典腊肠犬 （DREVER）

这种运动型犬很少只当作伴侣犬喂养

FCI

体高
30~38厘米

体重
14~16千克

寿命 12~14年

原产地 瑞典

其他毛色

各种毛色

在20世纪初，一种小型短腿猎犬——德国威斯特伐利亚达切斯布雷克犬被带入瑞典，结果成为受人欢迎的猎物追踪犬；到20世纪40年代，瑞典人培养出该犬的瑞典本土品种——瑞典腊肠犬。瑞典腊肠犬有着狩猎本能，最好豢养为运动犬。

圆耳端垂耳

与躯干相比头部较大

白色颈部被毛向下延伸至胸部

带白色尾尖的粗长尾巴

躯干长度大于肢体长度

三色短被毛

白色足

劳弗杭犬（LAUFHUND）

有着罗马血统的猎犬，品质高雅，瘦削而敏捷

FCI

体高
47～59厘米

体重
15～20千克

寿命 12年

原产地 瑞士

劳弗杭犬，亦称为瑞士猎犬（Swiss Hound），是嗅觉灵敏的追踪犬，能轻松逾越阿尔卑斯山区的沟沟坎坎。该犬被培育用其长长的鼻口部来嗅出野兔、狐狸和狍子的踪迹，共有四个不同品种：伯尔尼兹猎犬、卢塞恩猎犬、施维茨猎犬和汝拉布鲁诺猎犬（见138页），每个品种均以一个瑞士州命名并凭其被毛颜色辨别（还有一个品种叫作图尔高猎犬，已经绝种）。精致雕琢般的头颅和比例匀称的身躯赋予劳弗杭犬高雅的气质，在家庭中该犬轻松随意，非常温顺。

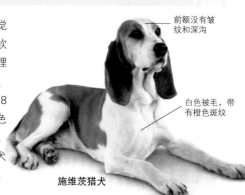

前额没有皱纹和深沟

白色被毛，带有橙色斑纹

施维茨猎犬

黑白混合形成的蓝色被毛

面颊部位由浅到深的棕黄色斑纹

卢塞恩猎犬

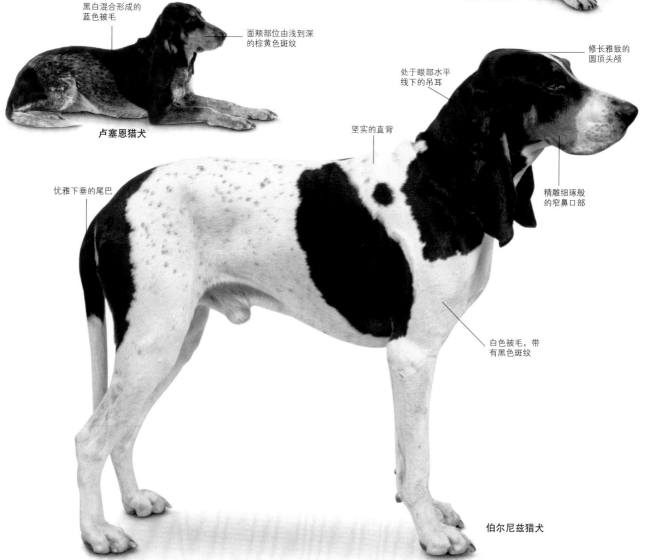

修长雅致的圆顶头颅

处于眼部水平线下的吊耳

坚实的直背

精雕细琢般的窄鼻口部

优雅下垂的尾巴

白色被毛，带有黑色斑纹

伯尔尼兹猎犬

纳德劳弗杭犬（NEIDERLAUFHUND）

劳弗杭犬的小型短腿版，叫声高亢的瑞士猎犬

FCI

体高
33~43厘米

体重
8~15千克

寿命 12~13年

原产地 瑞士

纳德劳弗杭犬是劳弗杭犬（见176页）的缩小版，被专门培育应用于瑞士各州的高山围猎场。纳德劳弗杭犬要比劳弗杭犬跑得慢些，相比后者（对封闭猎场而言）它能更有效地追踪大型猎物。纳德劳弗杭犬粗短而结实，对野猪、獾和狗熊的嗅觉极为灵敏。伯尔尼兹纳德劳弗杭犬分软被毛和粗被毛（更少见，带有短胡须）两种，还有施维茨、汝拉和卢塞恩等几种纳德劳弗杭犬种。

厚密的白色粗被毛，带有黑色和棕黄色斑纹

柔软的下被毛

粗被毛伯尔尼兹纳德劳弗杭犬

带橙色斑纹的白色被毛

友好但警觉的神情

施维茨纳德劳弗杭犬

眼部上方棕黄色斑纹

卢塞恩纳德劳弗杭犬

长尾巴，活跃时垂下

长长的吊耳

白色被毛，带有黑色和棕黄色斑纹

伯尔尼兹纳德劳弗杭犬

巴伐利亚山猎犬（BAVARIAN MOUNTAIN HOUND）

这种猎犬愿意接受训练，需要充分的身心锻炼

KC

体高
44~52厘米

体重
25~35千克

寿命 10年

原产地 德国

其他毛色

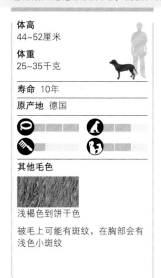

浅褐色到饼干色

被毛上可能有斑纹，在胸部会有浅色小斑纹

俊逸的巴伐利亚山猎犬体格相对较轻，最初在19世纪70年代被专门繁育用于在山区捕猎大型猎物，如野猪和鹿等，是无可匹敌的追猎者。该犬性情稳定，需要较大运动量，可训练为优良的家犬。

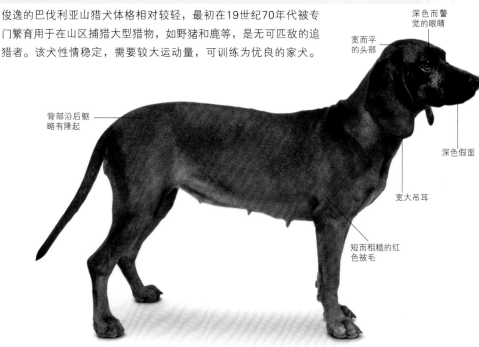

深色而警觉的眼睛

宽而平的头部

背部沿后躯略有隆起

深色假面

宽大吊耳

短而粗糙的红色被毛

汉诺威嗅猎犬（HANOVERIAN SCENT HOUND）

这种优秀的追踪犬被培育用于繁重的工作，并不是很好的家犬

FCI

体高
48~55厘米

体重
25~40千克

寿命 12年

原产地 德国

汉诺威嗅猎犬是经典的大型猎物追踪者，这种类型的犬自中世纪以来一直参与狩猎，为人们高度认可。现代汉诺威嗅猎犬外形几无变化，仍用于追踪受伤的猎物。该犬对信赖的管理者高度忠诚，对陌生人警惕。

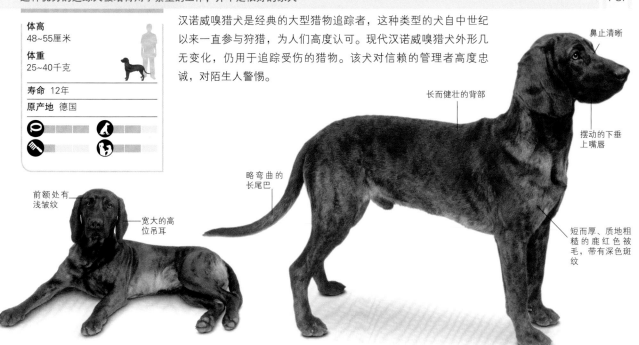

鼻止清晰

长而健壮的背部

摆动的下垂上嘴唇

略弯曲的长尾巴

前额处有浅皱纹

宽大的高位吊耳

短而厚、质地粗糙的鹿红色被毛，带有深色斑纹

杜宾犬（DOBERMANN）

这一忠诚、顺从的家犬集力量与优雅于一身

KC

体高
65~69厘米

体重
30~40千克

寿命 13年

原产地 德国

其他毛色

伊莎贝拉色　　蓝色

棕色

据传闻，杜宾犬是19世纪60年代由一位叫作路易斯·杜伯曼的德国税务官培育出的品种，人们认为它是包括德国牧羊犬（见35页）、灵猩（见126页）、罗威纳犬（见81页）和魏玛猎犬（见246页）在内的多种犬杂交的成果。因此，杜宾犬继承了众多优良特性，包括警戒和跟踪能力、智商和耐力、速度和漂亮的外貌。杜宾犬被广泛用于警察和安保工作，也是受人喜爱的城市和乡村家犬，它喜欢作为家庭生活的一分子，生活越活跃，它就越惬意。

典型的锈红色斑纹

杏仁眼

平顶长头颅

背部朝臀部缓缓向下

短而光滑的黑色和棕黄色被毛

紧凑的猫形足

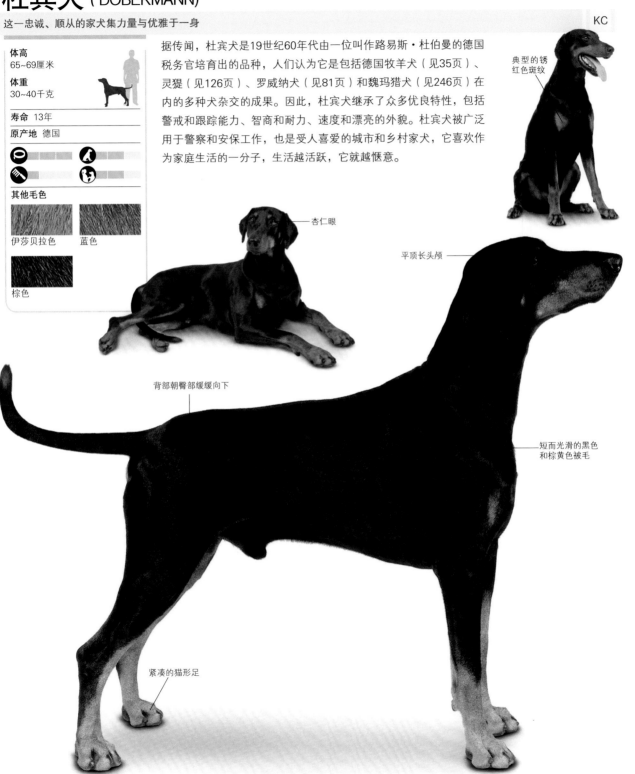

黑森林猎犬（BLACK FOREST HOUND）

有着非凡嗅觉和方向感的山地狩猎犬

体高
40~50厘米

体重
15~20千克

寿命 11~12年

原产地 斯洛伐克

黑森林猎犬，又叫作斯洛伐克猎犬（Slovenský Kopov），起源于中东欧的山地森林和山麓，被用来群体或单独捕猎野猪、鹿和其他猎物。当地猎手非常喜爱这一犬种，因为它的粗被毛可保护其在茂密的灌木丛中追踪气味达数小时之久。

眼睑只有黑色

略呈锥形的黑色鼻子

带棕黄色斑纹的黑色被毛

椭圆形足，拱形脚趾

眼部上方棕黄色斑点

圆耳端垂耳

棕黄色鼻口部

波兰猎犬（POLISH HOUND）

该犬动作轻巧自如，性格友好而又百折不挠

体高
55~65厘米

体重
20~32千克

寿命 11~12年

原产地 波兰

波兰猎犬源自重型布雷克犬和轻型嗅觉猎犬的杂交，这一稀少的犬种作为大型猎物捕捉者出现在波兰茂密的山林地区。该犬种的祖先中世纪时期为波兰贵族群体狩猎，它无论奔跑速度多快都能展示出优秀的追踪能力。

耳尖扭曲

浅褐色短被毛

适度突出的喉部垂肉

黑色鞍背部

特兰西瓦尼亚猎犬（TRANSYLVANIAN HOUND）

这种体型中等的匈牙利短毛猎犬是稀有品种

FCI

体高
55~65厘米

体重
25~35千克

寿命 10~12年

原产地 匈牙利

特兰西瓦尼亚猎犬也称为匈牙利猎犬（Hungarian Hound），这种能吃苦耐劳的猎犬是昔日匈牙利王公贵族的专有犬种。敏锐的方向感，在喀尔巴阡山脉茂密而积雪覆盖的森林和极端恶劣气候中表现出的顽强坚忍，使得特兰西瓦尼亚猎犬成为首选的大型猎物猎手，但它至今仍是非常稀有的犬种。

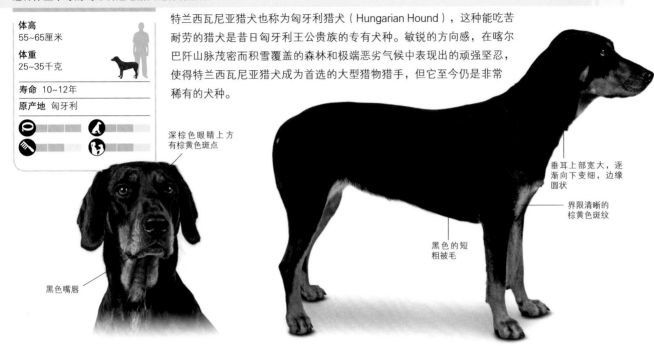

深棕色眼睛上方有棕黄色斑点

黑色嘴唇

垂耳上部宽大，逐渐向下变细，边缘圆状

界限清晰的棕黄色斑纹

黑色的短粗被毛

波萨维茨猎犬（POSAVAZ HOUND）

这种非常吃苦耐劳的猎犬被培育用于捕猎兔子和狐狸

FCI

身高
46~58厘米

体重
16~24千克

寿命 10~12年

原产地 前南斯拉夫

波萨维茨猎犬的克罗地亚名字为波萨维基格尼克犬，意为"来自萨瓦山谷的嗅觉猎犬"，它健壮的体格使其非常适于在萨瓦河谷盆地茂密的丛林狩猎。波萨维茨猎犬在狩猎中激情四射，但在家中非常温顺。

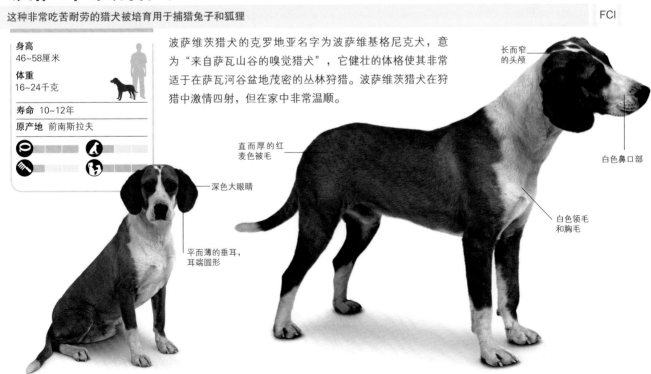

长而窄的头颅

白色鼻口部

直而厚的红麦色被毛

深色大眼睛

平而薄的垂耳，耳端圆形

白色领毛和胸毛

波斯尼亚粗毛猎犬（BOSNIAN ROUGH-COATED HOUND）

不达目的誓不罢休的嗅觉猎犬，但在家中安静而温和

FCI

体高
45~56厘米

体重
16~25千克

寿命 12年

原产地 波斯尼亚和黑塞哥维那

其他毛色

三色

波斯尼亚粗毛猎犬以前称作伊利里亚猎犬（Illyrian Hound），自19世纪以来一直是猎人的好伙伴。它吃苦耐劳，体格健壮，被毛粗厚，能在严寒天气中穿越茂密的丛林进行狩猎。

椭圆形的栗棕色大眼睛

深红色垂耳

背部的黑色区域从颈部延伸至尾巴

长而卷曲的双色被毛，下被毛很厚

胸部和腿部的红黄色被毛

猫形前足

门的内哥罗山猎犬（MONTENEGRIN MOUNTAIN HOUND）

这种经典的巴尔干嗅觉猎犬可成为优良的伴侣犬

FCI

体高
44~54厘米

体重
20~25千克

寿命 12年

原产地 塞尔维亚

门的内哥罗山猎犬也称为塞尔维亚山猎犬（Serbian Mountain Hound），这种来自塞尔维亚普莱尼那地区的稀有犬种有着安静而温和的性格，颇受非狩猎犬主的喜爱，但它仍是优秀的猎犬，可以捕猎狐狸和兔子，甚至像鹿和野猪一类的大型猎物。

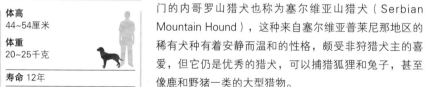

面部棕黄色斑纹

长长的吊耳

马刀尾

适度发育的下垂上嘴唇

黑色和棕黄色的光滑被毛，触之粗糙

胸部棕黄色斑纹

塞尔维亚三色猎犬（SERBIAN TRICOLOURED HOUND）

忠实可靠的工作犬，也是有爱心的伴侣犬

FCI

体高
44~55厘米

体重
20~25千克

寿命 12年

原产地 塞尔维亚

塞尔维亚三色猎犬曾被视为门的内哥罗山猎犬（见182页）的变种，但这一稀有的犬种有着醒目的白色斑纹，不难与门的内哥罗山猎犬区分开来。塞尔维亚三色猎犬被用于捕猎狐狸和野兔，偶尔还会追捕较大的猎物，也能训练为温和、忠实的家犬。

吊耳

短而丰密、亮泽的深红色被毛

白色尾尖

黑色被毛"披风"

白色腿部

胸部的白色被毛延伸至胸骨末端

塞尔维亚猎犬（SERBIAN HOUND）

这种猎犬有伴侣时最开心，需要充足户外活动

FCI

身高
44~56厘米

体重
42~56千克

寿命 12~14年

原产地 塞尔维亚

这种群猎犬有着悠长的叫声，可追踪从兔子到麋鹿、野猪等大小各异的猎物。在非狩猎时间，塞尔维亚猎犬性情温和，是运动型家庭的好伴侣，尤其是在该家庭还拥有其他犬只的情况下。该犬还是优良的护卫犬。

"太阳穴"两侧有黑色斑纹

倾斜的椭圆形眼睛

吊耳

黑色被毛"披风"

棕黄色光滑被毛

突出的胸骨

希腊猎犬（HELLENIC HOUND）

该犬行动迅捷，体格健壮，有着强烈的个性和灵敏的嗅觉

FCI

体高
45~55厘米

体重
17~20千克

寿命 11年

原产地 希腊

希腊猎犬源自古希腊的传统嗅觉猎犬，它有着可以传播很远距离的狩猎吠叫声，极富乐感。该犬以前被用于捕猎野猪和兔子，如果悉心调教，可成为讨人喜欢的伴侣，但要是缺乏较大的奔跑空间，它也会耍坏脾气。

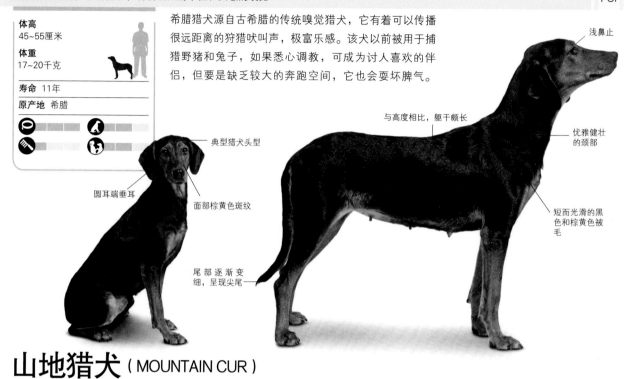

典型猎犬头型

圆耳端垂耳

面部棕黄色斑纹

尾部逐渐变细，呈现尖尾

浅鼻止

与高度相比，躯干颇长

优雅健壮的颈部

短而光滑的黑色和棕黄色被毛

山地猎犬（MOUNTAIN CUR）

这种坚忍勇敢的猎犬是天生的捕猎者，但对训练反应度高

体高
41~66厘米

体重
18~27千克

寿命 12~16年

原产地 美国

其他毛色

各种毛色

山地猎犬源于北美，由来自欧洲的早期定居者用自己的猎犬与土著犬杂交而成，在20世纪50年代被首次认可。山地猎犬今天依然用于捕猎浣熊和狗熊等大型猎物，不适于户内生活，但如果训练得当，也能成为优良的伴侣。

宽头

垂耳

深色大眼睛

肌肉发达的背部

短而厚密的红色被毛

肌肉发达的健壮颈部

胸部白色斑纹

脚趾尖白色

罗得西亚脊背犬（RHODESIAN RIDGEBACK）

该犬喜欢热闹，容易兴奋，需要一位精力旺盛的犬主

KC

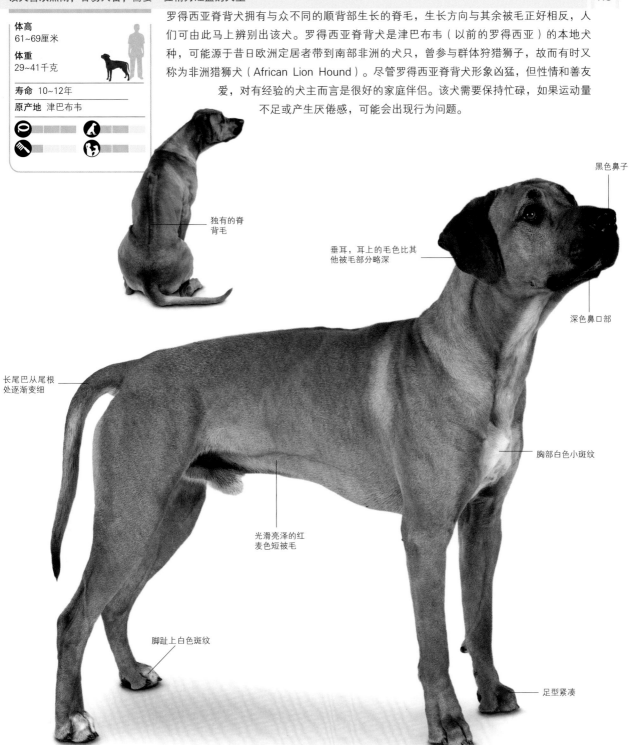

体高
61~69厘米

体重
29~41千克

寿命 10~12年

原产地 津巴布韦

罗得西亚脊背犬拥有与众不同的顺背部生长的脊毛，生长方向与其余被毛正好相反，人们可由此马上辨别出该犬。罗得西亚脊背犬是津巴布韦（以前的罗得西亚）的本地犬种，可能源于昔日欧洲定居者带到南部非洲的犬只，曾参与群体狩猎狮子，故而有时又称为非洲猎狮犬（African Lion Hound）。尽管罗得西亚脊背犬形象凶猛，但性情和善友爱，对有经验的犬主而言是很好的家庭伴侣。该犬需要保持忙碌，如果运动量不足或产生厌倦感，可能会出现行为问题。

独有的脊背毛

黑色鼻子

垂耳，耳上的毛色比其他被毛部分略深

深色鼻口部

长尾巴从尾根处逐渐变细

胸部白色小斑纹

光滑亮泽的红麦色短被毛

脚趾上白色斑纹

足型紧凑

挖掘本能

这只专心于任务的万能㹴在施展其本能——挖洞。大多数㹴犬都是天生执着的挖洞高手和隧道掘进者。

狸犬（TERRIERS）

坚忍无畏、自信心强、精力旺盛——狸犬配得上这些乃至更多的优秀品质。狸犬犬组以拉丁词"terra"（意为土地）命名，表明该犬组各类小型犬种最初的用途是捕猎穴居动物，如鼠类等，但一些现代狸犬则是为多种用途培育的大型犬种。

斗牛狸，这一昔日的斗犬，现在是家庭的宠爱之物

许多狸犬犬种起源于英国，传统上被认作狩猎犬。一部分狸犬以原产地命名，如诺维茨狸、约克夏狸和湖畔狸；其他狸犬则以其猎取的猎物类型命名，如猎狐狸和捕鼠狸。

犬天性反应敏捷，在追踪猎物时坚持不懈；它们个性独立，有些可谓固执，敢与大犬交锋。包括颇受人喜爱的杰克罗赛尔狸和凯安狸在内的犬专为捕猎地下动物而培育，它们体型小而健壮，通常短腿。长腿狸，如爱尔兰狸和美丽的软毛麦色狸，曾被用于地面狩猎和充当牲畜的护卫犬。最大型的狸犬如万能狸，最初被繁育用于捕猎獾和水獭，而体格醒目的俄罗斯黑狸，则被专门培育用于军事工作和警戒任务。

在19世纪，一种新型狸犬逐渐流行。狸犬和斗牛犬的杂交繁育出了像斗牛狸、斯塔福德斗牛狸、美国比特斗牛狸一类的新犬种，用于残忍血腥的斗狗场竞技和引逗、挑战公牛的游戏，因为过于残忍，现在已宣布为非法。这类新型狸犬有着宽大头颅和健壮的颌部，与獒犬类有相近的外形，会让人们将其与獒犬组联系在一起。

许多类型的狸犬被养为宠物，它们聪明、友好而又富有爱心，是优秀的伴侣犬和护卫犬。因为其固有的性格特点，狸犬需要从早期进行训练和社交培养，以避免与其他犬只和宠物发生冲突。狩猎型狸犬喜欢挖洞，如果不加看管，会在花园里搞破坏。狸犬历史上曾用于撕咬打斗，现在基本远离了好斗性格，如果由有经验的犬主加以合理训练，它们一般会成为家庭值得信赖的伴侣。

活泼的伴侣
充满活力的杰克罗赛尔狸是各类小型工作狸犬中最知名的犬种之一，狸犬现在是受人喜爱的宠物。

杂交历史
狸犬的血缘高度多元化，这只迷你宾莎犬有着意大利灵猩血统。

西高地白㹴（WEST HIGHLAND WHITE TERRIER）

该犬具有欢快而又目中无人的性格，对其他犬只会"颐指气使"

KC

体高
25~28厘米

体重
7~10千克

寿命 9~15年

原产地 英国

在19世纪的苏格兰，由凯安㹴（见189页）繁殖培育出的西高地白㹴是小型㹴犬中最受人喜爱的犬种之一。这种吃苦耐劳的小狗最初用于捕猎狐狸、獾和老鼠等小型动物，今天是适合各类城乡家庭的宠物。西高地白㹴精力无限，总是乐于散步或和儿童嬉戏，建议早期进行社交培养，因为它个头虽小，虚荣心却很强，对其他犬只会很专横傲慢。

紧凑结实的身躯

头部被毛丰密

小而尖锐的竖耳

浓眉下的深色明亮眼睛

短而直立的尾巴

白色厚被毛，偶尔需要修剪

短腿

前足大于后足

凯安㹴（CAIRN TERRIER）

该犬性格活泼，最适合儿童，但会追赶其他宠物 KC

身高
28~31厘米

体重
6~8千克

寿命 9~15年

原产地 英国

其他毛色

近乎黑色

被毛上可有斑纹

凯安㹴源于苏格兰西部群岛，昔日被繁育用于捕杀有害动物。结实的凯安㹴充满个性和趣味，体型小到可以适应公寓生活，精力旺盛到能嬉闹于宽敞的乡村庭院，适合各类家庭和环境，但要早期训练以遏制其追逐任何移动物体的欲望。

深色耳朵，上面被毛较短

粗硬的小麦色被毛

深褐色眼睛上长有浓眉

灰色被毛

奶油色被毛

前足大于后足

苏格兰㹴（SCOTTISH TERRIER）

尊严感极强的小狗，警觉性高，保护性强 KC

体高
25~28厘米

体重
9~11千克

寿命 9~15年

原产地 英国

其他毛色

小麦色

被毛上可有斑纹

苏格兰㹴在19世纪晚期被首次命名，但这一犬种在苏格兰高地存在已久。苏格兰㹴尽管身形小巧，却健壮而灵活，与西高地白㹴（见188页）和凯安㹴（见本页）一样被繁育用于捕杀有害动物。苏格兰㹴友爱而又警惕性高，是很好的家庭伴侣。

浓眉

长头颅

尖竖耳

粗糙卷曲的黑色被毛，需要定期梳理和修剪

长而厚的胡须

身躯粗壮，但不臃肿

捷克梗 (CESKY TERRIER)

该犬坚忍勇敢，有时任性，需要耐心训练

KC

体高
25~32厘米

体重
6~10千克

寿命 12~14年

原产地 捷克

其他毛色

赤褐色

在须部、面颊、颈部、胸部、腹部和四肢可有黄色、灰色或白色斑纹，有时带有白色领毛或白色尾尖

捷克梗是在20世纪培育的专事挖掘的梗犬品种，也叫作波希米亚梗（Bohemian Terrier），现在仍用作工作犬，天生的对陌生者的警觉性使其成为很有用的看门犬。就梗犬的常见性格而言，捷克梗爱好放松嬉戏，有时只当作伴侣喂养，而未令其工作。但这一犬种也保留了梗犬的固执天性和爱吠叫的特点，所以需要在幼犬期进行持久训练。典型的被毛修剪方式为：躯干处修成短毛，面部、四肢和腹部留长。

— 三角形垂耳

腿下部和足部黄白色被毛，与胡须色相配

头部前方长毛

略微卷曲的蓝灰色被毛，丝质光滑亮泽

休息时尾巴低垂

长须

前足大于后足

西里汉姆狸 （SEALYHAM TERRIER）

该犬健壮聪明，活泼可爱，但对主人而言，训练它是个挑战

KC

西里汉姆狸最初在威尔士繁育用来抓获獾和水獭，现在失去其工作用途，只是养为宠物。西里汉姆狸的领地意识使其成为优良的看门犬，但会对别的犬只咄咄逼人，其内在的固执性格要求主人对它训练不懈。它的被毛造型独特，但需要定期打理。

体高
25~30厘米
体重
8~9千克
寿命　14年
原产地　英国

中等大小的深色圆眼睛

直立锥形尾巴

白色被毛

修剪的毛使颌部呈方形

小型垂耳

两腿间的胸部深而宽

诺福克狸 （NORFOLK TERRIER）

这种壮实欢快的小狗在城市或乡村家庭都很快乐

KC

这种小型狸犬源于各类捕鼠犬的杂交，是精力旺盛的猎手。因为捕鼠犬都是群体围猎，所以诺福克狸与其他狸犬相比更易于和其他犬只相处，但不能放任它和其他宠物在一起。诺福克狸是很好的护卫犬，也是有较大儿童的家庭的好伴侣。

体高
22~25厘米
体重
5~6千克
寿命　14~15年
原产地　英国

其他毛色

红色　　黑色和棕黄色

被毛上可有灰斑纹

健壮的钝形鼻口部

椭圆形眼睛，带着热切而警觉的眼神

直尾

垂耳

短而紧凑的躯干

小而圆的足

贴身的小麦色被毛

尾巴处毛色深于其他部位

水平背部

深钢蓝色被毛，细而丝滑

小而直立的V形耳

黑色鼻子

长长的面部被毛（顶髻）用丝带向后绑起

深色眼睛，带着聪慧、警觉的眼神

做展示用途时，可将长长的被毛由鼻子到尾端从中间分开

丰密亮泽的棕黄色面部和胸部被毛

约克夏㹴（YORKSHIRE TERRIER）

可爱的容貌和娇小的体型掩盖了它好胜心强的性格

KC

体高	
20~23厘米	
体重	
可达3千克	
寿命 12~15年	
原产地 英国	

相对于它娇小的玩赏犬体型，约克夏㹴有着数倍于它体型大小的犬种的勇气、精力和自信心。约克夏㹴非常聪明，对服从性训练反应良好，但它惯于利用主人的娇纵而变得喜欢吵嚷、追求时髦并苛求主人。借助合理的管教，该犬可表现出其天性：活泼可爱，忠诚友爱。约克夏㹴昔日被培育用来抓捕遍布英格兰北部羊毛厂和矿井的老鼠，逐渐通过最小型的犬只培育出迷你体型，最终成为被贵妇随身携带的时尚宠物装饰，但这种娇宠并未改变约克夏㹴的活力天性，所以每天要至少半小时遛跑才会开心。约克夏㹴那长而富有光泽的造型被毛在表演场外要用折纸和松紧带包好保护，被毛打理很耗费时间，但它喜欢主人额外的关心。

修剪被毛

主人如果不想展示自己狗狗的被毛，可每隔数月将其剪短。

幼犬

澳大利亚㹴（AUSTRALIAN TERRIER）

这种欢快的犬对家人友好，对生人吠叫

KC

澳大利亚㹴可能是各类㹴犬的杂交成果，包括凯安㹴（见189页）、约克夏㹴（见192页）和丹迪蒙㹴（见217页），这些㹴犬由英国定居者在19世纪带入澳大利亚。澳大利亚㹴身形小而活泼，是优良的家犬，但因为有追逐本能，最好套上牵绳运动。

体高
可达26厘米

体重
可达7千克

寿命 15年

原产地 澳大利亚

其他毛色

蓝色和棕黄色

被毛在头顶形成柔软的顶髻

鼻止清晰

直背

竖耳

鼻口部被毛较短

粗密的红色直被毛

腿下部被毛较短

前肢有少许丛毛

澳大利亚丝毛㹴（AUSTRALIAN SILKY TERRIER）

这种友爱而爱好交际的犬需要严格的管理者

KC

颇有吸引力的澳大利亚丝毛㹴由澳大利亚㹴（见本页）和约克夏㹴（见192页）在19世纪晚期杂交育成。作为典型的㹴犬，澳大利亚丝毛㹴喜欢挖洞，其追逐猎物的本性会危及其他小宠物。主人需要定期梳理它的长被毛以防缠结。

体高
可达23厘米

体重
可达4千克

寿命 12~15年

原产地 澳大利亚

盖眼的浅色顶髻

长而丝滑的蓝灰色和棕黄色被毛

V形竖耳

被毛沿背部中央分开

向上翘的高位尾巴

小的猫形足，覆有棕黄色长饰毛

帕森罗赛尔㹴（PARSON RUSSELL TERRIER）

该犬精力充沛，狩猎本能强烈，需要严格管理

KC

体高
33~36厘米

体重
6~8千克

寿命 15年

原产地 英国

其他毛色

白色

可能有黑色斑纹

帕森罗赛尔㹴源于19世纪早期的英国，由西部地区的一位牧师——约翰·罗赛尔培育出来。该犬最初被归为杰克罗赛尔㹴的两个变种之一，今天长腿品种称为帕森罗赛尔㹴，而短腿品种保留原名杰克罗赛尔㹴（见196页）。帕森罗赛尔㹴聪明活跃，动作不停，需要一个重视乐趣的爱心家庭，如果运动量不足或被单独留置较长时间，会出现不停吠叫或脾气暴躁等行为问题。该犬有两种被毛类型：软被毛和粗被毛，两种质地都较粗糙。

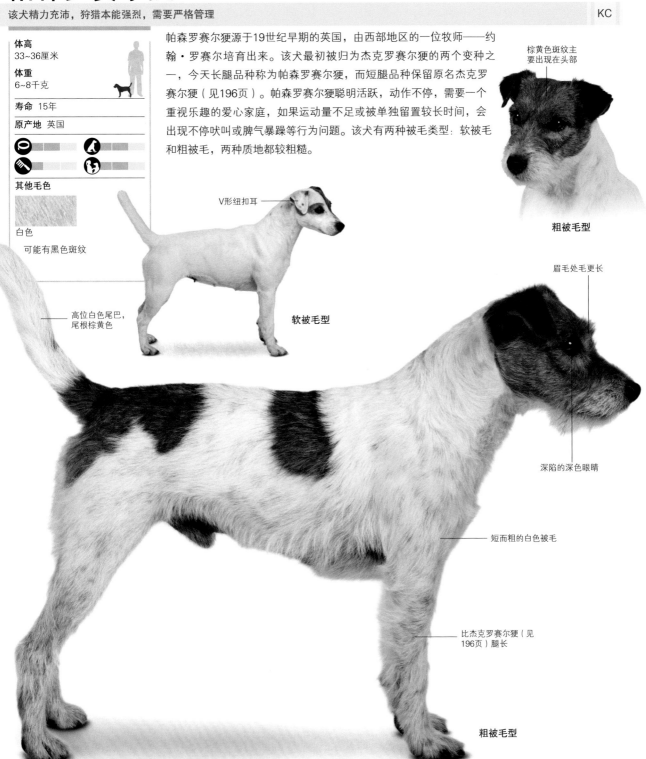

棕黄色斑纹主要出现在头部

粗被毛型

V形纽扣耳

软被毛型

高位白色尾巴，尾根棕黄色

眉毛处毛更长

深陷的深色眼睛

短而粗的白色被毛

比杰克罗赛尔㹴（见196页）腿长

粗被毛型

杰克罗赛尔梗 （JACK RUSSELL TERRIER）

这一活跃犬种个性强悍，精力无限

FCI

体高
25~30厘米

体重
5~6千克

寿命 13~14年

原产地 英国

其他毛色

黑色和白色

杰克罗赛尔梗充满自信而勇敢，以19世纪英国牧师约翰·罗赛尔的名字命名，他繁育出该犬用于撵出狐狸。今天这一犬种是出色的捕鼠者，也是对人类友爱而活泼的伴侣，它比体格更结实的表亲——帕森罗赛尔梗（见195页）腿部要短。该犬有两种被毛类型：软被毛和刚被毛。

活跃时尾巴直立

平头顶

躯干长度超过肢体

黑色鼻子

软被毛型

小而表情丰富的深色眼睛

黑色嘴唇

白色被毛，带有黑色和棕黄色斑纹

刚被毛型

白色被毛为主，有棕黄色斑纹

圆足

艾莫劳峡谷梗 （GLEN OF IMAAL TERRIER）

该犬是冷酷而勇敢的猎手，对家庭温柔忠诚

KC

体高
36厘米

体重
16~17千克

寿命 13~14年

原产地 爱尔兰

其他毛色

蓝色　　斑纹

艾莫劳峡谷梗体型小而结实，相对其体型而言，它非常活跃。该犬来自威克洛郡，过去用于捕猎獾，但该运动在20世纪60年代晚期被禁止。只要有心平气和而严格的主人调教，艾莫劳峡谷梗可成为体贴忠实的宠物。

略呈球形的宽头颅，鼻止发育良好

中等长度的小麦色粗被毛，下被毛柔软

小的半竖耳，耳朵上被毛短

棕色圆眼睛

短腿

结实紧凑的足

诺维茨狸 （NORWICH TERRIER）

勇敢而友好的家庭宠物，性格很讨人喜欢

KC

作为体型最小的工作狸犬之一，诺维茨狸像它的表亲诺福克狸（见191页）一样，兼具勇敢和温和的品质。诺维茨狸性情随和，对儿童友好，但会对生人吠叫。像所有捕鼠狸犬一样，它爱嬉戏和追赶。

体高
25~26厘米

体重
5~6千克

寿命 12~15年

原产地 英国

其他毛色

小麦色　　红色

红色被毛会点缀有黑色毛（呈现灰色）

诺维茨狸的竖耳使其与诺福克狸区分开来

短而紧凑的背部，有黑色底纹

黑色、亮晶晶的椭圆形眼睛

颈部长而粗的被毛形成环面部的颈毛

棕黄色被毛

短而直的健壮前肢

猫形圆足

波士顿狸 （BOSTON TERRIER）

非常聪明而友好的伴侣犬，意志坚强，警惕性高

KC

波士顿狸因其奇特而整洁漂亮的容貌和温顺的性格得到"美国绅士"的绰号，是城乡家庭很好的宠物。它是斗牛犬和数种狸犬的杂交后代，已失去捕鼠本能，喜欢人类陪伴和热闹，需要经常运动。

体高
38~43厘米

体重
5~11千克

寿命 13年

原产地 美国

其他毛色

斑纹

斑纹被毛上会有白斑

平顶方头

尖竖耳

低位天然短尾

间距很大的黑色圆眼睛

短鼻口部，鼻子黑色

黑色被毛，带有白色斑纹

小而圆且紧凑的足

斗牛㹴（BULL TERRIER）

该犬外形令人生畏，其实遇到合适的主人它会表现良好而友善

KC

体高
53~56厘米

体重
23~32千克

寿命 10~12年

原产地 英国

其他毛色

各种毛色

斗牛㹴主要是斗牛犬（见94页）和各类㹴犬的杂交结果，在19世纪的英国被培育用于斗狗竞技，作为这一血腥运动的失利者，斗牛㹴却是很成功的宠物。现代斗牛㹴性情温和，与严厉的犬主相处很好。

距离很近的竖立薄耳

狭长的黑色眼睛

尾尖白色

独特的长而椭圆的头型

凸出的面部轮廓

后肢的跗关节至足部较短

宽胸

带白斑的斑纹被毛

迷你斗牛㹴（MINIATURE BULL TERRIER)

这一小而健壮的犬种喜欢乐趣和激烈的运动

KC

体高
可达36厘米

体重
11~15千克

寿命 10~12年

原产地 英国

其他毛色

各种毛色

迷你斗牛㹴是斗牛㹴（见本页）的缩小版，在20世纪20年代几乎消失，随后的几十年间得以恢复，但仍较少见。像其大体型的亲属一样，迷你斗牛㹴需要早期训练和社交培养以成为好的家庭宠物。

典型的椭圆头型

未完全环绕整个颈部的白色领毛

短而硬的黑色光滑被毛

圆足

前额处有白色焰斑

万能㹴（AIREDALE TERRIER）

㹴犬组中体型较大的犬种，是有点爱热闹的优良家犬

KC

体高
56~61厘米

体重
18~29千克

寿命 10~12年

原产地 英国

万能㹴是名副其实的"㹴犬之王"，体型大，身躯宽阔而结实，约一个世纪以前起源于约克夏郡的亚耳河谷地区。该犬由当地猎人培育出，他们需要能捕捉害兽和像水獭一样的大型猎物的㹴犬。万能㹴随后还被用于警戒和军事用途，也是受人喜爱的伴侣宠物，它聪明而友好，充满个性，像许多㹴犬一样喜欢追逐的激情，在感到无聊时会搞恶作剧。

长而平的头型

赤褐色的卷曲刚被毛

警觉时尾巴高高直立

水平直背

垂耳

带须鼻口部

黑灰色鞍背部被毛

俄罗斯黑㹴（RUSSIAN BLACK TERRIER）

这种大型、坚忍的犬种保护意识很强，一般情况下性情友好，行为可控

KC

体高
66~77厘米

体重
38~65千克

寿命 10~14年

原产地 俄罗斯

俄罗斯黑㹴体型庞大且能吃苦耐劳，它是苏联军队在20世纪40年代专门繁育出的特殊品种，繁育者意图繁育出适于军事用途和耐受俄罗斯严冬的大型犬。在繁育过程中，繁育者使用了罗威纳犬（见81页）、大型雪纳瑞犬（见41页）和万能㹴（见199页）等犬种。俄罗斯黑㹴在俄罗斯境外逐渐被广泛认可，但仍相对较少见。体型和外貌虽令人生畏，俄罗斯黑㹴并不是天生具有攻击性，在负责任的主人管教下，它是友好而适应性强的家犬。

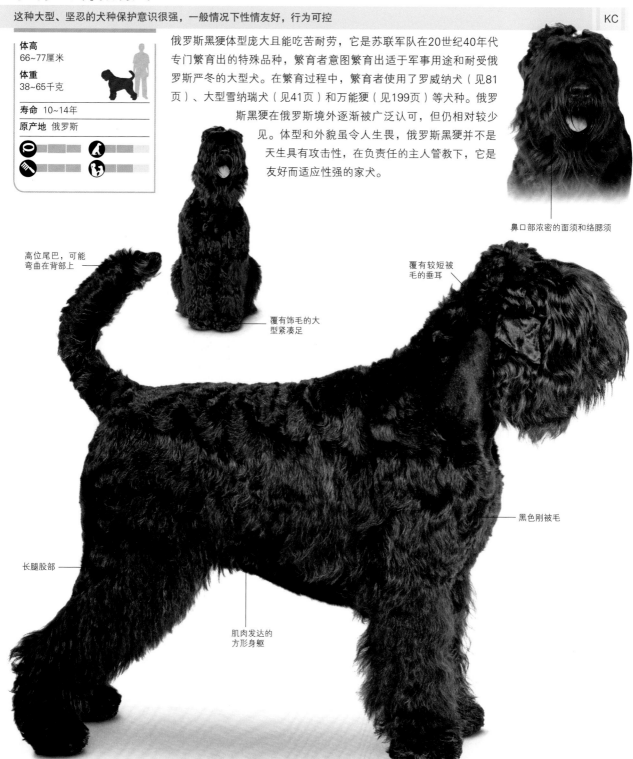

鼻口部浓密的面须和络腮须

高位尾巴，可能弯曲在背部上

覆有较短被毛的垂耳

覆有饰毛的大型紧凑足

黑色刚被毛

长腿股部

肌肉发达的方形身躯

爱尔兰狸（IRISH TERRIER）

该犬在家中行为良好，与其他犬只一起时需要严格控制 KC

体高	
46~48厘米	
体重	
11~12千克	

寿命 12~15年

原产地 爱尔兰

其他毛色

小麦色

这一俊美的犬种源自爱尔兰科克郡，据说有悠久的历史，但最早血缘历史不详。爱尔兰狸性情讨人喜欢，可以放心将其与儿童留置在一起，但在户外时容易对其他犬只挑衅。

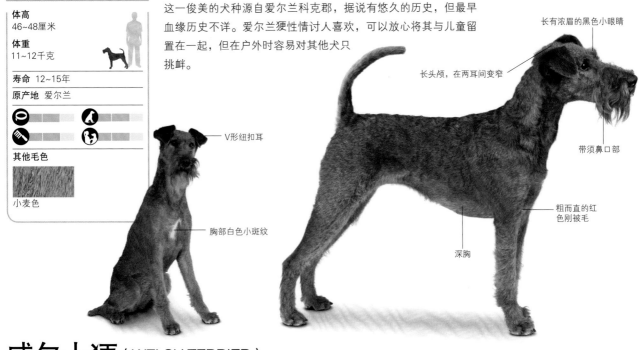

长有浓眉的黑色小眼睛

长头颅，在两耳间变窄

V形纽扣耳

带须鼻口部

胸部白色小斑纹

粗而直的红色刚被毛

深胸

威尔士狸（WELSH TERRIER）

整洁漂亮而兴致勃勃的犬只，容易训练 KC

体高	
可达39厘米	
体重	
9~10千克	

寿命 9~15年

原产地 英国

其他毛色

黑灰色和棕黄色

威尔士狸昔日被用于群体围猎狐狸、獾和水獭，在19世纪80年代被认可为独立犬种，体型中等，是引人注目的表演犬。威尔士狸尽管活泼而精力充沛，但比许多其他狸犬更易训练，是很好的家犬。

黑色小眼睛

高位的小型纽扣耳

高高直立的尾巴

黑色和棕黄色刚被毛

双耳间的头部很平坦

结实的紧凑身躯

长腿股部

小而圆的猫形足

德国猎㹴 （GERMAN HUNTING TERRIER）

这种不知疲倦、勇敢无畏和个性独立的犬种喜爱工作

FCI

体高
33~40厘米

体重
8~10千克

寿命 13~15年

原产地 德国

德国猎㹴是经典猎犬，是四位巴伐利亚州犬种繁育者用威尔士㹴和英格兰㹴杂交的成果。该犬喜欢晚间在户外睡眠，白昼一整天在地上、地下甚至水中狩猎。德国猎㹴需要充分的运动量并明确领导权。它有粗被毛和软被毛两种被毛类型。

黑色椭圆小眼睛

三角形纽扣耳

健壮颈部

长而直的背部

胸部棕黄色斑纹

浅鼻止

粗糙的黑色和棕黄色刚被毛

粗被毛型

前足比后足宽大

软被毛型

凯利蓝㹴 （KERRY BLUE TERRIER）

这是一个活泼、爱嬉戏热闹的犬种，心胸宽大

KC

体高
46~48厘米

体重
15~17千克

寿命 14年

原产地 爱尔兰

凯利蓝㹴是爱尔兰的国犬，出生时被毛黑色，在两岁前逐渐变为蓝色，是多才多艺的农场犬和护卫犬。凯利蓝㹴非常聪明，只要经过良好训练和严格管理，是有爱心和顺从的宠物。

长而瘦的头部

颈部切入斜肩

表情热切的黑色眼睛

软而卷曲的奢华被毛

健壮颌部和黑色鼻子被长须覆盖

蓝色被毛

深胸

软毛麦色㹴 （SOFT-COATED WHEATEN TERRIER）

它随遇而安并有爱心，是忠诚的家庭之友

KC

体高
46~49厘米

体重
16~21千克

寿命 13~14年

原产地 爱尔兰

软毛麦色㹴可能是最古老的爱尔兰犬种之一，与其他爱尔兰㹴犬各方面相似，一直被用作捕鼠犬、护卫犬和放牧犬。软毛麦色㹴甚至在成年期都还保持着幼犬的脾性，尽管对孩子友好，但对蹒跚学步的孩子来说过于闹腾。它非常聪明，对训练反应良好。

深褐色眼睛

三角耳朵

高高直立的尾巴

深色底纹在成熟时逐渐褪去

鼻口部的长毛形成胡须

顶髻盖眼

黑色大鼻子

软而丝滑的麦色被毛，形成松散波浪毛

黑色脚趾

荷兰斯姆茨杭德犬 （DUTCH SMOUSHOND）

易于照顾，适应性强，聪明而可为伴的犬种

FCI

体高
35~42厘米

体重
9~10千克

寿命 12~15年

原产地 荷兰

荷兰斯姆茨杭德犬以前是"马车夫之犬"，意为健壮程度足以追上马匹和马车，也是执着的捕鼠能手。该犬在20世纪70年代几乎灭绝，现在虽然重获人们喜爱，但仍较少见。该犬是很好的看门犬，与孩子相处融洽，甚至能接纳家猫，但需要充分的运动量。

额毛往前耸拉，给人以蓬乱的外表

粗而蓬乱的黄色刚被毛，下被毛防雨雪

深色垂耳，覆有短饰毛

薄薄的黑边嘴唇

腿部比躯干被毛少

猫形足，黑色趾甲

贝德林顿㹴（BEDLINGTON TERRIER）

该犬热忱顽强，行动敏捷，但其外表很具迷惑性

KC

体高
40~43厘米

体重
8~10千克

寿命 14~15年

原产地 英国

其他毛色

沙色　　　　　赤褐色

所有的毛色可能有棕黄色斑纹

在贝德林顿㹴绵羊般的被毛下掩藏着典型的㹴犬精神，它是惠比特犬（见128页）和其他㹴犬的杂交结果，被用于在地面之上捕猎兔子。贝德林顿㹴具备视觉猎犬的血缘，这不仅赋予其行动的敏捷，还令其比其他一些㹴犬更有容忍的性格，现在主要养为伴侣宠物。该犬需要充实忙碌，以免出现行为问题，给以充分的运动，它会是富有爱心、活力四射的伴侣。它还有着独一无二的夹耳饰毛。

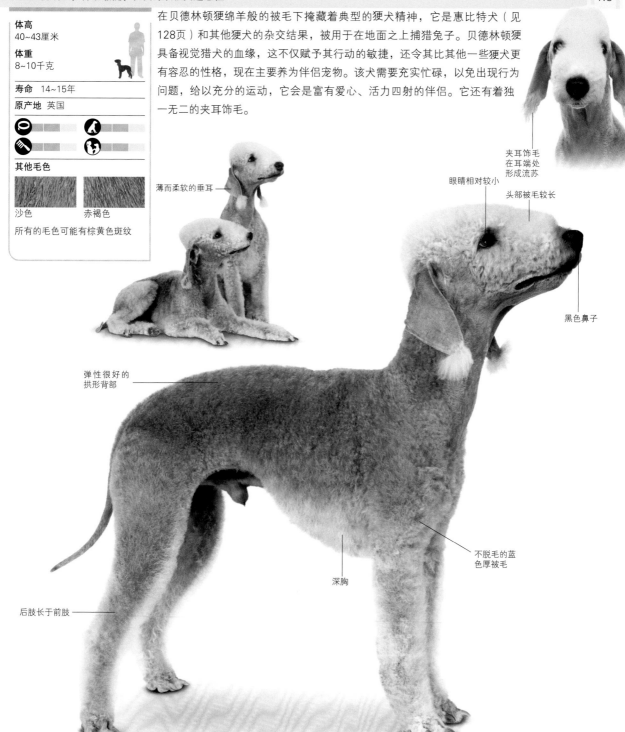

夹耳饰毛在耳端处形成流苏

眼睛相对较小

头部被毛较长

薄而柔软的垂耳

黑色鼻子

弹性很好的拱形背部

不脱毛的蓝色厚被毛

深胸

后肢长于前肢

边境㹴 （BORDER TERRIER）

精力充沛、性情无拘无束而欢乐的㹴犬

KC

体高
25~28厘米

体重
5~7千克

寿命 13~14年

原产地 英国

其他毛色

小麦色

红色

蓝色和棕黄色

边境㹴最初用于捕猎兔子和狐狸，在比赛中也很优异，还是深受人们欢迎的宠物。在㹴犬中，边境㹴的性情算得上是非常与主人合作的，对孩子和其他犬只也更有容忍心。它的保护性刚被毛在夏天里容易脱落。

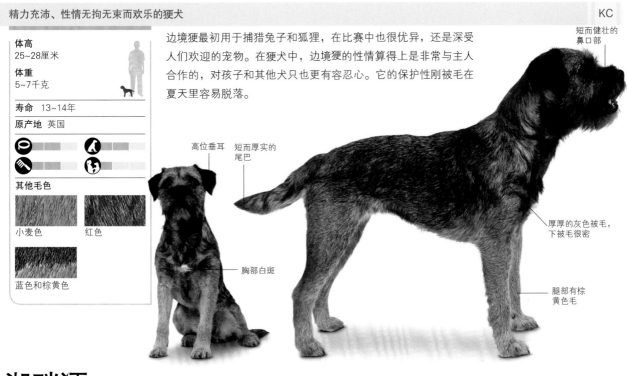

短而健壮的鼻口部

高位垂耳

短而厚实的尾巴

胸部白斑

厚厚的灰色被毛，下被毛很密

腿部有棕黄色毛

湖畔㹴 （LAKELAND TERRIER）

健壮而欢快的犬种，最适合有经验的主人

KC

体高
33~37厘米

体重
7~8千克

寿命 13~14年

原产地 英国

其他毛色

各种毛色

这种意志坚决、身体灵活的小㹴犬被繁育用于在多山的地形中追赶狐狸至洞穴中，至今还保留着追撵一切无论大小的移动物体的特性，而且对其他犬只具有进攻性。经过训练，湖畔㹴可成为英勇无畏的护卫犬和热忱的伴侣。

高高耸立但不弯曲的尾巴

适度长短的健壮背部

V形小纽扣耳朵，呈警觉状

长腿股部

健壮宽大的鼻口部，隐藏在长须中

小麦色刚被毛

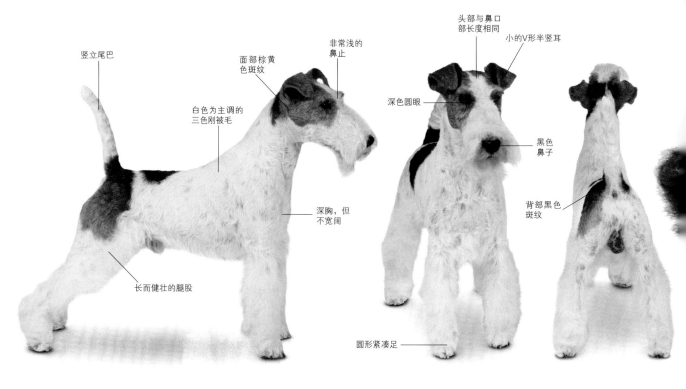

竖立尾巴

面部棕黄色斑纹

非常浅的鼻止

头部与鼻口部长度相同

小的V形半竖耳

白色为主调的三色刚被毛

深色圆眼

黑色鼻子

深胸，但不宽阔

背部黑色斑纹

长而健壮的腿股

圆形紧凑足

猎狐㹴（FOX TERRIER）

这一欢快而友好的犬种对孩子很友好，喜欢长距离散步

KC

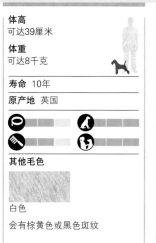

体高
可达39厘米

体重
可达8千克

寿命 10年

原产地 英国

其他毛色

白色

会有棕黄色或黑色斑纹

作为精力旺盛、有时喜欢吠叫的伴侣犬种，源自英国的猎狐㹴最初被用于捕猎害兽和兔子，还可捕杀跑到地面以上的狐狸。猎狐㹴勇敢无畏和爱挖掘的天性使得早期训练和社交培养非常必要，以防止它过分活跃并抑制其挖掘的欲望，如训练得法，猎狐㹴会成为很棒的家庭宠物。它喜欢嬉戏，能回报主人对它的任何爱抚。

猎狐㹴的刚被毛需要定期梳理和拔毛以去除脱落的毛，大范围的脱毛一年会发生三四次，千万不要剪毛，因为这对除去脱毛无济于事，还会使猎狐㹴发怒，并且被毛会变色，质地变差。猎狐㹴是数个犬种的祖先，包括玩赏猎狐㹴（见208页）、巴西㹴（见209页）、捕鼠㹴（见211页）、帕森罗赛尔㹴（见195页）和杰克罗赛尔㹴（见196页）。

软毛猎狐㹴

软毛猎狐㹴比起表亲刚毛猎狐㹴要稀少得多，被毛较短，梳理要求不高。

日本梗（JAPANESE TERRIER）

这种优雅而活泼的犬种有着敏感和爱嬉戏的天性

FCI

体高
30~33厘米

体重
2~4千克

寿命 12~14年

原产地 日本

其他毛色

黑色、棕黄色和白色

日本梗为稀少犬种，就其体型而言非常健壮且行动敏捷，它的祖先据说包括英国玩赏梗（见210页）和现已灭绝的玩赏斗牛梗。日本梗一直被养作玩赏犬、捕鼠犬和寻回犬，也可成为适应性很强的家庭宠物和优良的看门犬。

鼻止显著

高位纽扣耳

略呈拱形的健壮背部

软而光滑的白色短被毛，带有黑色斑点

黑色椭圆形眼睛

头部典型的黑色斑纹

小的黑色鼻子

腿部黑色斑点

玩赏猎狐梗（TOY FOX TERRIER）

这种小狗喜欢乐趣，性格勇敢，但有时会颐指气使

AKC

体高
23~30厘米

体重
2~3千克

寿命 13~14年

原产地 美国

其他毛色

白色和棕黄色

黑色和白色

白色、巧克力色和棕黄色

玩赏猎狐梗也称为美国玩赏梗（American Toy Terrier），是软毛猎狐梗（见206页）和各类玩赏犬种的杂交成果——既是优良的捕鼠犬，也是友好的家犬。同所有玩赏犬种相比，玩赏猎狐梗不推荐作为有婴儿和学步儿童家庭的宠物，但大点的孩子会喜欢玩赏猎狐梗对生活的热情。

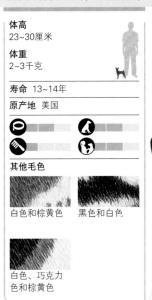

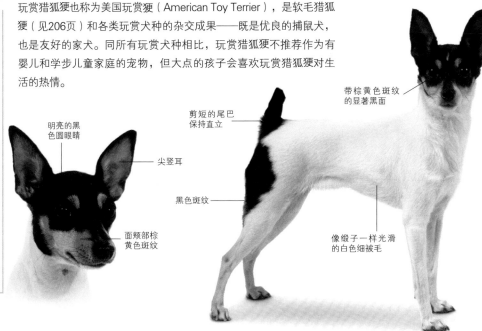

明亮的黑色圆眼睛

尖竖耳

面颊部棕黄色斑纹

带棕黄色斑纹的显著黑面

剪短的尾巴保持直立

黑色斑纹

像缎子一样光滑的白色细被毛

巴西㹴（BRAZILIAN TERRIER）

这种活泼而精神的犬种有着很强的㹴犬性格，学东西很快

FCI

体高
33~40厘米

体重
7~10千克

寿命 12~14年

原产地 巴西

巴西㹴由欧洲㹴犬和当地巴西农场犬杂交而成，带有显著的狩猎本能，渴望探寻、挖掘、跟踪、追赶和杀死啮齿目动物。像它体型较小的表亲杰克罗赛尔㹴（见196页）一样，巴西㹴需要明确主人的身份，并回报主人以忠诚和顺从，可以成为保护意识很强、会响亮吠叫的看门犬。活跃的巴西㹴喜欢每天长距离散步，以保持身心活跃，否则会焦躁不安。经过良好训练，它可成为优秀的家庭宠物。

警觉的神情

臀部向尾
部倾斜

头部典型的
棕黄色斑纹

三角垂耳

白色为主基调的短
而光滑的被毛

黑色斑纹

低位短尾

深胸

英国玩赏㹴（ENGLISH TOY TERRIER）

活泼而友好、自信心强的小型伴侣犬

KC

体高
25~30厘米

体重
3~4千克

寿命 12~13年

原产地 英国

英国玩赏㹴是英国最古老的玩赏犬种，过去被称作迷你黑棕黄色㹴（Miniature Black and Tan Terrier），它的体型尺寸和竖耳是与其大个儿表亲曼彻斯特㹴（见211页）的明显区别。在维多利亚女王统治时代，养玩赏犬开始成为时尚，英国玩赏㹴是深受人们喜爱的城市宠物品种，这之前英国玩赏㹴是捕鼠犬。像其他㹴犬一样，英国玩赏㹴从贪婪的啮齿动物猎手变为可爱的家庭宠物，它与主人关系紧密，是很好的看门犬。因为体型小，英国玩赏㹴比曼彻斯特㹴需要的运动量小，能很好适应城市生活。

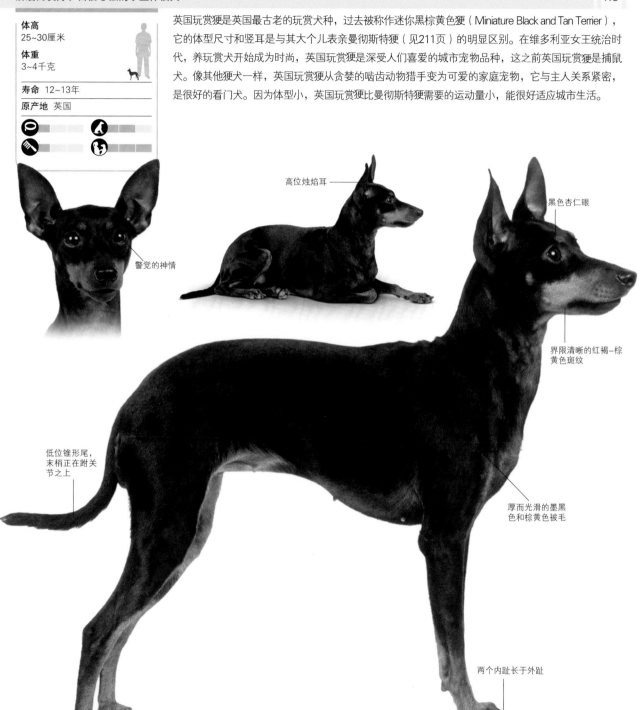

警觉的神情

高位烛焰耳

黑色杏仁眼

界限清晰的红褐–棕黄色斑纹

低位锥形尾，末梢正在跗关节之上

厚而光滑的墨黑色和棕黄色被毛

两个内趾长于外趾

曼彻斯特㹴（MANCHESTER TERRIER）

这一忠诚的犬种很适应城乡生活

KC

体高
38~41厘米
体重
5~10千克

寿命 13~14年

原产地 英国

曼彻斯特㹴有着亮泽俊美的外表，与其表亲英国玩赏㹴（见210页）相比体型要大，是优雅活泼的伴侣犬。曼彻斯特㹴取名自英国19世纪每周一次的捕鼠竞赛的举办地——曼彻斯特，在该赛事中曼彻斯特㹴成绩优异。该犬对害兽毫不留情，但对主人温柔有加。

小的V形纽扣耳

黑色鼻子

低垂的短尾

短而柔软的黑色和棕黄色亮泽被毛

略呈圆形的背部

腿部有棕黄色斑纹

拱形紧凑前足

捕鼠㹴（RAT TERRIER）

该犬是精力充裕、活泼逗人的人类伴侣和害兽克星

体高
迷你型：
20~36厘米
标准型：
36~56厘米
体重
迷你型：
3~4千克
标准型：
5~16千克

寿命 11~14年

原产地 美国

其他毛色

各种毛色

常见棕黄色斑纹

捕鼠㹴是出众的捕鼠能手，曾有一只捕鼠㹴创下在一间鼠患成灾的谷仓中仅仅7小时内消灭超过2 500只老鼠的佳绩。在美国，捕鼠㹴深受人们喜爱，曾是西奥多·罗斯福总统的首选猎犬。迷你型捕鼠㹴是很好的宠物，而标准型捕鼠㹴适合精力充沛的犬主。该犬有竖耳和纽扣耳两种耳型。

黑色被毛

梨形头部

竖耳

好奇而警觉的神情

壮实紧凑的躯干，带有棕黄色部分

标准型

白足

美国无毛㹴（AMERICAN HAIRLESS TERRIER）

这一外形独特的犬种有着㹴犬的特征，警觉而又友好

体高
25~46厘米

体重
3~6千克

寿命 12~13年

原产地 美国

其他毛色

任何肤色

最初的无毛捕鼠㹴是捕鼠㹴（见211页）基因变异的结果，但其后人们用这种犬培育出了无毛幼犬。除了无毛特征外，美国无毛㹴是典型的活泼型㹴犬，冬天需要外套保暖，夏天需防阳光灼伤，其耳型有竖耳、半竖耳或纽扣耳。

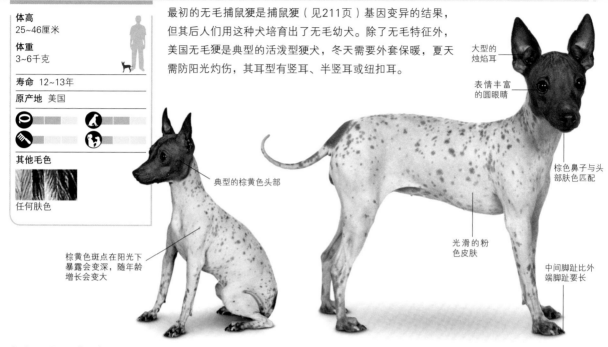

大型的烛焰耳

表情丰富的圆眼睛

棕色鼻子与头部肤色匹配

光滑的粉色皮肤

中间脚趾比外端脚趾要长

典型的棕黄色头部

棕黄色斑点在阳光下暴露会变深，随年龄增长会变大

帕特达尔㹴（PATTERDALE TERRIER）

这一犬种个性坚忍独立，喜欢挖掘和狩猎，需要一位有经验的主人

体高
25~38厘米

体重
5~6千克

寿命 13~14年

原产地 英国

其他毛色

红色

赤褐色或青铜色

黑色和棕黄色

被毛可有灰色斑

英国湖泊地区的每个独立山谷都有它特有的㹴犬种类，就像发源于帕特达尔山谷地区的帕特达尔㹴。该犬在英国一直受人喜爱，在美国也赢得了人们的青睐，它从不会放弃猎物，所以是优秀的狩猎伙伴。它有光滑被毛和粗被毛两种被毛类型。

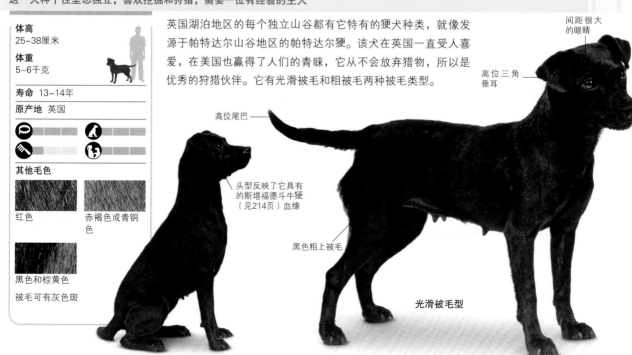

间距很大的眼睛

高位三角垂耳

高位尾巴

头型反映了它具有的斯塔福德斗牛㹴（见214页）血缘

黑色粗上被毛

光滑被毛型

克龙弗兰德狅 （KROMFOHRLANDER）

这一性情温和而可爱的狅犬对整个家庭非常友好

FCI

体高
38~46厘米

体重
9~16千克

寿命 13~14年

原产地 德国

克龙弗兰德狅以其在德国的原产地命名，是较新的德国犬种，自20世纪50年代才被认可，它是刚毛猎狐狅（见206页）和地方犬种的杂交结果。克龙弗兰德狅经杂交培育成为一种友善而吸引人、护理要求低、渴望讨主人喜欢的犬种，是很好的看门犬，也像其他狅犬一样是执着的捕鼠犬。该犬尽管对陌生人警惕，但对熟悉的人和犬很温和并喜欢与之嬉戏，分粗被毛和光滑被毛两种被毛类型。

三角垂耳

贴身的厚被毛

粗被毛型

椭圆棕色眼睛

带棕黄色斑点的白色焰斑

典型的头部对称斑纹

缓缓倾斜的鼻止

形状不规则的棕黄色斑纹

白色被毛

大腿上部有丛毛

腿部带棕黄色斑点

光滑被毛型

前足和后足形状相似

斯塔福德斗牛㹴 （STAFFORDSHIRE BULL TERRIER）

这一英勇无畏的犬种喜欢儿童，可以做到高度顺从

KC

体高
36~41厘米

体重
11~17千克

寿命 10~16年

原产地 英国

其他毛色

各种毛色

斯塔福德斗牛㹴在19世纪由斗牛犬和㹴犬杂交培育而成，最初用于斗犬比赛，而现代斯塔福德斗牛㹴已从斗犬变为喜欢人类的宠物，在城乡家庭非常受人喜爱。该犬身体健壮，喜欢喧闹，拥有带传奇色彩的勇气，在被其他陌生犬只挑战时不畏缩，需要早期服从性训练和严格管理。

小的半竖耳

带有白色斑纹的宽胸

眼部黑圈

鼻止清晰的宽头

足部从骹骨处生成

鼻口部深色被毛

健壮颈部

几乎笔直的锥形尾

短而光滑的红色被毛

肌肉发达的健壮身躯

足部白色斑纹

美国斯塔福德㹴 （AMERICAN STAFFORDSHIRE TERRIER）

该犬是斯塔福德斗牛㹴的大型版，勇敢而友善

FCI

美国斯塔福德㹴源自斯塔福德斗牛㹴（见214页），该犬于20世纪30年代在美国被认可为独立犬种。除了体型更为彪悍外，美国斯塔福德㹴与斯塔福德斗牛㹴特征完全相同，它的勇敢和智慧使之成为忠实的家庭宠物。

体高
43~48厘米

体重
26~30千克

寿命 10~16年

原产地 美国

其他毛色

各种毛色

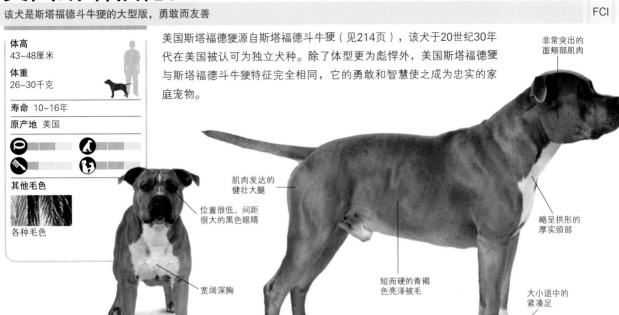

非常突出的面颊部肌肉

肌肉发达的健壮大腿

位置很低、间距很大的黑色眼睛

略呈拱形的厚实颈部

宽阔深胸

短而硬的青褐色亮泽被毛

大小适中的紧凑足

白足

美国比特斗牛㹴 （AMERICAN PIT BULL TERRIER）

对大多数犬主而言，该犬不推荐为宠物，它需要有经验的管理者

美国比特斗牛㹴的祖先是爱尔兰移民在19世纪带到美国的犬只，尽管是斗犬品种，它也是人们喜爱的工作犬和家犬。该犬近年来有好斗的名声，但它的支持者们则积极反驳此说。

体高
46~56厘米

体重
14~27千克

寿命 12年

原产地 美国

其他毛色

任何毛色

杂有黑斑的蓝灰色为不理想毛色

高位半竖耳

前额突出的皱纹

肌肉发达的壮实颈部

锥形尾

适当宽度的深胸，带有白色小斑纹

短而厚密的红色光滑被毛

躯干结实，肌肉发达而灵活

斯凯㹴（SKYE TERRIER）

这一犬种充满个性，经常只忠实于一个主人

KC

体高
25~26厘米

体重
11~18千克

寿命 12~15年

原产地 英国

其他毛色

奶油色　黑色

胸部会有白色斑点

斯凯㹴是来自苏格兰西部群岛的非常古老的犬种，最初用于捕猎狐狸和獾，借助长而低陷的身躯，它能轻松钻进所追踪猎物居住的狭窄地下巢穴。这一优雅的小犬活跃而精力充沛，是优良的宠物品种，对家庭和成员非常忠诚。它独有的长被毛要经过数年才能完全长齐，为避免被毛打结，需要每周花时间梳理。

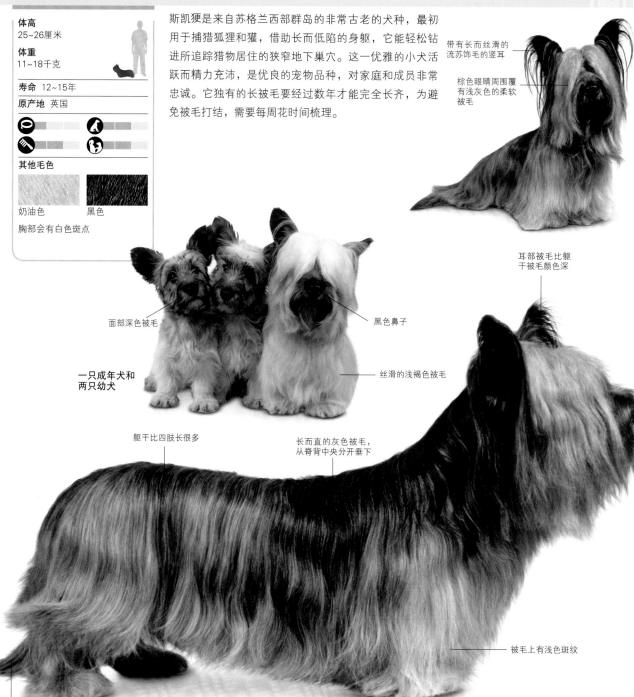

带有长而丝滑的流苏饰毛的竖耳

棕色眼睛周围覆有浅灰色的柔软被毛

耳部被毛比躯干被毛颜色深

面部深色被毛

黑色鼻子

一只成年犬和两只幼犬

丝滑的浅褐色被毛

躯干比四肢长很多

长而直的灰色被毛，从脊背中央分开垂下

被毛上有浅色斑纹

长长的羽状尾巴

丹迪蒂蒙狸 （DANDIE DINMONT TERRIER）

这种可爱又友善的犬种如果进行早期培养，会对其他宠物很友好

KC

体高
20~28厘米

体重
8~11千克

寿命 可达13年

原产地 英国

其他毛色

芥末色

可能有白色胸毛

丹迪蒂蒙狸源自英格兰和苏格兰之间的边境郡区，在那里它被繁育用于捕捉獾和水獭。丹迪蒂蒙狸得名自沃尔特·司各特爵士所著小说中一位拥有相似外貌犬只的人物角色，英勇、敏感而智慧的它在爱心和关注下会茁壮成长。

间距很大的深褐色大眼睛

圆顶大头，覆有柔软丝滑的浅色被毛

躯干长度远远超过肢体长度

耳根靠后的吊耳

长长的锥形尾巴，下侧有丛毛

浅色被毛的腿部

深青黑色毛组成的胡椒色被毛

迷你宾莎犬 （MINIATURE PINSCHER）

这一犬种愿意居住在小空间，但需要定时运动

KC

体高
25~30厘米

体重
4~5千克

寿命 可达15年

原产地 德国

其他毛色

蓝色和棕黄色

棕色和棕黄色

迷你宾莎犬在德国由体型较大的德国宾莎犬（见218页）繁育而成，这一结实而优雅的犬种曾被用作农场上的捕鼠犬。迷你宾莎犬行动敏捷，活泼可爱，有独特的辕马般的高扬步态。该犬感觉敏锐，是适合小型家庭的优良看门犬。

锥形鼻口部

高耸的尾巴

略呈拱形的颈部

直背

高位竖耳

清晰可辨的棕黄色斑纹

短而光滑的黑色和棕黄色被毛

猫形足

德国宾莎犬（GERMAN PINSCHER）

对严厉的犬主而言，这是一种优异的伴侣犬和看门犬

KC

体高
43~48厘米

体重
11~16千克

寿命 12~14年

原产地 德国

其他毛色

伊莎贝拉色　蓝色

德国宾莎犬也叫作标准宾莎犬，这种高个㹴犬最初当作多用途的农场犬，还是保护意识很强的守卫犬，但要对其进行训练，以免保护意识过分，吠叫时间长久，或对其他犬只表现出进攻性。如果训练得当，德国宾莎犬表现温和，对训练反应很快。

黑色椭圆形眼睛

尾巴向上耸起

三角垂耳

短而厚密的牡鹿红色光滑被毛

短而圆的足

迷你雪纳瑞犬（MINIATURE SCHNAUZER）

这一犬种欢快友好，喜欢乐趣，对所有家庭成员都很安全

KC

体高
33~36厘米

体重
6~7千克

寿命 14年

原产地 德国

其他毛色

白色　黑色

黑色和银色

迷你雪纳瑞犬在北美和家乡德国都很受人喜爱，它以其独有的鼻口部而得名（"雪纳瑞"是德语"鼻口部"的音译），是非常聪明的小狗，它对服从性训练反应良好。尽管体型小，但迷你雪纳瑞犬精力很充沛，需要每天轻快的散步和无牵绳玩耍以使其保持健康和快乐。

高位半竖耳

健壮的直背从肩部下斜至尾部

带浅色须的健壮鼻口部

肌肉发达的健壮腿股

粗糙的椒盐色刚被毛

奥地利宾莎犬（AUSTRIAN PINSCHER）

这种警觉而忠诚的犬种适合乡村犬主

FCI

体高
42~50厘米

体重
12~18千克

寿命 12~14年

原产地 奥地利

其他毛色

金黄褐色或棕黄色

黑色和棕黄色

奥地利宾莎犬在家乡奥地利被繁育用作多用途的农场守卫犬和放牧犬，它对自信心强的犬主会回报以忠诚和热爱。奥地利宾莎犬会对任何可疑物吠叫，是偏僻居所的优异看门犬，但它的保护本能和勇猛会导致进攻性。

厚密的牡鹿红色被毛

白色胸部斑纹

三角垂耳

健壮的直立腿部

深色鼻口部

猴面宾莎犬（AFFENPINSCHER）

这种淘气的、猴子相貌的小狗以其滑稽的动作吸引人

KC

体高
24~28厘米

体重
3~4千克

寿命 10~12年

原产地 德国

猴面宾莎犬有时叫作黑魔犬（Black Devil），是欧洲最古老的玩赏犬种之一，它留存了梗犬的本能特性，体型虽小，却是勇敢的看门犬和捕鼠犬。猴面宾莎犬聪明，但有时固执，学东西快，但需要明确谁是主人。它喜欢同体贴管理它的儿童相处和玩耍。

宽大的圆顶前额

黑色被毛

钝形鼻口部，鼻孔宽大

浅灰色须

小而圆的深色足

很直的前肢

轻叼
枪猎犬用于寻回猎物，像这种双重用途的英国史宾格猎犬一样，它们被训练叼衔猎物而不能将其咀嚼吃掉。

枪猎犬（GUNDOGS）

在火器发明之前，猎人们用犬来帮助寻找和追赶猎物。随着枪支的引入，人们也产生了对一种新型猎犬的需求，枪猎犬便应运而生。枪猎犬被培育用来执行特定任务并与狩猎者密切合作，这类猎犬基于所从事的不同狩猎工作而分为几类。

拉戈托罗马诺洛犬被专门培育用于从水中寻回猎物

枪猎犬群体的犬只都靠嗅觉狩猎，大致分为三个主要类别：寻找、锁定猎物的指示犬和塞特犬；将猎物撵出隐藏处的激飞犬；找到落下的猎物并送还给主人的寻回犬。具备以上三类犬种所有功能的犬只被称为HPR（捕猎、指示和寻回）犬，其中包括魏玛猎犬、德国指示犬和匈牙利维希拉猎犬。

指示犬自17世纪以来一直被用作猎犬，有着非凡的指示猎物位置的能力，它们凭借鼻子、身躯和摆成直线的尾巴来一动不动地指示猎物的方向。一只指示犬会保持固定姿势直到猎人自己或让其他犬只将猎物驱赶出隐藏处。英国指示犬是指示犬中的经典代表，其形象在旧时代的狩猎绘画中非常突出，画中的它往往与携带装满猎物鸟只的猎囊的旧时英国乡绅一同狩猎。

塞特犬也凭借静止不动的身姿指示猎物的方向，它经常用于捕猎鹌鹑、雉鸡和松鸡，当嗅到猎物气味时，它会蹲踞或直立指示方向。最初塞特犬被训练与用猎网捕猎的猎人合作，而其他犬只则防止猎物从地面上逃走。

激飞犬用来赶出猎物并迫使它们飞入猎枪的射击半径，它会观察鸟儿落在何处，然后听主人命令寻回战利品。这类犬包括体型小、丝质被毛和长耳的犬种，比如史宾格犬和可卡犬，它们被用来寻找地面上的猎物；还有人们不太熟悉的犬种，如须鹬犬和荷兰水猎犬，专门用于驱赶水鸟。

寻回犬被专门培育用于寻回水禽，与激飞犬类的一些犬种一样，这类犬通常有防水被毛，以其"轻叼"著称，会很快学会叼衔而不损伤猎物的技能。

多才多艺的维希拉猎犬

匈牙利维希拉猎犬是枪猎犬中身兼数职、善于完成多重任务的优良犬种。

家用寻回犬

生性爱水的金毛寻回犬是颇受人喜爱的猎鸟犬，因其温和、安静和可爱的性情亦成为众多拥趸的家庭宠物。

美国可卡犬（AMERICAN COCKER SPANIEL）

性格欢快的小型枪猎犬

KC

体高
34~39厘米

体重
7~14千克

寿命 12~15年

原产地 美国

其他毛色

任何毛色

美国可卡犬以温和、爱嬉戏的天性著称，适合做枪猎犬或家庭宠物。该犬速度快，耐力好，需要充分运动，但天性羞涩，所以早期经常性的社交培养非常重要。

鼻止突出

壮实的紧凑身躯

低位耳朵，带有长而丝滑的流苏饰毛

显著的圆头型

大大的圆眼睛

带浅色下被毛的红色被毛

长而卷曲的墨黑色被毛

英国可卡犬（ENGLISH COCKER SPANIEL）

这一犬种温和与友好，非常聪明

KC

体高
38~41厘米

体重
13~15千克

寿命 12~15年

原产地 英国

其他毛色

任何毛色

纯色被毛不应有白色斑纹

英国可卡犬最初叫作"山鹬猎犬"（Cocking Spaniel），用来撵出山鹬和松鸡，是最受人喜爱的猎犬品种之一。英国可卡犬比英国史宾格猎犬（见226页）体型小，专门培养用于在茂盛的灌木丛中狩猎。英国可卡犬中的表演犬种比工作犬种更壮硕，二者都是优秀的宠物。

方形鼻口部，适中的下垂上嘴唇

黑色鞍背部被毛

耳朵覆有长而卷曲的流苏饰毛

尾巴上有丛毛

红色被毛，胸部和腿部有丛毛

长而丝滑的蓝栗色被毛

德国猎犬（GERMAN SPANIEL）

这种大型家犬不适合无经验的主人或城市居民

FCI

体高
44~54厘米

体重
18~25千克

寿命 12~14年

原产地 德国

其他毛色

红色

棕色

红白间色

德国猎犬是优秀的寻回犬，最喜欢工作和嬉水，耐力持久，满足于轻快的长距离散步。该犬愿意居于户外，但也会伴随主人家庭在室内而健康成长，是优秀的枪猎犬和宠物。

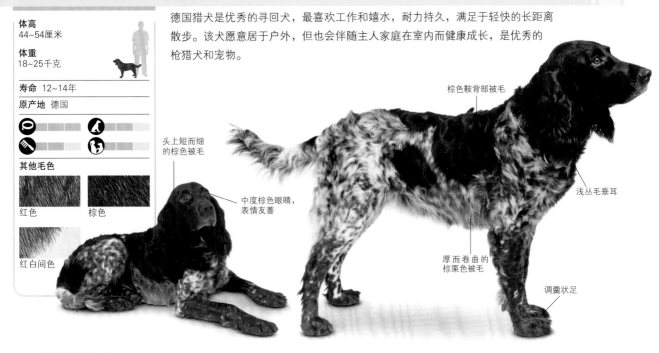

棕色鞍背部被毛

头上短而细的棕色被毛

中度棕色眼睛，表情友善

浅丛毛垂耳

厚而卷曲的棕栗色被毛

调羹状足

田野猎犬（FIELD SPANIEL）

精力旺盛的工作枪猎犬，适合乡村家庭

KC

体高
44~46厘米

体重
18~25千克

寿命 10~12年

原产地 英国

其他毛色

黑色

红白间色

可能有棕黄色斑纹

田野猎犬最初是苏塞克斯猎犬（见224页）和英国可卡犬（见222页）的杂交后代，用于从水中和茂密的灌木隐蔽处寻回猎物。体型中等的田野猎犬精力旺盛而温顺，主人需要令其保持忙碌，是乡村中活跃家庭的完美狩猎伙伴。

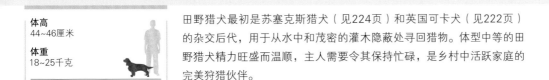

适中鼻止

相对腿部较长的躯干

尾巴下侧浅丛毛

赤褐色鼻子

胸部白斑

长度适中的赤褐色被毛

腿部后方丛毛

博伊金猎犬（BOYKIN SPANIEL）

这一性格欢快、精力旺盛的猎犬是忠诚而聪明的伴侣

AKC

体高
36~46厘米

体重
11~18千克

寿命 14~16年

原产地 美国

其他毛色

赤褐色

胸部和脚趾上可能有白色被毛

博伊金猎犬是南卡罗来纳州官方认可的州犬，是家庭忠实的伴侣，与儿童和其他犬只相处融洽。该犬温和的性情和强烈的工作意愿使其成为理想的枪猎犬和活跃家庭的理想宠物。它的卷曲被毛需要定期梳理。

面部被毛较短

传统剪尾

独特的棕色椭圆形眼睛

深巧克力色卷曲被毛

紧凑圆形足

苏塞克斯猎犬（SUSSEX SPANIEL）

这一犬种温和友善，皱着眉头的脸掩盖了随和而热忱的天性

KC

体高
38~41厘米

体重
18~23千克

寿命 12~15年

原产地 英国

尽管性情活跃，这一来自苏塞克斯的英国枪猎犬如果能充分运动，会很适应小型家居生活。与其他枪猎犬不同，苏塞克斯猎犬在工作时会大声吠叫，而其他枪猎犬品种若有此特点会令主人不悦。该犬还独有滚动的步态。

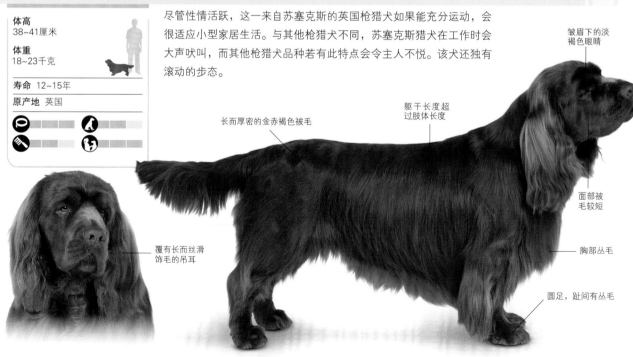

皱眉下的淡褐色眼睛

躯干长度超过肢体长度

长而厚密的金赤褐色被毛

面部被毛较短

胸部丛毛

覆有长而丝滑饰毛的吊耳

圆足，趾间有丛毛

克伦伯猎犬（CLUMBER SPANIEL）

这种性情温和的大型犬喜欢乡村家庭生活

KC

体高
43~51厘米

体重
25~34千克

寿命 10~12年

原产地 法国

尽管其历史颇富传奇色彩，但克伦伯猎犬据说起源于18世纪的法国，为当时的贵族所宠爱。克伦伯猎犬可能在法国大革命期间被带到英国，后来在纽卡斯尔公爵的家乡诺森伯兰郡的克伦伯公园繁育。肌肉发达而身躯贴地的克伦伯猎犬是所有猎犬中最壮实的，它沉稳的性格使其成为人们喜爱的枪猎犬，但现在多养为宠物。该犬举止温文尔雅，容易训练成为伴侣犬。

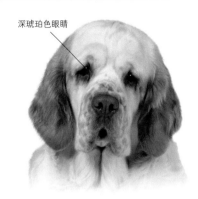

深琥珀色眼睛

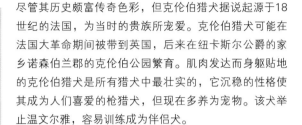

宽头颅

宽而深的鼻口部，鼻止清晰

大大的垂耳

宽阔深胸

骨骼粗壮的坚实身躯贴近地面

丛毛丰厚的尾巴

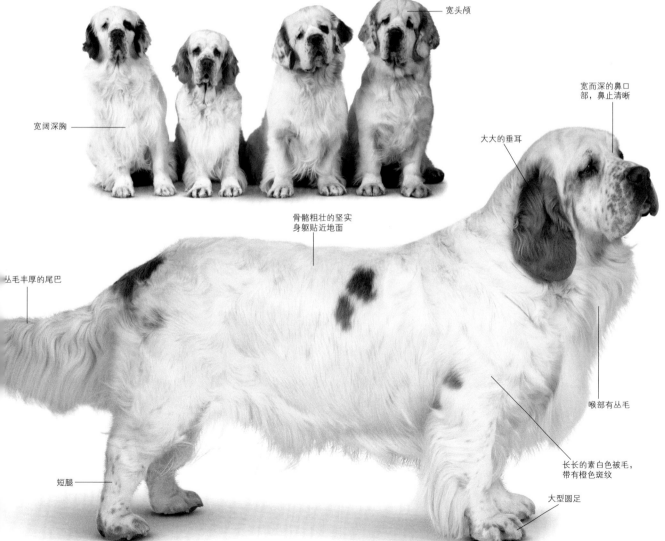

喉部有丛毛

长长的素白色被毛，带有橙色斑纹

短腿

大型圆足

位于水平背部之下的丰富丛毛尾巴

厚而直、防水的赤褐色和白色被毛

鼻止显著

深褐色杏仁眼流露出友善的性情

与眼部平齐的吊耳

整个躯干表面有适中长度的丛毛

丰满紧凑的足

胸部厚厚的丛毛

腿部赤褐色斑点

英国史宾格猎犬（ENGLISH SPRINGER SPANIEL）

该犬充满热忱和友爱，是一种喜爱交际的工作犬和伴侣犬

KC

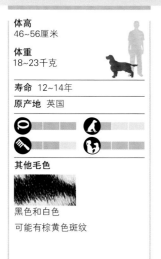

体高
46~56厘米

体重
18~23千克

寿命 12~14年

原产地 英国

其他毛色

黑色和白色
可能有棕黄色斑纹

这一经典枪猎犬最初用于将鸟儿惊飞到空中，根据其体型分为用于驱赶大猎物的大型犬（称为史宾格猎犬，见228页）和用于驱赶山鹬的小型犬（称为可卡犬，见222页）。直到20世纪初，英国史宾格猎犬才被认可为正式犬种，尽管它曾繁育出名为诺福克猎犬（Norfolk Spaniel）的独立品种。

英国史宾格猎犬愿意追随猎手一整日在田野狩猎，不畏崎岖艰险的地形和严酷的天气，必要时甚至跳入冰冷刺骨的水中追击猎物。它是猎手们的最爱，友善顺从的性格也可使其成为优良的家犬。该犬喜欢包括儿童、其他犬只和家猫在内的伙伴，如果被单独留置时间长了，它会通过过分吠叫来发泄。非工作型英国史宾格

猎犬需要每天活跃而长距离的散步，还喜欢在溪水中嬉戏、在泥水中翻滚或让主人扔玩具供其找回。该犬聪明而好学，认知敏感，对镇定的主人反应好，粗暴或大声的命令反而可能事倍功半。

英国史宾格猎犬喜欢户外活动，因此需要每周梳理和定期修剪厚厚的被毛以防变脏而失去光泽，尤其是耳部和腿部的丛毛。

英国史宾格猎犬分工作犬和表演犬两种类型，专门用于田野狩猎的工作犬一般要剪尾，体型较用于表演的犬略小而轻，两种类型的犬都可成为优秀的伴侣犬。

威尔士史宾格猎犬（WELSH SPRINGER SPANIEL）

这一卓越的犬种喜欢参与家庭活动

KC

体高
46~48厘米

体重
16~23千克

寿命 12~15年

原产地 英国

威尔士史宾格猎犬是英国史宾格猎犬（见226页）和英国可卡犬（见222页）的近亲，它体型中等，性格欢快，是优良的家犬和狩猎伙伴。威尔士史宾格猎犬喜欢漫游，所以迫切需要早期和连贯的训练。

比英国史宾格猎犬精致的头部

低位、带浅丛毛的葡萄叶形耳朵

棕色鼻子

肌肉发达的长颈部

胸部丛毛

跗关节上部有丛毛

天然柔软的赤红色和白色直被毛

猫形圆足

爱尔兰水猎犬（IRISH WATER SPANIEL）

激飞犬中的滑稽小丑，需要活跃生活

KC

体高
51~58厘米

体重
20~30千克

寿命 10~12年

原产地 爱尔兰

这一不知疲倦的犬种是徒步旅行者的理想伴侣，它的深赤褐色被毛完全防水，愿意跃入冰冷水中的狂热使其获得"沼泽犬"的绰号。尽管温和而忠实，但爱尔兰水猎犬成熟缓慢，有时会很固执，需要在幼犬期全面训练。

宽阔水平背部

鼻子颜色与被毛颜色匹配

面部被毛更为光滑

喉部光滑被毛形成V形斑纹

天然油性而浓密的被毛

除尾根部的尾巴很光滑

深赤褐色被毛形成厚发卷

覆满饰毛的大型圆足

美国水猎犬（AMERICAN WATER SPANIEL）

这一犬种渴望取悦主人且易于呵护

KC

体高
38~45厘米

体重
12~21千克

寿命 10~12年

原产地 美国

其他毛色

巧克力色

在胸部和脚趾上可能有少许白色毛

美国水猎犬最初在美国的大湖区当作全能的猎犬和水犬而繁育，适中的体格和瘦身型能使其在岸上或船中工作，至今该犬仍用于撵出和寻回水禽，但也是活跃家庭的温和伴侣。美国水猎犬厚密卷曲的被毛遗传自包括爱尔兰水猎犬（见228页）和卷毛寻回犬（见259页）在内的祖先，部分犬只的被毛不是那么紧密卷曲，称为烫发被毛。

宽阔头部

浅棕色眼睛

耳朵上覆有卷毛

成年犬和幼犬

紧密卷曲的油性赤褐色被毛

面部被毛光滑

沿尾部有适度丛毛

腿部适度丛毛

西班牙水犬（SPANISH WATER DOG）

态度严肃而适应性很强的工作犬

KC

体高
40~50厘米

体重
14~22千克

寿命 10~14年

原产地 西班牙

其他毛色

白色

黑色

棕色和白色

黑色和白色

这一独特犬种在家乡有多重角色和名称，现在叫作佩罗德奥加犬（Perro de Agua），可能是北非和土耳其的商人将其带至安达卢西亚的，今天此犬在该地最常见。西班牙水犬一直用于放牧、狩猎和港口拖船，也是稳健顺从的伴侣，但对孩子缺乏耐心。直到20世纪80年代，这一犬种仍只在西班牙南部出名，今天依然是稀有品种。

棕色鼻子与被毛颜色匹配

浅色胸部斑纹

尾巴很少长至跗关节

背部沿尾巴方向缓缓倾斜

卷曲的棕色被毛若不修剪会打结

腿部长度略短于躯干

覆有饰毛的圆足

葡萄牙水犬（PORTUGUESE WATER DOG）

该犬活跃而聪明，需要相同特征的犬主与之匹配

KC

尽管归类为枪猎犬，但葡萄牙水犬昔日不仅寻回猎物，还帮助渔民找回渔网。该犬的适应能力源于活跃的头脑和取悦主人的欲望，如果不使其忙碌，它会捣乱破坏。它拥有长卷毛和短卷毛两种被毛类型。

体高
43~57厘米

体重
16~25千克

寿命 10~14年

原产地 葡萄牙

其他毛色

白色

棕色

黑色和白色

棕色和白色

黑色和棕色犬可能有白色斑纹

间距很大的圆眼睛

卷曲尾巴，尾尖有羽状毛

前额中央有沟纹

为工作和表演用途而修剪的后躯

长而卷曲的黑色被毛

圆足

长卷毛型

标准贵宾犬（STANDARD POODLE）

这种聪明的寻回犬是温顺的家庭宠伴

KC

标准贵宾犬据称是法国犬种，但可能源自德国。该犬最初是水犬，它现在的标准尺寸仍非常接近原始水犬。标准贵宾犬因其健壮、聪慧和温和的性情而成为流行的杂交品种。它的被毛只需简单修剪且非常容易保养。

体高
超过38厘米

体重
21~32千克

寿命 10~13年

原产地 德国

其他毛色

任何纯色

头部高昂

长而宽的吊耳

黑色杏仁眼

健壮而精致的面部和颌部

厚密的黑色卷曲被毛

小的椭圆足，拱形脚趾

法国水犬（FRENCH WATER DOG）

这一悠闲而友爱的犬种需要每天梳理被毛

FCI

体高
53~65厘米

体重
16~27千克

寿命 12~14年

原产地 法国

其他毛色

各种毛色

法国水犬是欧洲最古老的水犬之一，帮助繁育了许多其他犬种，其祖先可追溯到中世纪。法国水犬的被毛是工作犬的完美保护衣，但需要精心保养，这使得该犬不再成为流行犬种，虽然它对儿童和其他犬只友好而包容。

低位垂耳，覆有长被毛

面部覆有浓密被毛

颊部长有灰色被毛

长而卷曲的纯黑色被毛

尾尖处略向上勾起

圆宽足

佛瑞斯安水犬（FRISIAN WATER DOG）

这一能干而矜持的犬种在严厉犬主的管理下表现出色

FCI

体高
55~59厘米

体重
15~20千克

寿命 12~13年

原产地 荷兰

其他毛色

深棕色

佛瑞斯安水犬也叫作荷兰猎犬（Dutch Spaniel）或荷兰水猎犬（Wetterhoun），最初被渔夫用来控制水獭，今天仍用于驱赶和寻回猎物，也当作护卫犬和农场犬。该犬独立和略微多疑的性格使得其不适合城市生活，但它对乡村家庭是可靠而朴实的伴侣。

低位耳朵，贴头平伸

圆顶头部

长尾卷曲成环状

胸部白斑

纯黑色被毛

丰满的拱形足

灯芯绒贵宾犬（CORDED POODLE）

该犬聪明而友好，浑身披满易于打理的"骇人"长发辫

体高
24~60厘米

体重
21~32千克

寿命 10~13年

原产地 法国

其他毛色

任何毛色

像其他贵宾犬一样，灯芯绒贵宾犬聪明友好而冷静，是很好的护卫犬或伴侣犬。灯芯绒贵宾犬多年来通过独立的知名标准贵宾犬品种繁育而成，但还未被认可为独立品种。它的外观在19世纪非常流行，但今天该犬甚至在法国也很少见。该犬的灯芯绒被毛常见于放牧犬，可保护它们免受恶劣天气和掠食者的侵袭。大多数灯芯绒贵宾犬稍加鼓励就愿意将被毛梳成灯芯绒，一旦梳成就很容易打理。

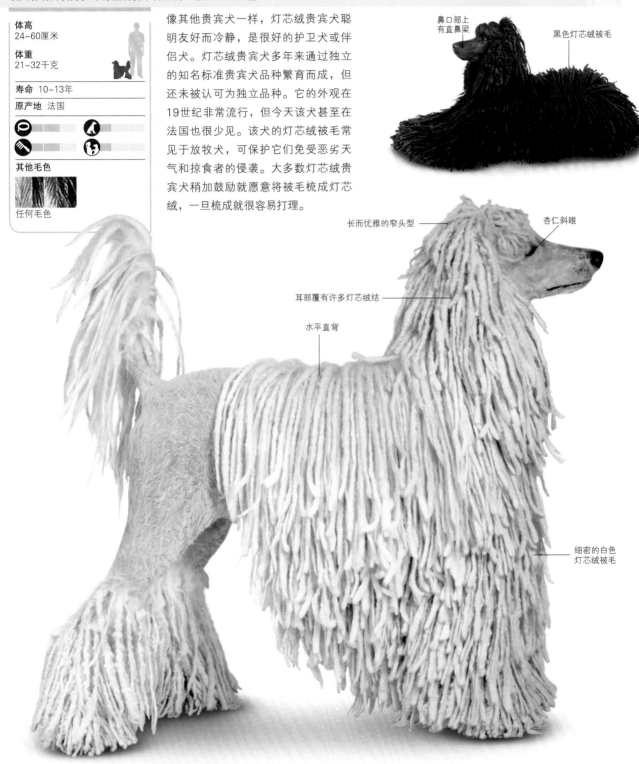

鼻口部上有直鼻梁

黑色灯芯绒被毛

长而优雅的窄头型

杏仁斜眼

耳部覆有许多灯芯绒结

水平直背

细密的白色灯芯绒被毛

布列塔尼犬（BRITTANY）

这一适应性强而可靠的犬种最适合精力充沛的主人

KC

体高
47~51厘米
体重
14~18千克

寿命 12~14年
原产地 法国

其他毛色

赤褐色和白色

黑色和白色

黑色、棕黄色和白色

各种毛色会混杂而没有清晰界限（棕色和白色）

布列塔尼犬在法国家乡叫作艾帕卢拉布里顿犬（Epagneul Breton），它多才多艺，用于驱赶和寻回猎物，但最擅长寻找鸟类猎物。作为久已知名的犬种，布列塔尼犬在19世纪几乎消失，但今天重获宠爱，它既是运动犬，也是好脾气的家庭伴侣。

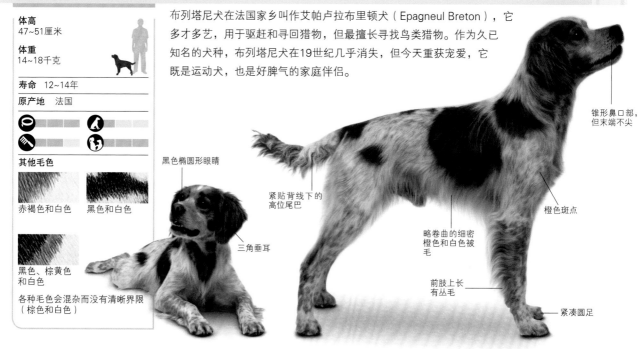

锥形鼻口部，但末端不尖

黑色椭圆形眼睛

紧贴背线下的高位尾巴

三角垂耳

略卷曲的细密橙色和白色被毛

橙色斑点

前肢上长有丛毛

紧凑圆足

拉戈托罗马诺洛犬（LAGOTTO ROMAGNOLO）

这一友爱而喜欢热闹的犬种最适合乡村生活

KC

体高
41~48厘米
体重
11~16千克

寿命 12~14年
原产地 意大利

其他毛色

橙色

棕色

棕色和白色

橙色与棕色和白色被毛犬种会有棕色假面

拉戈托罗马诺洛犬最初在意大利北部的沼泽地当作寻回犬，后来用作松露猎犬，今天经常繁育作为工作犬和伴侣犬。该犬性情温和，喜欢忙碌，它独特的卷被毛需要每周梳理和每年一次的修剪。

大小适中的三角垂耳，耳端圆

赤褐色鼻子

卷曲白色被毛形成细卷

深胸

带棕色斑纹的卷曲白色被毛

紧凑圆足

蓬特奥德梅尔猎犬（PONT-AUDEMER SPANIEL）

这一美丽动人的犬种在户外精力旺盛，在室内则悠闲放松

FCI

蓬特奥德梅尔猎犬这种法国指示犬和寻回犬是水域和沼泽地中的狩猎专家，据说起源于19世纪，其祖先包括爱尔兰水猎犬（见228页）。该犬即使在法国本土也从不出名，到20世纪几近灭绝，仅少量生存至今，仍用于狩猎，也是性格温和的家犬。蓬特奥德梅尔猎犬卷曲、略带褶饰边的被毛尽管需要定期打理，但并不难于保养。

体高
51~58厘米

体重
18~24千克

寿命 12~14年

原产地 法国

其他毛色

棕色

覆有长而丝滑饰毛的垂耳

宽阔深胸

带卷毛顶髻的圆头骨

深琥珀色小眼

长而略尖的鼻口部

棕色卷蓬被毛，带有灰色和棕色斑纹

尾巴略弯曲，尾尖有浅色毛

圆形足，趾间有卷曲长饰毛

小明斯特兰德犬（SMALL MUNSTERLANDER）

这一活泼聪慧的犬种仍主要用于狩猎

KC

体高	
52~54厘米	
体重	
18~27千克	

寿命	13~14年
原产地	德国

小明斯特兰德犬的德语名字是"海德沃什泰尔犬"（Heidewachtel），意为"石楠树丛中的鹌鹑猎犬"，表明该犬最初用于驱赶出鸟类猎物。小明斯特兰德犬欢乐而有爱心，每年繁育数量很少，往往被猎人们抢购一空。它的名字并不代表与大明斯特兰德犬（见本页）有直接血缘关系。

带有丰富丛毛的宽大耳朵

棕色丝滑被毛

带棕色斑纹的白色腿部

头部白色焰斑

中等长度的丰富丛毛尾巴

大明斯特兰德犬（LARGE MUNSTERLANDER）

这一狩猎犬种最喜欢家庭生活

KC

身高	
58~65厘米	
体重	
29~31千克	

寿命	12~13年
原产地	德国

大明斯特兰德犬比小明斯特兰德犬（见本页）更与德国指示犬血缘相关，它成熟缓慢，但容易训练，是多才多艺而稳重的枪猎犬。该犬在主人陪伴下会茁壮成长，对儿童很友好。

黑色被毛"披风"

保暖防寒的厚密长被毛

腿部丛毛丰富

纯黑色头部

鼻口部顶端有白色被毛

带黑色斑点的白色被毛

佛瑞斯安指示犬（FRISIAN POINTING DOG）

这一适应性强而又健壮的农场犬与人相处融洽

FCI

体高
50~53厘米

体重
19~25千克

寿命 12~14年

原产地 荷兰

其他毛色

带有白色斑纹的橙色

佛瑞斯安指示犬是由农场主们繁育的犬种，也称为斯德比霍恩犬（Stabyhoun），它跟随猎人追踪、指示和寻回猎物。该犬可以成为性情温和而又爱好运动的家庭伴侣犬，尤其适合儿童。尽管人们努力繁育增加该犬种的数量，但即使在荷兰本土它也是稀有犬种。

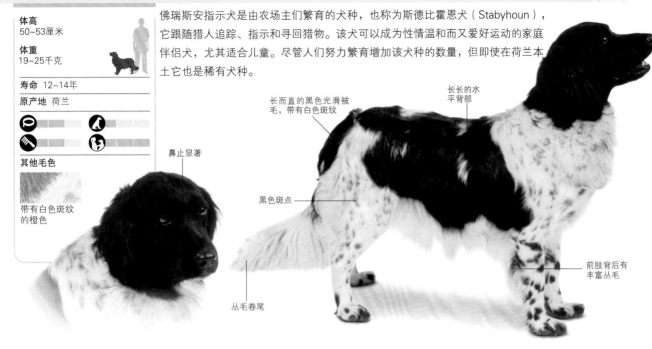

鼻止显著

长而直的黑色光滑被毛，带有白色斑纹

长长的水平背部

黑色斑点

前肢背后有丰富丛毛

丛毛卷尾

荷兰猎鸟犬（DRENTSCHE PARTRIDGE DOG）

该犬是非常敬业的狩猎犬，但也足够稳重而适应城市生活

FCI

体高
55~63厘米

体重
20~25千克

寿命 12~13年

原产地 荷兰

荷兰猎鸟犬是介于指示犬和寻回犬之间的多才艺的典型欧洲猎犬，它与小明斯特兰德犬（见236页）和法国猎犬（见240页）有血缘关系。只要让它有事可做，荷兰猎鸟犬会成为可依赖的逍遥家庭宠伴。

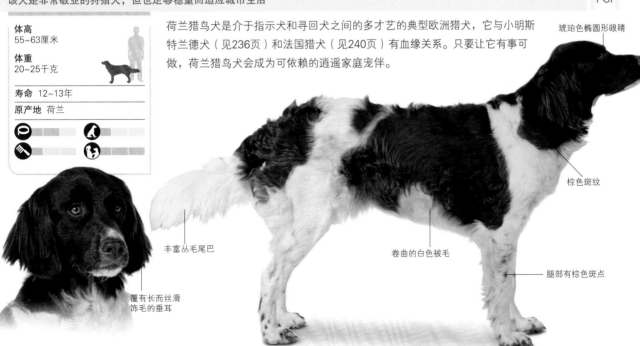

琥珀色椭圆形眼睛

棕色斑纹

丰富丛毛尾巴

卷曲的白色被毛

腿部有棕色斑点

覆有长而丝滑饰毛的垂耳

库依克豪德杰犬（KOOIKERHONDJE）

这一欢快而又精力充沛的犬种不适合城市生活

KC

体高
35~40厘米

体重
9~11千克

寿命 12~13年

原产地 荷兰

库依克豪德杰犬有数个别名，其中包括"荷兰引诱猎犬"（Dutch Decoy Spaniel），这一名字表明了它最初的特殊用途。该犬从不吠叫，而是舞动和卷曲它那旗帜形状的尾巴，以此引诱并驱赶水禽进入宽口窄底的圈套，最终被猎人活捉。库依克豪德杰犬在过去几个世纪里直至今天都表演这种计谋来诱捕水鸟，不过现在它主要帮助研究人员给鸟类套上研究用标牌，然后放飞这些鸟儿。该犬是稀有犬种，但它的工作历史使其成为忠实于主人的犬种。它性格温和，喜欢玩耍，但对生人会冷淡。

略微卷曲的白色光滑被毛，带有橙红色斑

面部白色焰斑

面部短被毛

覆盖长而丝滑饰毛的垂耳

深棕色杏仁眼，眼神警惕

丰富丛毛尾巴

颈部长领毛

前肢后面有丛毛

窄小的兔形足

皮卡迪猎犬（PICARDY SPANIEL）

该犬喜欢开放空间，也可成为家中安静的伴侣

FCI

体高
55~60厘米

体重
20~25千克

寿命 12~14年

原产地 法国

作为最古老的猎犬品种之一，皮卡迪猎犬至今仍在法国的森林和湿地被用来驱赶鸟类猎物。该犬热爱游泳，性格安静，是可信赖而又友爱的家犬，如果能提供合理的运动量，它甚至愿意适应城市生活。

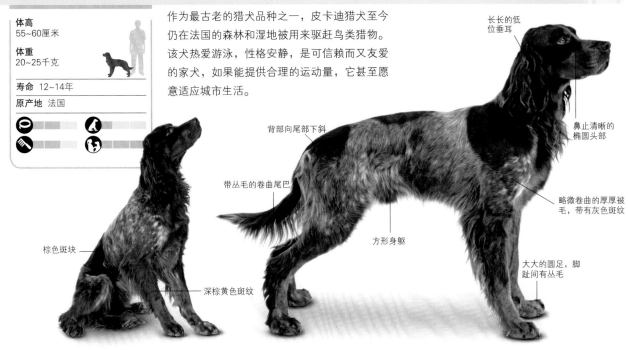

长长的低位垂耳

鼻止清晰的椭圆头部

背部向尾部下斜

略微卷曲的厚厚被毛，带有灰色斑纹

带丛毛的卷曲尾巴

方形身躯

棕色斑块

深棕黄色斑纹

大大的圆足，脚趾间有丛毛

蓝色皮卡迪猎犬（BLUE PICARDY SPANIEL）

这是一种爱嬉戏和充分运动的猎犬，性格温和，喜欢主人的充分关爱

FCI

体高
57~60厘米

体重
20~21千克

寿命 11~13年

原产地 法国

蓝色皮卡迪猎犬主要用作水犬来指示和寻回沼泽地中的沙锥鸟，性格安静随和，是喜爱嬉戏并对儿童友好的伴侣犬，但它的友善性格使其无法充当护卫犬。

鼻止清晰

带黑色斑块且略微卷曲的被毛

浅色焰斑

尾巴长至跗关节

摆动的下垂上嘴唇

覆有卷曲饰毛的长长垂耳

灰黑色斑纹赋予被毛蓝色底纹

紧凑圆足，脚趾间丛毛丰富

法国猎犬（FRENCH SPANIEL）

它是友善而又体态优雅的枪猎犬，喜欢城市的街道或宽敞的空地

FCI

体高
55~61厘米

体重
20~25千克

寿命 12~14年

原产地 法国

法国猎犬在本土被视为所有猎犬品种的始祖，至今仍在法国和世界各地被用于狩猎活动。因为具备头脑冷静和不爱吠叫的优点，只要给予充分运动量和关爱，法国猎犬会成为优秀的城市犬种。

平直头颅至鼻口部

与棕色被毛匹配的椭圆形大眼睛

尾巴朝尾尖方向弯曲上扬

头部上耳根靠后的吊耳

柔软光滑的棕色和白色被毛

胸部有棕色斑点

英国塞特犬（ENGLISH SETTER）

拥有完美外貌和性格的乡村家庭犬种

KC

体高
61~64厘米

体重
25~30千克

寿命 12~13年

原产地 英国

其他毛色

橙色或柠檬色和白色

赤褐色和白色

赤褐色和白色被毛可能会有棕黄色斑纹

英国塞特犬被繁育用于跟踪、诱捕和寻回鸟类猎物，在今天该犬的不同品种仍被广泛用于狩猎或家庭生活。英国塞特犬外形优雅，情绪欢快，需要充足的空间和活动来释放无穷的精力，但也具备稳重和可信赖的性格。

低位吊耳

黑白夹杂而成的蓝色被毛

丰富丛毛尾巴

面部浅棕黄色斑纹

方形鼻口部，带有略微摆动的下垂上嘴唇

爱尔兰塞特犬 (IRISH SETTER)

该犬活泼而热情,需要一位活跃而又富有耐心的主人

KC

体高
64~69厘米

体重
27~32千克

寿命 12~13年

原产地 爱尔兰

爱尔兰塞特犬也叫"爱尔兰红毛犬"或"爱尔兰毛德卢犬",最初被繁育当作狩猎犬,时至今日它依然卓有成效地担当此任,但更常见养为伴侣犬。该犬外形令人瞩目,性格活跃,但行为成熟缓慢,需要在幼年期进行严格训练。爱尔兰塞特犬年幼时那漫不经心的态度和爱惹麻烦的性格对主人的耐心是个考验,但它喜欢交际的天性和对生活的热忱值得主人的付出。该犬不仅能容忍其他犬只和儿童,还会主动寻求与其玩耍。

丝质光滑的垂耳

深而呈方形的鼻口部

腿下方前部被毛短

水平位置的杏仁眼,表情友善

丰富丛毛尾巴

长而光滑的红色被毛

深而窄的胸部

躯干底部被毛更长

腿后部丛毛

爱尔兰红白塞特犬（IRISH RED AND WHITE SETTER）

该犬活泼爱动，虽然行为成熟缓慢，但训练成果值得主人期待

KC

体高
64~69厘米

体重
25~34千克

寿命 12~13年

原产地 爱尔兰

爱尔兰红白塞特犬有着许多猎犬特有的红白色被毛，今天主要养为宠物伴侣。该犬聪明但有时任性，长期以来被近亲爱尔兰塞特犬（见241页）盖了风头，但也逐渐赢得它应有的知名度。爱尔兰红白塞特犬精力旺盛而欢快，在主人的关爱和严格指导下能够茁壮成长。

宽大的圆顶头部

无疵瑕的纯色区域

耳根靠后的耳朵与眼睛水平一线

细而卷曲的红白色被毛

面部红色斑纹

健壮的身躯，深胸

戈登塞特犬（GORDON SETTER）

该犬性格外向而又顺从，适合生活在广阔的开放空间

KC

体高
62~66厘米

体重
26~30千克

寿命 12~13年

原产地 英国

戈登塞特犬最初在苏格兰用于追踪鸟类猎物，一旦发现猎物，它会静止不动来指示方向。狩猎时尚的变化使得戈登塞特犬从田园回归到室内生活。该犬头脑冷静，性格忠诚，需要每天充分的运动和广阔的生活空间。

瘦而长的颈部

深长头型，颅骨略圆

腹部流苏饰毛延伸至喉部

闪亮的煤黑色被毛

长而健壮的腿股部丛毛丰富

足部和肢体下部典型的栗红色斑纹

新斯科舍猎鸭寻回犬（NOVA SCOTIA DUCK TOLLING RETRIEVER）

这种枪猎犬能很好地适应家庭生活环境

KC

体高
45~53厘米

体重
17~23千克

寿命 12~13年

原产地 加拿大

新斯科舍猎鸭寻回犬因其在一种特殊的禽鸟狩猎中的作用而得名，在其中它负责寻回猎人从隐蔽处扔出的木棍，并充分活跃表演而不吠叫，以此引诱好奇的禽鸟如野鸭和野鹅。一旦鸟儿进入射程，猎人就开枪射击并让猎犬寻回猎物。新斯科舍猎鸭寻回犬不仅是在此类狩猎活动中起作用的理想犬只，还因为它活泼而又能安静顺从的特性而成为优秀的伴侣犬。该犬精力旺盛，需要充分的运动量。

警觉的杏仁眼

略微竖立的三角垂耳

锥形鼻口部，略呈楔形的头部

水平直背

紧凑唇部

典型的胸部白斑

防水的红色被毛，下被毛厚密

尾根宽的丰富丛毛尾巴

足部的典型白色斑纹

德国指示犬（GERMAN POINTER）

如果能令这一聪明的犬种保持忙碌，它会表现得温和友善

KC

德国指示犬忠诚而服从，是最优秀的猎犬，它能在从石楠丛生的荒野到沼泽地的任何地形中追踪、指示和寻回猎物。德国指示犬在德国本土一直被养作猎犬和家犬，它头脑冷静，值得信赖。该犬精力充沛，如果不能充分运动，个别犬只可能会过分活跃而具有破坏性。德国指示犬有刚毛、长毛和短毛三种被毛类型，迄今最知名的是德国短毛指示犬，在英国被猎人称为GSP犬。

体高
53~64厘米

体重
20~32千克

寿命 10~14年

原产地 德国

其他毛色

赤褐色

棕色

黑色

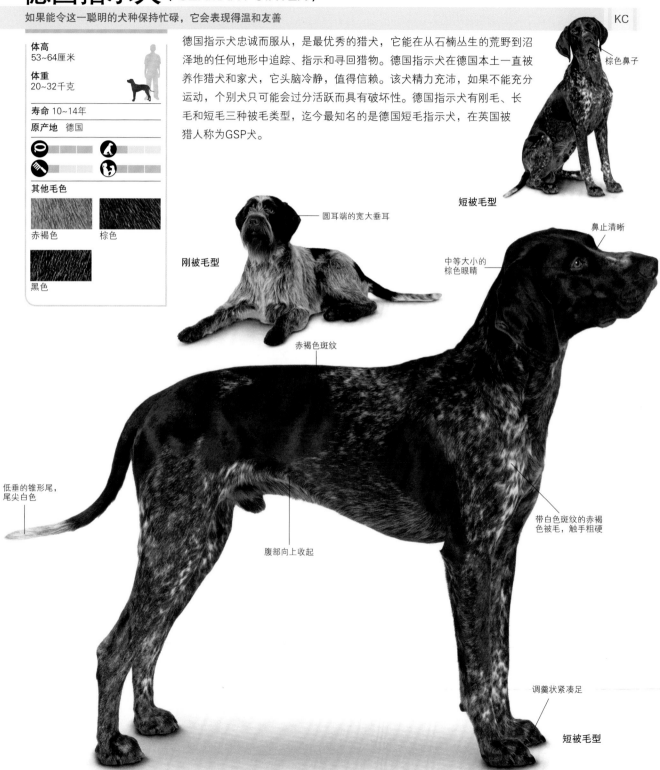

棕色鼻子

短被毛型

圆耳端的宽大垂耳

刚被毛型

鼻止清晰

中等大小的棕色眼睛

赤褐色斑纹

带白色斑纹的赤褐色被毛，触手粗硬

低垂的锥形尾，尾尖白色

腹部向上收起

调羹状紧凑足

短被毛型

捷克福斯克犬（CESKY FOUSEK）

这一乡村犬种聪明而健壮，但有时会固执己见

FCI

体高
58~66厘米

体重
22~34千克

寿命 12~13年

原产地 捷克

其他毛色

棕色

棕色被毛可能在胸部和肢体下部形成斑纹

关于捷克福斯克犬的血缘起源可谓众说纷纭，有捷克、斯洛伐克和波希米亚等各种起源地之说，该犬在上述地区依然是流行的狩猎犬种，但在这些地区以外很少见。捷克福斯克犬忠实可训，对人类温和，但它天生的狩猎本能无法让主人将其与其他宠物置于一处。

独特的浓密眉毛

大大的垂耳

软须

传统上尾巴剪至原长度的五分之二

深陷的琥珀色眼睛，表情友善

棕色鼻子

硬硬的保护性深棕色和白色被毛，带有棕色斑纹

调羹状紧凑足

科萨尔格里芬犬（KORTHALS GRIFFON）

这一被毛蓬松而可信赖的犬种是友善的城市和乡村伴侣

KC

体高
50~60厘米

体重
23~27千克

寿命 12~13年

原产地 荷兰

其他毛色

赤褐色

橙色和白色

棕白色、白色和棕色

科萨尔格里芬犬与德国指示犬（见244页）有亲缘关系，由荷兰人爱德华·科萨尔繁育成功，法国猎手们因其多才多艺、性情随和而很青睐于它。该犬不是速度最快的猎犬，但在需要贴身服务且温顺听命的犬只的狩猎活动中很受欢迎，该犬的品质使其成为有价值的伴侣犬。

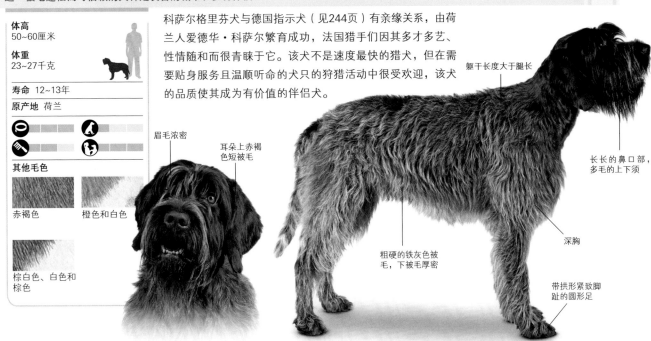

眉毛浓密

耳朵上赤褐色短被毛

躯干长度大于腿长

长长的鼻口部，多毛的上下须

深胸

粗硬的铁灰色被毛，下被毛厚密

带拱形紧致脚趾的圆形足

魏玛猎犬（WEIMARANER）

这一聪明美丽的犬种需要充足生活空间

KC

体高
56~69厘米

体重
25~41千克

寿命 12~13年

原产地 德国

魏玛猎犬是被繁育用于捕猎、指示和寻回等多种用途的枪猎犬，这一19世纪出现的犬种，绰号叫作"灰色幽灵"，因为它常在田野间警觉而悄无声息地游走。魏玛猎犬尽管在生人面前矜持，却是活力充沛而外向的家庭伴侣，甚至太过活跃而不适合幼童。优美的身体线条、醒目的肤色和得体的举止令魏玛猎犬成为受人喜爱的宠物和工作犬，它能保持活跃长达数小时，所以需要一位有持久耐力的主人。该犬有长毛和短毛两种被毛类型。

腿部上的丛毛

长被毛型

醒目的淡蓝灰色眼睛

略收起的高位大耳朵

躯干长度与肩隆处高度相同

灰色鼻子

长至跗关节的尾巴

丝质光滑的银灰色被毛

适度收起的腹部

坚实紧凑的足

短被毛型

匈牙利维希拉猎犬（HUNGARIAN VIZSLA）

这一忠诚而温和的犬种精力旺盛，被毛保养要求不高

KC

体高	
53~64厘米	
体重	
20~30千克	
寿命	13~14年
原产地	匈牙利

匈牙利维希拉猎犬是典型的多功用欧洲猎犬，它的血缘据说可以追溯到16世纪，其中的短被毛品种也称为匈牙利短毛指示犬。匈牙利维希拉猎犬在二战期间几乎灭绝，但随后在猎户和一般家庭渐受欢迎。该犬非常友爱和聪明，对训练反应快，精力极其旺盛，如果允许，它可以一整天不停寻找并叼回游戏用的木棍。在20世纪30年代培育出的刚被毛型匈牙利维希拉猎犬比短被毛型犬身体要更健壮些。

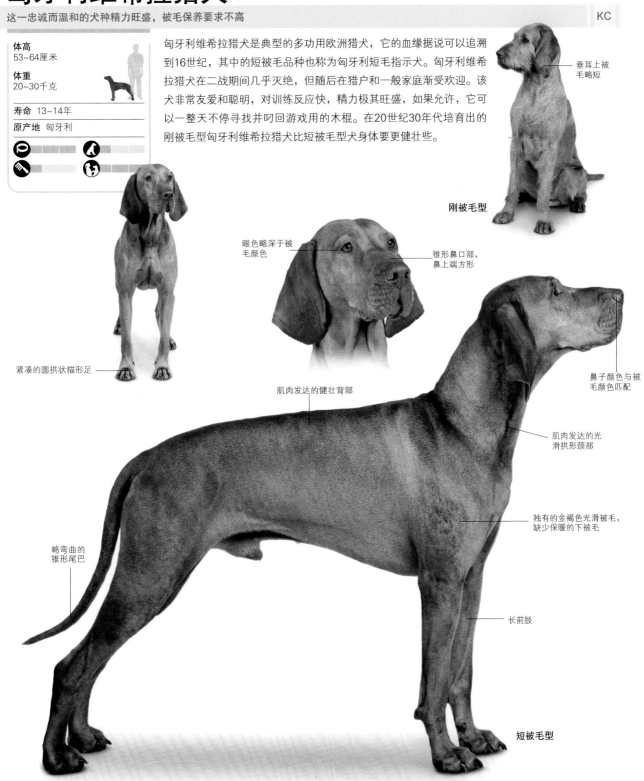

垂耳上被毛略短

刚被毛型

眼色略深于被毛颜色

锥形鼻口部，鼻上端方形

紧凑的圆拱状猫形足

肌肉发达的健壮背部

鼻子颜色与被毛颜色匹配

肌肉发达的光滑拱形颈部

独有的金褐色光滑被毛，缺少保暖的下被毛

略弯曲的锥形尾巴

长前肢

短被毛型

葡萄牙指示犬（PORTUGUESE POINTING DOG）

这是一个不知疲倦且适应性很强的犬种，最适合工作环境

FCI

体高
52~56厘米

体重
16~27千克

寿命 12~14年

原产地 葡萄牙

葡萄牙指示犬在当地叫作葡萄牙佩尔狄克罗犬，意为葡萄牙山鹑犬，该犬种充当指示犬，服务于使用猎鹰和猎网的猎人，今天仍担当此工作。葡萄牙指示犬头脑冷静且服从命令，可成为顺从的宠物伴侣。作为性格坚忍的猎犬，它每天需要充分的体力和智力活动。

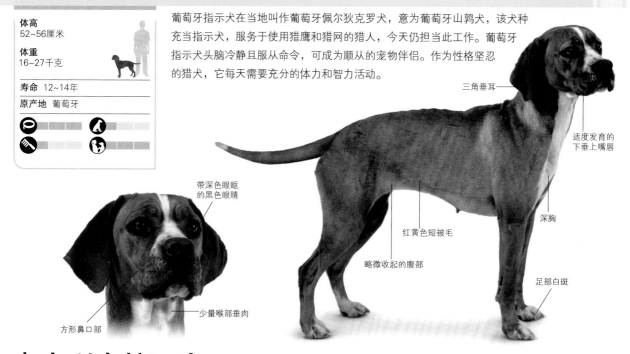

三角垂耳

适度发育的下垂上嘴唇

深胸

足部白斑

红黄色短被毛

略微收起的腹部

带深色眼眶的黑色眼睛

少量喉部垂肉

方形鼻口部

意大利布拉可犬（BRACCO ITALIANO）

这一稀有犬种热爱运动，对儿童友好

KC

体高
55~67厘米

体重
25~40千克

寿命 12~13年

原产地 意大利

其他毛色

白色

白色和金色或栗色

与意大利布拉可犬或意大利指示犬相似的犬种自14世纪以来常见于绘画，它们被用于驱赶鸟类猎物进入猎网。意大利布拉可犬今天仍充当工作犬，也是头脑冷静和温和的伴侣，但有时会很固执。

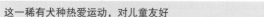

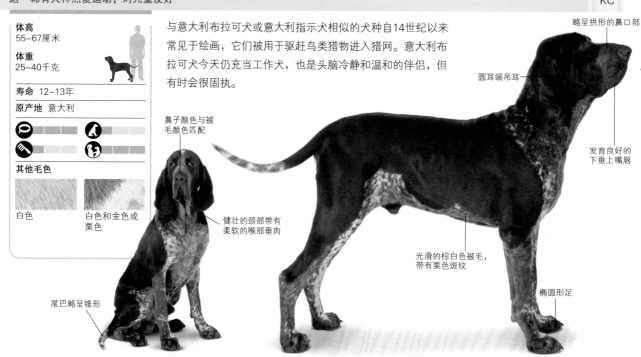

略呈拱形的鼻口部

圆耳端吊耳

发育良好的下垂上嘴唇

鼻子颜色与被毛颜色匹配

健壮的颈部带有柔软的喉部垂肉

光滑的棕白色被毛，带有栗色斑纹

椭圆形足

尾巴略呈锥形

意大利斯皮奥尼犬 (ITALIAN SPINONE)

这一性情随和而悠闲的犬种不是喜欢家居整洁之人的理想宠物

KC

意大利斯皮奥尼犬是来自意大利北部的多才多艺的追踪犬和寻回犬，一直到20世纪都是当地最流行的猎犬品种，至今仍用于狩猎。在茂密的灌木丛中狩猎时，该犬粗密的被毛可起到保护作用。最近一个时期，意大利斯皮奥尼犬因其温和的性格和忠诚成为人们珍爱的伴侣犬，它比多数枪猎犬缓慢一些的步伐使人们在与其散步时很惬意。

意大利斯皮奥尼犬适合喜欢狗狗性情浓郁的人士，它粗糙的被毛不需精心打理，但狗狗味儿十足，另外它还容易流口水。

体高
58~70厘米

体重
29~39千克

寿命 12~13年

原产地 意大利

其他毛色

白色

橙棕白色

白色和棕色或枣红色

大而圆的赭色眼睛，表情友善

浅色鼻子

三角吊耳

长上须混入下须

稍稍弯曲的背部

宽阔深胸

低垂的粗尾

粗密的橙色和白色被毛

略微收起的腹部

大大的圆形足

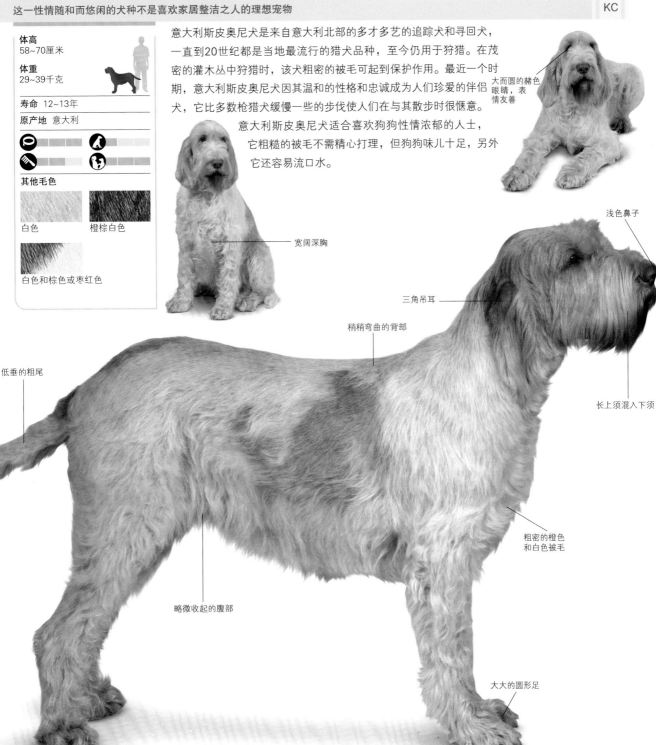

法国比利牛斯指示犬（FRENCH PYRENEAN POINTER）

这一优雅的犬种适合喜欢户外活动的主人

FCI

体高
47~58厘米

体重
18~24千克

寿命 12~14年

原产地 法国

其他毛色

栗棕色

栗棕色被毛犬种可能有棕黄色斑纹

法国比利牛斯指示犬是最受人喜爱的法国指示犬，至今仍数量稀少，大多用于狩猎活动。该犬昔日在法国西南部被繁育用于山地狩猎，它行动迅速且精力无穷。法国比利牛斯指示犬在家中表现得温和友爱，是喜欢活跃的主人的理想宠伴。

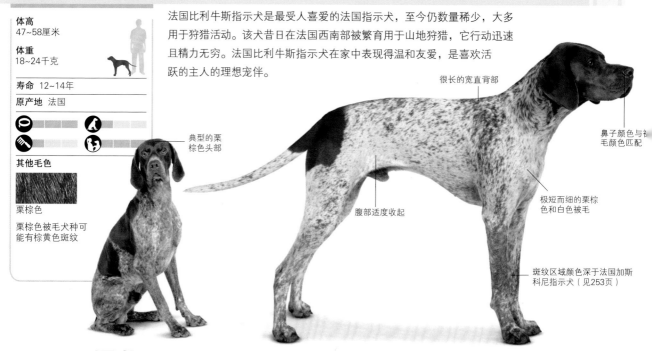

典型的栗棕色头部

很长的宽直背部

鼻子颜色与被毛颜色匹配

腹部适度收起

极短而细的栗棕色和白色被毛

斑纹区域颜色深于法国加斯科尼指示犬（见253页）

圣日耳曼指示犬（SAINT GERMAIN POINTER）

该犬热衷田园生活，对家人友爱，但对生人冷淡

FCI

体高
54~62厘米

体重
18~26千克

寿命 12~14年

原产地 法国

圣日耳曼指示犬也称为圣日耳曼布拉克犬，该犬行动迅捷，在田野、林地和沼泽狩猎活动中能够指示和寻回鸟类。该犬被毛不能充分保暖，所以不能全天候工作。圣日耳曼指示犬性格友爱但会过于敏感，需要严格但不失温柔的管理，它非常适应都市家庭生活。

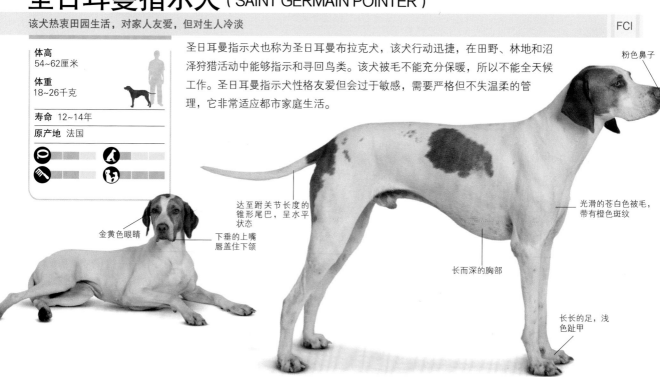

粉色鼻子

金黄色眼睛

达至跗关节长度的锥形尾巴，呈水平状态

下垂的上嘴唇盖住下颌

光滑的苍白色被毛，带有橙色斑纹

长而深的胸部

长长的足，浅色趾甲

波旁指示犬（BOURBONNAIS POINTING DOG）

这一头脑冷静且性情宽忍的犬种是优秀的全能枪猎犬

FCI

体高
48~57厘米

体重
16~26千克

寿命 12~14年

原产地 法国

波旁指示犬是多才多艺的追踪、指示和寻回犬，是法国枪猎犬中最古老且头脑最清醒的品种。该犬健壮的身躯给人以力量感，它工作时充满耐力，休息时悠闲而友爱。

棕色圆耳端垂耳

略呈锥形的鼻口部

梨形头部

鼻子颜色与棕色被毛匹配

圆足

腹线向上收起

细而密的白色被毛，带棕色斑点和斑纹

卷毛指示犬（PUDELPOINTER）

这一体型匀称而健壮的犬种值得人们觅求

FCI

体高
55~68厘米

体重
20~30千克

寿命 12~14年

原产地 德国

其他毛色

枯叶色

黑色

卷毛指示犬是为田园和家庭繁育的贵宾犬与指示犬杂交而成的犬种，人们希望它具备二者的优点：聪明而爱好交际，工作能力强而又吃苦耐劳。该犬最受猎人的喜爱，也是欢快而顺从的乡村伴侣。

卷曲的额部被毛

贴近头部的垂耳

上下须毛色较浅

大大的深琥珀色眼睛

马刀尾

胸部白斑

略微收起的腹部

粗而硬的棕色被毛，下被毛浓密

椭圆足

奥弗涅指示犬（AUVERGNE POINTER）

该犬性情温和而又顺从，耐力充足

FCI

体高
53~63厘米

体重
22~28千克

寿命 12~13年

原产地 法国

奥弗涅指示犬也叫作奥弗涅·布拉克犬，在法国中部被繁育用于狩猎，它是性格坚忍的多功能猎犬，能够长距离全天参与狩猎活动。该犬聪明友善，活泼而有爱心。它容易训练，喜欢主人陪伴，在任何活跃家庭都能茁壮成长。

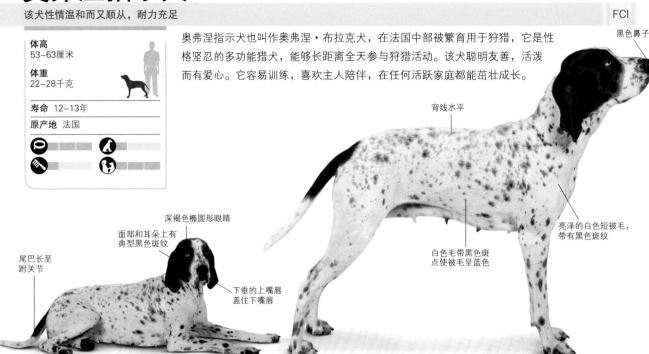

黑色鼻子

背线水平

亮泽的白色短被毛，带有黑色斑纹

白色毛带黑色斑点使被毛呈蓝色

深褐色椭圆形眼睛

面部和耳朵上有典型黑色斑纹

尾巴长至跗关节

下垂的上嘴唇盖住下嘴唇

艾瑞格指示犬（ARIEGE POINTING DOG）

这一优雅的犬种最适合高度活跃而纪律性强的生活

FCI

体高
56~67厘米

体重
25~30千克

寿命 12~14年

原产地 法国

艾瑞格指示犬，也叫作艾瑞格·布拉克犬，即使在法国西南部的家乡也是稀有犬种。它被用于指示和寻回猎物，也具备一定追踪能力，一般只为猎人拥有。该犬需要主人耐心训练，以稳定其有可能变为野性的热情天性，主人需要使其充实忙碌，以免出现破坏性行为。

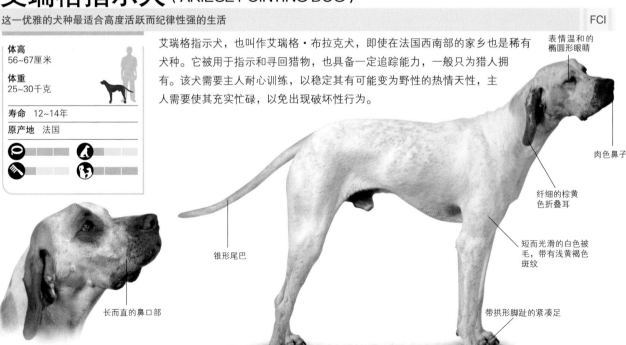

表情温和的椭圆形眼睛

肉色鼻子

纤细的棕黄色折叠耳

短而光滑的白色被毛，带有浅黄褐色斑纹

锥形尾巴

长而直的鼻口部

带拱形脚趾的紧凑足

法国加斯科尼指示犬（FRENCH GASCONY POINTER）

该犬在家中温和聪明，在户外是精力十足的猎手

FCI

体高
56~69厘米

体重
25~32千克

寿命 12~14年

原产地 法国

其他毛色

栗棕色

栗棕色被毛犬只会有棕黄色斑纹

法国加斯科尼指示犬是最古老的指示犬之一，来自法国西南部，现在被养为猎犬和家庭伴侣犬。该犬忠诚于主人而又富有爱心，天性敏感，对温和连贯的训练指令反应最佳。它在田野上是意志坚决、工作热情的追踪犬。

圆耳端垂耳

宽而直的背部

非常细而短的栗棕色和白色被毛

被毛上栗棕色斑点比法国比利牛斯指示犬（见250页）稀疏些

栗棕色眼睛

近乎圆形的紧凑足

略微收起的腹部

斯洛伐克粗毛指示犬（SLOVAKIAN ROUGH-HAIRED POINTER）

该犬忠诚顺从，头脑冷静，热爱工作

KC

体高
57~68厘米

体重
25~35千克

寿命 12~14年

原产地 斯洛伐克

该犬在斯洛伐克本土有多个别名，如斯洛伐克指示犬、斯洛伐克刚毛指示犬和斯洛伐克胡博斯基·斯塔维克犬。斯洛伐克粗毛指示犬可能源自德国猎犬，也因此显现出该犬种典型的高智商、幽默感和旺盛精力。它不喜欢被单独留置在家，在活动充分并有人为伴时会健康成长。

长而瘦的头部

健壮的直背，向尾部方向缓缓倾斜

鼻口部浅色毛发长而柔软

琥珀色杏仁眼

生有柔软短毛的垂耳

胸部白斑

粗而平的灰色被毛（棕色底纹的黑貂色）

圆形足，拱形脚趾

英国指示犬（ENGLISH POINTER）

如果养为宠物，这一爱好运动的犬种需要充分的运动空间

KC

体高
61~69厘米

体重
20~34千克

寿命 12~13年

原产地 英国

其他毛色

各种毛色

该犬在英国称为指示犬，它在追踪和指示猎物时行动迅速，感觉敏锐，并长期担当此任务，但它的寻回能力不佳。英国指示犬性格温和、顺从，忠实于主人，是好性格的家庭伴侣，可放心留置与儿童相伴，但对蹒跚学步的幼童来说，它的动作可能过于猛烈。该犬保留了很好的狩猎耐力，需要充分的户外活动空间。

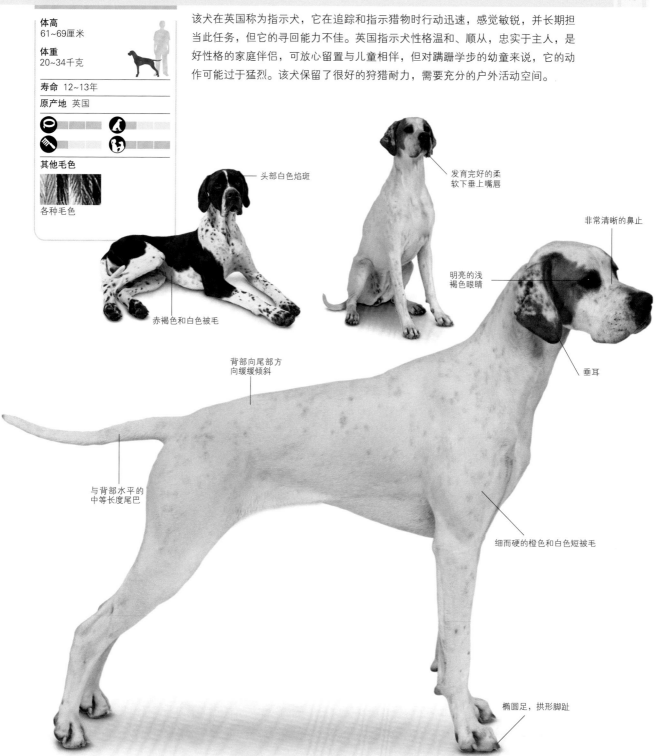

头部白色焰斑

赤褐色和白色被毛

发育完好的柔软下垂上嘴唇

非常清晰的鼻止

明亮的浅褐色眼睛

垂耳

背部向尾部方向缓缓倾斜

与背部水平的中等长度尾巴

细而硬的橙色和白色短被毛

椭圆足，拱形脚趾

西班牙指示犬（SPANISH POINTER）

该犬温柔智慧，聪明程度胜过其外表所显现的

FCI

体高
59~67厘米

体重
25~30千克

寿命 12~14年

原产地 西班牙

西班牙指示犬也叫作帕迪戈洛博格斯犬（Perdiguero de Burgos），被繁育用于追踪野鹿，现在主要用于捕获小型猎物。它性情随和，是可以信赖并很好适应家庭生活的犬种。该犬是介于嗅觉猎犬和指示猎犬之间的执着热情的猎犬，在工作环境下生命力最旺盛。

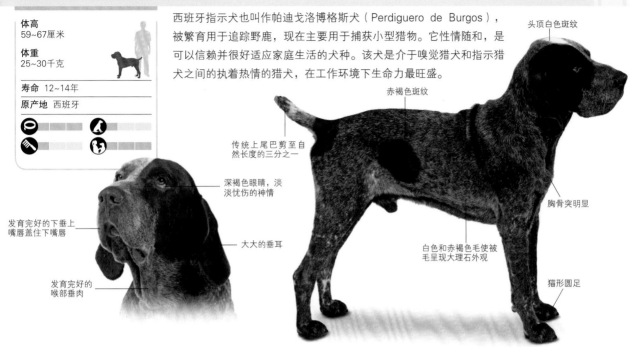

头顶白色斑纹

赤褐色斑纹

胸骨突明显

传统上尾巴剪至自然长度的三分之一

深褐色眼睛，淡淡忧伤的神情

发育完好的下垂上嘴唇盖住下嘴唇

大大的垂耳

白色和赤褐色毛使被毛呈现大理石外观

猫形圆足

发育完好的喉部垂肉

古代丹麦指示犬（OLD DANISH POINTER）

这一适应性强的健壮犬种是温和而又耐心的伴侣

FCI

体高
50~60厘米

体重
26~35千克

寿命 12~13年

原产地 丹麦

古代丹麦指示犬在本土叫作嘉美尔·丹科汉斯犬，意为"古代丹麦鸡猎犬或鸟猎犬"。该犬至今仍被用作意志坚决的追踪、指示和寻回猎犬，有时甚至充当嗅觉猎犬，它也是性情温和的家犬，适合那些乐意使其保持忙碌的主人。

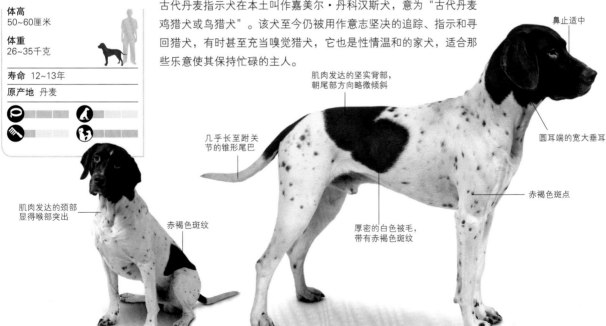

鼻止适中

肌肉发达的坚实背部，朝尾部方向略微倾斜

圆耳端的宽大垂耳

几乎长至跗关节的锥形尾巴

赤褐色斑点

肌肉发达的颈部显得喉部突出

赤褐色斑纹

厚密的白色被毛，带有赤褐色斑纹

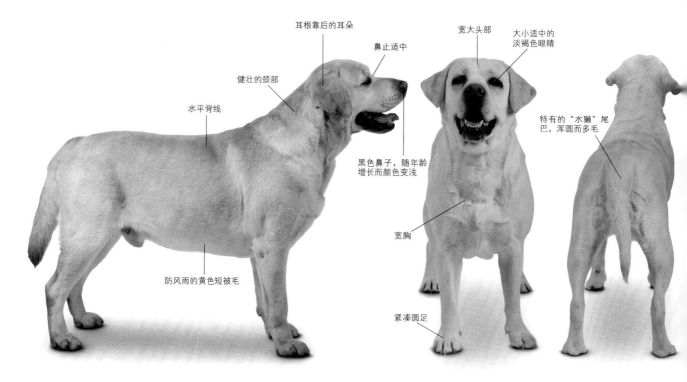

耳根靠后的耳朵

鼻止适中

健壮的颈部

水平背线

宽大头部

大小适中的
淡褐色眼睛

特有的"水獭"尾
巴，浑圆而多毛

黑色鼻子，随年龄
增长而颜色变浅

防风雨的黄色短被毛

宽胸

紧凑圆足

拉布拉多寻回犬（LABRADOR RETRIEVER）

这一和善聪明的犬种喜爱运动和游泳，是众多家庭的最爱

KC

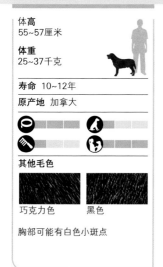

体高
55~57厘米

体重
25~37千克

寿命 10~12年

原产地 加拿大

其他毛色

巧克力色　　黑色

胸部可能有白色小斑点

拉布拉多寻回犬是人们最熟悉的犬种之一，至少20余年蝉联"最受人喜爱犬种"排名榜首。现代拉布拉多寻回犬的祖先并不像人们常以为的那样来自拉布拉多，而是来自纽芬兰。从18世纪以来长有黑色防水被毛的犬种被当地渔民繁育用于拖曳捕获的鱼群，并寻回漏网之鱼。早期的该类犬种现在已经灭绝，但在19世纪有若干数量的该犬种被带往英格兰，从此开始了现代拉布拉多寻回犬的繁育历程。到20世纪初，该犬被正式认可，因其出色的寻回技能，继续深受田园猎手们的喜爱。

拉布拉多寻回犬在今天依然是应用广泛的枪猎犬，在其他类型的工作中也效率非凡，如为警方追踪罪犯等。尤其是该犬稳定的性格，使其成为最优秀的导盲犬，然而该犬还是作为家犬最受人喜爱。拉布拉多寻回犬富有爱心且受人喜爱，它容易训练并渴望取悦主人，对儿童和其他家庭宠物安全可靠。但该犬性格过于和善，无法成为很好的护卫犬。

拉布拉多寻回犬有无穷精力，需要主人让其保持身心活跃以释放能量，它每天必须长距离散步，尤其喜欢有游泳戏水的机会，一旦见到水池就会径直跳入。如果运动量不足或被单独留置过久，该犬会不停吠叫或产生破坏性行为。如果缺乏运动，加之食欲旺盛，拉布拉多寻回犬容易迅速增重，产生肥胖问题。

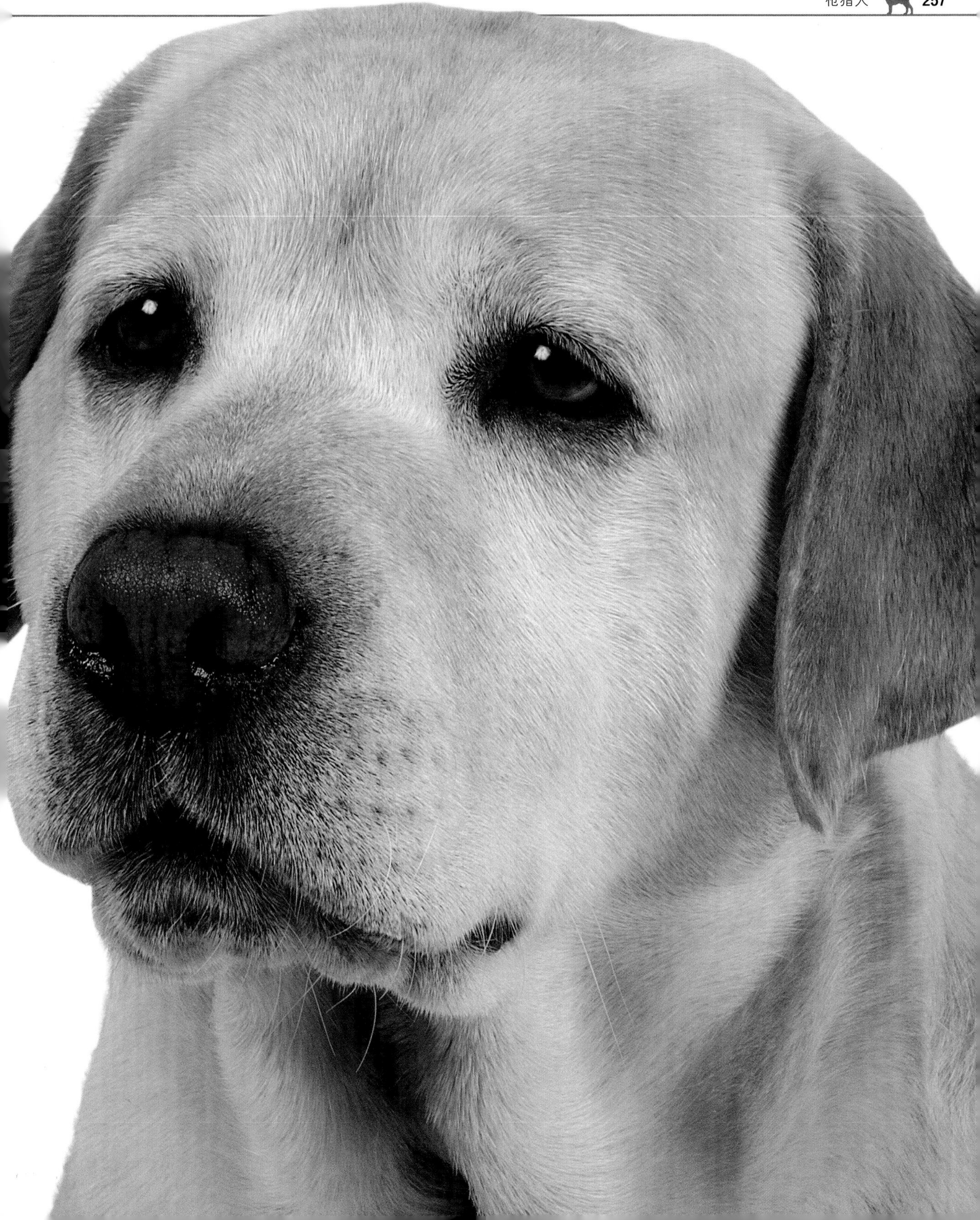

金毛寻回犬（GOLDEN RETRIEVER）

这是一种活力充沛、性情随和的枪猎犬，也是人们最喜爱的家犬

KC

体高
51~61厘米

体重
25~34千克

寿命 12~13年

原产地 英国

其他毛色

奶油色

金毛寻回犬是被繁育用于长距离狩猎活动的健壮寻回犬，现在仍用于狩猎和野外试验，还充当导盲犬。金毛寻回犬性格温和，是很合群的宠物，取悦主人是其重要生活目的。该犬训练反应灵敏，但性格太过友善，因而无法成为好的护卫犬。

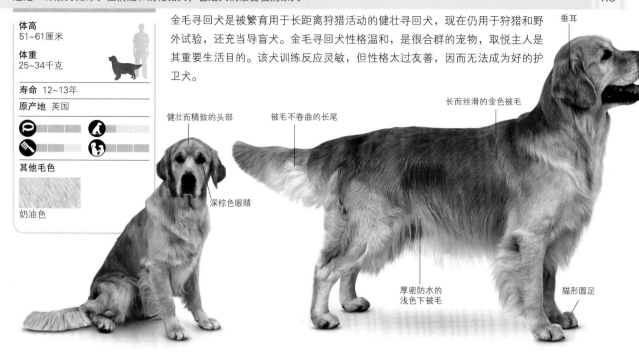

健壮而精致的头部

被毛不卷曲的长尾

长而丝滑的金色被毛

垂耳

深棕色眼睛

厚密防水的
浅色下被毛

猫形圆足

平毛寻回犬（FLAT COATED RETRIEVER）

这一性情温和而随群的犬种具有较强的判断力

KC

体高
56~61厘米

体重
25~36千克

寿命 11~13年

原产地 英国

其他毛色

赤褐色

平毛寻回犬是最早的寻回犬种之一，曾是猎场看守人最喜爱的猎犬。今天它依然从事狩猎活动，但更常见的是作为性格温和的漂亮宠物。该犬活泼而又热情四溢，头脑冷静且顺从。它的吠叫声深沉，可以作为优秀的护卫犬。

厚密的黑色被毛

浅鼻止

圆耳端的
三角垂耳

丰富丛毛尾巴

胸部丛毛

紧凑圆足

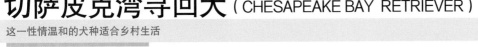

切萨皮克湾寻回犬（CHESAPEAKE BAY RETRIEVER）

这一性情温和的犬种适合乡村生活

KC

切萨皮克湾寻回犬起源于美国东北部，与卷毛寻回犬（见本页）颇有共同之处。该犬是优秀的水犬，有着寻回犬典型的温柔性格，但个性警惕而坚决。对能为其提供充分运动量的主人而言，这是一种聪明温顺的伴侣犬。

体高
53~66厘米

体重
25~36千克

寿命 12~13年

原产地 美国

其他毛色

欧洲蕨色　　赤金色

可能有白色小斑纹

鼻止适中

卷曲被毛

略微卷曲的中等长度尾巴

兔形足

鼻子颜色与被毛颜色相配

油性的棕色双层被毛

深胸

腿部长度与躯干深度相同

卷毛寻回犬（CURLY COATED RETRIEVER）

这一精力旺盛的健壮工作犬不喜欢被单独留置

KC

卷毛寻回犬是稀有犬种，被繁育用于帮助捕猎水禽，它也是头脑冷静而富有爱心的伴侣。该犬精力旺盛，喜欢主人陪伴，更适合乡村生活而非都市家庭。

体高
64~69厘米

体重
27~32千克

寿命 12~13年

原产地 英国

其他毛色

赤褐色

与被毛颜色相配的黑色椭圆形眼睛

面部光滑的短毛

几乎长至跗关节的尾巴

三角小垂耳

紧紧卷曲的黑色厚被毛

圆形足，拱形脚趾

来自墨西哥的宠物犬
奇瓦瓦犬小到可以装进手提袋，但它可不是时尚小配件。这种来自墨西哥的小犬与任何大型犬一样需要充分运动。

伴侣犬（COMPANION DOGS）

几乎所有的犬种都能陪伴主人，许多昔日担任户外工作的犬种，比如放牧犬，也已进入家庭成为宠物。最初，这些犬种主要被繁育用于特定工作目的，所以传统上可根据它们的原始功能进行分类。除极个别外，本书谈及的伴侣犬种只是被养作宠物。

哈巴狗扁平的面部和圆眼睛
意在博取眼球

大多数伴侣犬都是小型犬种，被人们繁育用于放置膝上，起外观装饰作用并娱乐主人，它们不占据太多空间。一部分伴侣犬是大型工作犬的玩赏型品种，比如标准贵宾犬，曾被用于放牧或寻回水禽猎物，后来被专门缩小体型繁育，成为不再发挥任何实用功能的玩赏犬。而另外一部分大型犬种也被归为伴侣犬，包括达尔马提亚犬，它昔日的职业包括充当知名的护卫犬，还短暂担任过马车护卫犬，如今该类型的工作不复存在，达尔马提亚犬也就很少用于工作目的。

伴侣犬种有很长的历史，一部分犬种源自数千年前的中国，那时的宫廷盛行喂养小型犬充当装饰和提供陪伴。直到19世纪晚期，世界各地的伴侣犬几乎全是富有阶层的专属奢华宠物，它们经常被绘制在肖像画中，或美丽优雅地蜷卧在客厅，或与儿童在一起充当玩物。还有一些犬种，比如查尔斯王猎犬，因为王室的恩宠而赢得持久的知名度。

伴侣犬的繁育关键在于外貌。许多世纪以来，伴侣犬种的选择性繁育造就许多独有的甚至怪诞的特征，以此吸引人们的注意力，却没有任何实用功能，比如京巴犬和哈巴狗那扁平的人形面孔和圆圆的大眼睛。一些犬种有着极长的被毛和卷曲尾巴，而中国冠毛犬则除头部或四肢等重要部位生长簇毛之外，身体其他部分没有任何被毛。

在现代社会里，伴侣犬不再是等级象征，它们拥有年龄不同、家庭环境各异的主人，既生活在都市小型公寓，也存在于宽敞的乡村庭院。尽管人们挑选伴侣犬时仍然以貌取犬，但也会选择能够充当知心朋友，而且乐于适应家庭活动的犬种。人们希望这些伴侣在要求主人付出爱心的同时也能回报主人以关爱。

活跃的伴侣
尽管达尔马提亚犬精力旺盛，体力持久，但还是主要养为宠物而非用于实际工作。

最小的犬
几乎没有比娇小而欢快的俄罗斯玩赏犬更小的伴侣犬了。

布鲁塞尔格里芬犬（GRIFFON BRUXELLOIS）

该犬具备㹴犬性格，心智健全，活泼警觉

KC

体高
23~28厘米

体重
3~5千克

寿命 12年以上

原产地 比利时

其他毛色

黑色和棕黄色

布鲁塞尔格里芬犬是源于比利时的矮脚马样犬种，昔日用作马厩犬，还曾搭乘过双轮双座出租马车。该犬有猴面宾莎犬（见219页）的血统，分为光滑被毛型品种（小型博拉班松犬）和有独特面须的粗被毛型品种。在一些国家，粗被毛型品种里的黑色被毛品种被称为比利时格里芬犬，而其他毛色的仍叫作布鲁塞尔格里芬犬。布鲁塞尔格里芬犬英勇无畏、适应性强而又友爱，它喜欢被主人宠爱和充分散步，但不推荐给有幼儿的家庭做宠物。

黑色大眼睛

光滑的红色被毛

光滑被毛型的小型博拉班松犬

高位半竖耳，覆有短毛

红色刚被毛

粗被毛型布鲁塞尔格里芬犬

带着翘鼻子的圆形头部

高位尾巴，活跃时弯曲在背部之上

独有的带须颊部

粗糙的黑色刚被毛

紧凑的方形身躯

猫形圆足

粗被毛型比利时格里芬犬

美国斗牛犬（AMERICAN BULLDOG）

这一忠诚可靠而又勇敢的犬种有很强的保护本能

体高
51~69厘米

体重
27~57千克

寿命 长达16年

原产地 美国

其他毛色

各种毛色

早期的英国定居者将斗牛犬（见94页）带到美国，约翰·D.约翰逊和艾伦·斯科特两人用英国斗牛犬繁育出美国斗牛犬，后者比前者更高大、活跃和多才多艺。雄性美国斗牛犬比雌犬体型要健壮得多。

小纽扣耳

肩部与尾部之间独有的凹陷

发育良好的下垂上嘴唇

白色短被毛

宽大的头部

黑色鼻子

宽阔的白色胸部

红色短被毛

古代英国斗牛犬（OLDE ENGLISH BULLDOGGE）

这是一种非常健壮而友好、富有爱心的伴侣犬

体高
41~51厘米

体重
23~36千克

寿命 9~14年

原产地 美国

其他毛色

各种毛色

古代英国斗牛犬是19世纪原始斗牛犬的再造品种，在20世纪70年代的美国由戴维·里维特通过去除一部分现代斗牛犬（见94页）的常见健康问题培育而成。古代英国斗牛犬肌肉发达，自信勇敢且聪明智慧，是优秀的家庭伴侣，它能从早期社交培养和训练中受益很多。

鼻止非常显著

肌肉发达的宽阔背部

纽扣耳

短而光滑的白色和棕黄色被毛

猫形圆足

间距很大的棕色圆眼睛

下颌长于上颌（下颌突出）

宽胸

法国斗牛犬（FRENCH BULLDOG）

这一聪明友爱的小丑样犬种会在主人陪伴下健康成长

KC

体高
28~33厘米

体重
11~13千克

寿命 10年以上

原产地 法国

其他毛色

黑色斑纹

法国斗牛犬是身体健壮、体型紧凑的小型犬，优秀的家庭伴侣，但它没有与主人的边界感，甚至闹着要分享主人最心爱的座椅。该犬素来喜欢乐趣，性情友善，但需要严格指导。它是19世纪被带到法国的英国玩赏斗牛犬的后裔。

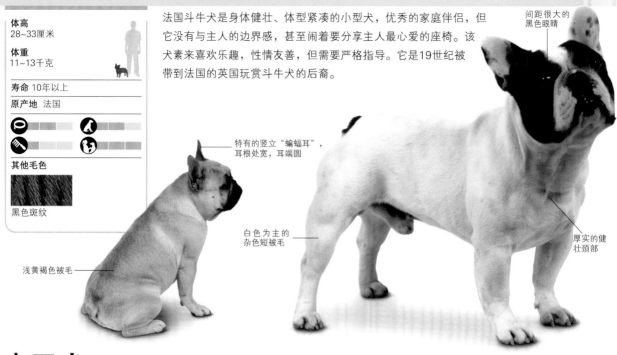

间距很大的黑色眼睛

特有的竖立"蝙蝠耳"，耳根处宽，耳端圆

厚实的健壮颈部

白色为主的杂色短被毛

浅黄褐色被毛

京巴犬（PEKINGESE）

该犬仪态高贵，性情敏感和善，勇敢而思维独立

KC

体高
15~23厘米

体重
5千克

寿命 12年以上

原产地 中国

其他毛色

各种毛色

京巴犬是贵族犬种，其祖先可以追溯到中国唐朝（618—907），在古代中国被视为神圣犬种，只能为皇室拥有。京巴犬是公寓生活的完美伴侣犬，它喜欢运动，但不愿长距离散步。该犬聪明、勇敢，是忠诚的伴侣，但难以训练。

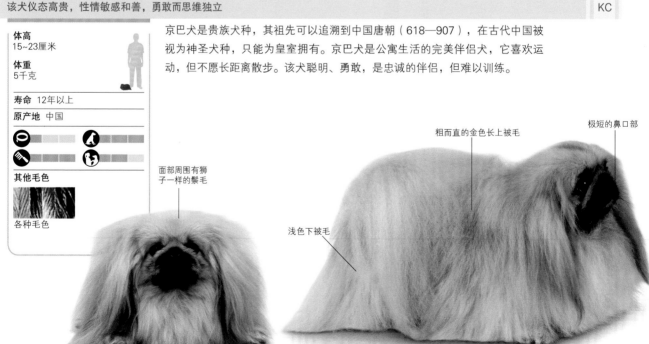

粗而直的金色长上被毛

极短的鼻口部

面部周围有狮子一样的鬃毛

浅色下被毛

哈巴狗（PUG）

该犬聪明而爱嬉戏，热爱人类，但有时会任性

KC

起源于中国的哈巴狗有很长的历史，其祖先在16世纪被东印度公司的贸易商带到欧洲，成为王室和贵族的宠爱。该犬体型小而壮实，它严肃的外表掩盖着欢快的性情和优秀的品质。哈巴狗非常聪明，性格外向，富有爱心，是忠实的伴侣犬，它适合新手犬主，对儿童和其他宠物很友好。该犬需要定期运动，但不要求太大生活空间，所以是公寓生活的理想犬种。

体高
25~28厘米

体重
6~8千克

寿命 10年以上

原产地 中国

其他毛色

银色

杏黄色

黑色

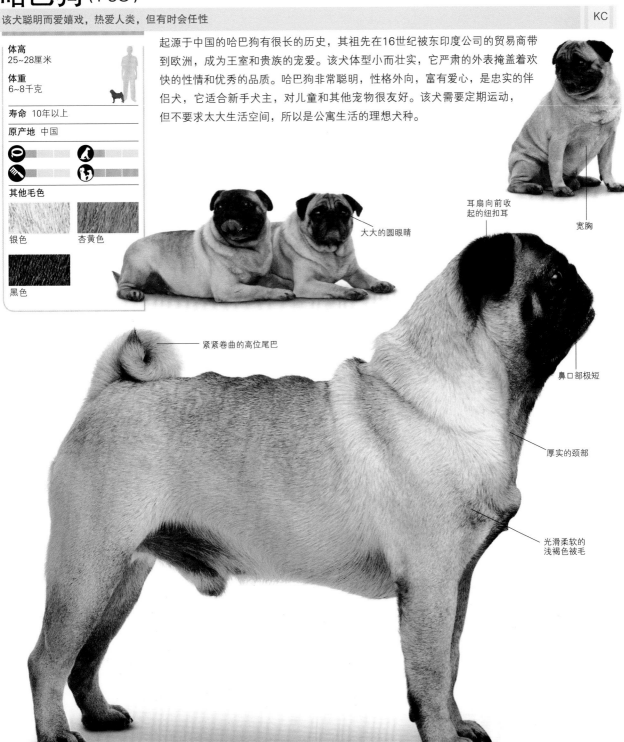

大大的圆眼睛

耳扇向前收起的纽扣耳

宽胸

紧紧卷曲的高位尾巴

鼻口部极短

厚实的颈部

光滑柔软的浅褐色被毛

拉萨犬（LHASA APSO）

该犬吃苦耐劳，个性独立友善，但天性对陌生人怀疑

KC

体高
可达25厘米

体重
6~7千克

寿命 15~18年

原产地 中国

其他毛色

各种毛色

拉萨犬最初在中国西藏被繁育用作寺庙看门犬，在20世纪20年代，经由印度被带到欧洲。该犬吃苦耐劳，体型小巧，喜欢长距离散步，它长而飘逸的被毛不难护理。拉萨犬非常富有爱心，但有时也会很固执己见。

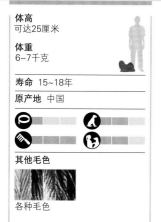

覆有饰毛的中等大小黑眼睛

稠密丛毛覆盖的吊耳

高位的羽毛尾，末端扭结

直而浓密的白色和小麦色斗篷状被毛，下被毛很厚

西施犬（SHIH TZU）

该犬聪明、外向，身体富有弹性，喜欢成为家庭一员

KC

体高
可达27厘米

体重
5~8千克

寿命 10年以上

原产地 中国

其他毛色

各种毛色

西施犬被认为是拉萨犬和京巴犬的杂交后代，它身体健壮，被毛丰富但不过多，几乎不脱毛，所以是敏感体质主人的优良伴侣。西施犬尽管仪态看似傲慢，但它是富有爱心的友好宠物。

鼻口部周围向上生长的毛

厚密的羽毛状尾巴，尾尖白色

额头有白色焰斑

隐没在长长被毛中的肌肉发达的短腿

长而浓密的黑色和白色上被毛

卷毛比熊犬（BICHON FRISE）

该犬聪明、友善，性格外向，被毛从不脱毛

KC

体高
23~28厘米

体重
5~7千克

寿命 12年以上

原产地 地中海地区

卷毛比熊犬有时也称作特内里费犬（Tenerife Dog），是法国水犬（见232页）和贵宾犬（见271页）的杂交后代。据称它是由特内里费地区带到法国的犬种。该犬性格快乐，喜欢成为人们关注的焦点，它不愿被单独留置，但对家庭生活训练反应迟缓。

黑色圆眼睛

白色上被毛比柔软浓密的下被毛更粗

吊耳

圆足，周围修剪的被毛使其更夸张

棉花面纱犬（COTON DE TULEAR）

该犬忠诚、聪明，社交能力强，被毛柔软好似棉花

KC

体高
25~32厘米

体重
4~6千克

寿命 12年以上

原产地 马达加斯加

棉花面纱犬是小型长毛犬种，以快乐性格著称，它喜欢人与其他犬只的陪伴，不喜欢被单独留置。该犬在马达加斯加生活了数百年，然后传入法国，故而又叫作皇家马达加斯加犬（Royal Dog of Madagascar）。

丰富丛毛尾巴

不脱毛的柔软白色被毛

强壮有力的鼻口部

长被毛不应触及地面

罗秦犬（LÖWCHEN）

这种喜欢家庭的伴侣犬性格外向、活泼，富有爱心，长着时尚的长鬃毛

KC

体高
25~33厘米

体重
4~8千克

寿命 12~14年

原产地 法国/德国

其他毛色

任何毛色

罗秦犬具有法国和德国血统，作为伴侣犬至少有400年的历史。"罗秦"在德语中是"小狮子"的意思，因此它也被称为小狮犬（Little Lion Dog）。这是一个体型紧凑、表情快乐的犬种，以动作敏捷和灵活性著称。罗秦犬的聪明智慧和外向性格使人们乐于与其共处，因此它被强烈推荐为家庭宠物，它的体型尺寸和不脱毛的被毛使其成为理想的家犬。

尾巴高耸在背部之上

被毛常在身体后部剪短，前部留长

长而卷曲的黑色被毛，带有银色斑纹

带流苏饰毛的吊耳

棕色被毛，下被毛和头部被毛色浅

覆有饰毛的小型圆足

波伦亚犬（BOLOGNESE）

该犬非常聪明，运动量要求低，喜欢室内和户外游戏

KC

体高
26~31厘米

体重
3~4千克

寿命 12年以上

原产地 意大利

波伦亚犬比它的表亲卷毛比熊犬（见267页）更为矜持和腼腆，它热爱人类，能与主人结成亲密关系。像卷毛比熊犬一样，波伦亚犬被毛也不脱毛。该犬源于意大利北部地区，类似犬种可追溯至古罗马时代，并常在16世纪的许多意大利绘画作品中得以表现。

高位垂耳

躯干长度与肩隆部的高度相同

圆圆的黑边眼睛

独有的不脱毛的白色棉绒被毛

马耳他犬（MALTESE）

该犬勇敢无畏，精力充沛，但举止文雅、和蔼

KC

体高
可达25厘米

体重
2~3千克

寿命 12年以上

原产地 马耳他

马耳他犬是源于地中海地区的古老犬种，类似犬种远在公元前300年的著述中就有所提及。该犬活泼可爱，喜爱玩耍，这种天性与其精致华丽的外貌适成对比。该犬长而丝滑的被毛虽不脱毛，但要求每天梳理以防打结，需要主人精心护理。

面部的长饰毛用带子向头后扎起

长而丝滑的白色被毛

尾巴在背部之上，尾毛偏向一侧

深棕色椭圆形眼睛，黑色眼眶

贴近头部的长耳，覆盖丰厚丛毛

状如小马，短而方的身躯

哈瓦那犬（HAVANESE）

该犬聪明、友爱，容易训练，是完美的家庭宠物

KC

体高
23~28厘米

体重
3~6千克

寿命 12年以上

原产地 古巴

其他毛色

任何毛色

哈瓦那犬是古巴国犬，在该国被称作哈巴尼罗犬（Habanero），它是卷毛比熊犬的近亲，历史上可能被意大利或西班牙商人带至古巴。哈瓦那犬喜欢成为家庭的核心成员，喜欢和儿童尽情玩耍，也是优秀的看门犬。

背部之上的高位尾巴

眼部正上方的尖垂耳

柔软丝滑、卷曲的小麦色上被毛

隐没在长毛中的小兔形足

俄罗斯玩赏犬 (RUSSIAN TOY)

这一可爱的犬种体型娇小，但并不柔弱，需要充分运动

FCI

体高
20~28厘米

体重
可达3千克

寿命 超过12年

原产地 俄罗斯

其他毛色

红色

黑色和棕黄色

蓝色和棕黄色

俄罗斯玩赏犬是世界上最小的犬种之一，也叫作罗斯基玩赏犬（Russkiy Toy），源自英国玩赏㹴（见210页）。该犬在20世纪后半叶的俄罗斯开始流行，但在其他国家仍是稀有犬种。俄罗斯玩赏犬尽管体型娇小，外表柔弱，但精力旺盛而活跃，健康程度优异。该犬有长被毛、光滑被毛两种被毛类型，长被毛品种是较新品种。

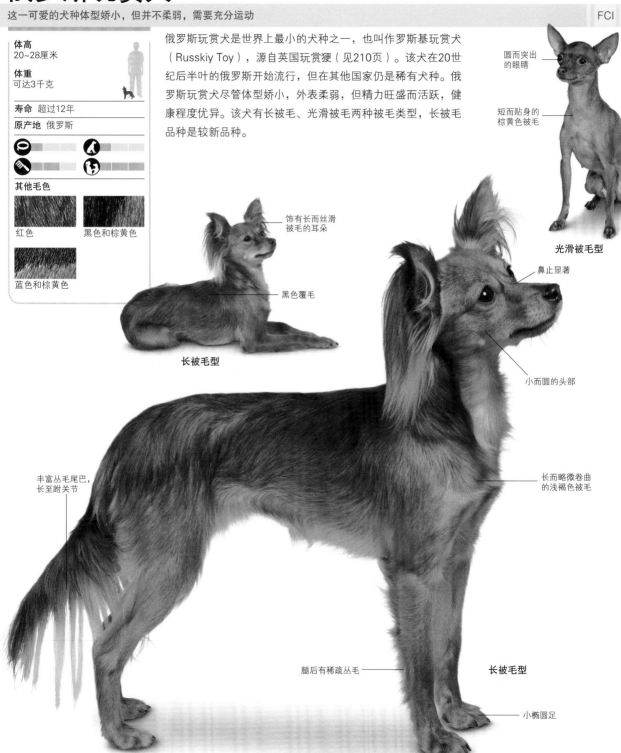

圆而突出的眼睛

短而贴身的棕黄色被毛

光滑被毛型

饰有长而丝滑被毛的耳朵

黑色覆毛

长被毛型

鼻止显著

小而圆的头部

长而略微卷曲的浅褐色被毛

长被毛型

丰富丛毛尾巴，长至跗关节

腿后有稀疏丛毛

小椭圆足

贵宾犬（POODLE）

该犬非常聪明、外向，天性喜欢娱乐

KC

体高
玩赏型：
可达28厘米
迷你型：
28~38厘米
中型：
38~45厘米

体重
玩赏型：
3~4千克
迷你型：
7~8千克
中型：
21~35千克

寿命 12年以上
原产地 法国

其他毛色

所有纯色

人们由标准贵宾犬（见231页）繁育出另外三种体型各异的贵宾犬：玩赏型、迷你型和中型（中型贵宾犬不为一些犬舍俱乐部认可）。这三个贵宾犬种一直作为伴侣犬，在路易十四和路易十六时期的法国宫廷很流行。贵宾犬体态优雅，精力充沛，喜欢玩耍，富有爱心，渴望取悦于人。该犬在城市或乡村家庭中都具有很强的适应性，被毛从不脱毛，深受敏感体质主人的喜爱，但它仍需要定期梳理和修剪被毛。

黑色眼睛

白色被毛

玩赏型

高耸于背部之上的尾巴

面部短饰毛

短而健壮的背部

长长的垂耳

厚密的灰色被毛

丰厚的黑色卷曲被毛

玩赏型

肌肉发达而健壮的后躯

宽阔深胸

迷你型

小椭圆足

凯里奥犬（KYI LEO）

该犬体型紧凑，神态悠闲而富有吸引力，需要充分活动

体高
23~28厘米

体重
4~6千克

寿命 13~15年

原产地 美国

其他毛色

各种毛色

可能有棕黄色斑纹

凯里奥犬富有爱心，热衷嬉戏，如今日益受到人们喜欢。该犬以它的种犬父母而命名：其中"凯"是藏语"犬"，寓意源自中国西藏拉萨犬；"里奥"为拉丁语"狮子"，寓意源自曾被称为猎狮犬的马耳他犬。凯里奥犬适合室内生活，生性警觉，是很好的看门犬。

警觉时尾巴卷曲在背上

长毛盖头

躯干长度超过腿部长度

丰富丛毛垂耳

厚长丝滑的黑色和白色被毛

趾间有饰毛的圆足

短而带须的鼻口部

查尔斯王骑士猎犬（CAVALIER KING CHARLES SPANIEL）

该犬非常勇敢，性格外向，爱好运动，渴望取悦于人

KC

体高
30~33厘米

体重
5~8千克

寿命 12年以上

原产地 英国

其他毛色

查尔斯王猎犬色

查尔斯王幼犬色

查尔斯王骑士猎犬是查尔斯王猎犬（见273页）的近亲，其血缘可追溯到数世纪之前。该犬有着黑色大眼睛、温柔的神情和不停摆动的尾巴。查尔斯王骑士猎犬勇敢坚决，容易训练，喜欢儿童，是完美的家庭宠物。它的丝质被毛需要定期梳理。

短鼻口部

头部的白色菱形斑纹

高位吊耳

长而丝滑、有丰富丛毛的布莱尼姆色被毛，略微卷曲

鼻止清晰

宝石红色被毛

腿后丛毛

查尔斯王猎犬（KING CHARLES SPANIEL）

该犬天性举止文雅，是富有爱心的温柔伴侣

KC

体高
25~27厘米

体重
4~6千克

寿命 12年以上

原产地 英国

其他毛色

宝石红色　　查尔斯王猎犬色

查尔斯王猎犬是非常受人喜爱的小型犬，它体型紧凑，也叫作英国玩赏犬（English Toy Spaniel），与查尔斯王骑士猎犬（见272页）是近亲，有与之被毛颜色相同的品种，但查尔斯王猎犬是独立品种。该犬的祖先是英王查尔斯二世（1630—1685）最宠爱的犬种，经常在国事活动中陪伴其左右。查尔斯王猎犬长而丝滑的被毛赋予其高贵的仪表，它喜欢住在公寓或庭院，渴望主人陪伴，是优秀的家庭宠物，但不愿被长时间单独留置。

鼻止非常显著

吊耳

特有的圆顶头部

短而朝上的鼻口部

下颌略微突出的颌部
（下颌长于上颌）

布莱尼姆色被毛

间距很大的大眼睛

查尔斯王幼犬色
被毛，长而丝滑

腿部棕黄色斑纹

厚肉垫足

有细密纹理的青色光滑皮肤

长而飘逸的冠毛，从鼻止处延伸至颈部

大大的竖耳

尾巴下部长有羽状毛

环绕狭长足部的袜状白毛

中国冠毛犬（CHINESE CRESTED）

这一优雅、聪明的犬种总能吸引人们的注意力

KC

体高
23~33厘米

体重
可达5千克

寿命 12年

原产地 中国

其他毛色

任何毛色

世界上有数个犬种都具有无毛特征，这是基因突变的结果，最初被视为意外品种，但随后成为理想的繁育标准，因为无毛品种不脱毛，无体味，也不会藏匿跳蚤。尽管中国冠毛犬几乎不需要被毛梳理，但它裸露的皮肤非常敏感、娇弱，因而冬天需要外套保暖，夏天要保护它不被强烈阳光灼伤、防止脱水。该犬娇嫩的肌肤和几乎不运动的特性使其不适合喜欢长时间户外运动的家庭，然而欢乐友善、喜欢嬉戏的性情使它成为年龄较大人群的理想伴侣犬。一部分中国冠毛犬比另外一些体格轻巧，这部分细致骨骼的犬只被称为鹿型犬，而另外一些体型大而强壮的中国冠毛犬被称作矮脚马型犬。

蓬毛中国冠毛犬

与无毛中国冠毛犬不同，蓬毛中国冠毛犬有长而柔软的被毛，需要定期梳理以防打结，在同一窝幼犬中两种被毛类型均可发现。

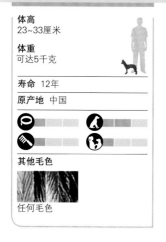

奇瓦瓦犬（CHIHUAHUA）

这一聪明的犬种体型娇小，但有着大型犬的性格，适合充当伴侣

KC

体高
15~23厘米

体重
2~3千克

寿命 12年以上

原产地 墨西哥

其他毛色

任何毛色

所有犬只应为单色，不能有斑纹或杂有黑斑的蓝灰色

奇瓦瓦犬是世界上体型最小的犬种，它非常聪明，容易训练，是令人快乐的伴侣。该犬种据说起源于中国，但却以墨西哥奇瓦瓦州命名（中文译名也有取其谐音称为"吉娃娃犬"的——译者注），在19世纪90年代在当地开始出名。奇瓦瓦犬体型娇小，可被主人随身带至任何地方。该犬支配性强，是优秀的看门犬，即使对手远远强壮于它，也会奋力争斗，但不适合有幼儿的家庭喂养。

特有的苹果形头部

圆圆的大眼睛

大大的三角蝙蝠耳

浅褐色被毛，下被毛色浅

短被毛型

高耸在背部之上的中等长度尾巴

光滑亮泽的红色上被毛

长被毛型

小而精致的足

西藏猎犬 (TIBETAN SPANIEL)

该犬喜欢乐趣，聪明而爱嬉戏，在人类陪伴下会健康成长

KC

体高
25厘米

体重
4~7千克

寿命 12年以上

原产地 中国

其他毛色

任何毛色

西藏猎犬是性格随和而快乐的小型犬，它由中国西藏僧侣繁育拥有，历史悠久，大约在1900年被回国的医生、传教士首次带到英国。该犬表情略显傲慢，非常喜欢围绕花园奔跑和嬉戏。

与躯干相比较小的头部

长有丰富丛毛的吊耳

表情丰富的深棕色椭圆形眼睛

光滑的黑貂色被毛

西藏㹴 (TIBETAN TERRIER)

该犬聪明、好动，步伐稳健，充满精力和热情

KC

体高
36~41厘米

体重
8~14千克

寿命 10年以上

原产地 中国

其他毛色

各种毛色

西藏㹴像是古代英国牧羊犬（见49页）的迷你版，最初被繁育用于放牧，也被往来中国的贸易商用作护卫犬。这种体型中等的犬种需要主人的严格管理，也会回报主人以忠诚和奉献。它长长的被毛需要每天梳理，以防打结。

丝滑的焦糖色和白色上被毛

卷曲在背部之上的丛毛尾巴

盖眼长毛

丛毛覆盖了雪地靴状的圆足

日本狆 (JAPANESE CHIN)

这是一个性格外向、时尚活泼的犬种，精致但不娇弱

KC

体高
20~28厘米

体重
2~3千克

寿命 10年以上
原产地 日本

其他毛色

红色和白色

日本狆的祖先据说是由中国送给日本天皇的皇家礼物，该犬被专门繁育用于温暖日本皇室女性的手和腿部。它喜欢居住于小空间，是理想的公寓犬种，但它丰厚的被毛脱毛严重。

短而宽的鼻口部，鼻子上翻

圆顶头部上有白色斑纹

紧凑方形躯干

卷曲在背部之上的丛毛尾巴

腿前部有短饰

长而丝滑的黑色和白色直被毛

丹麦瑞典农场犬 (DANISH-SWEDISH FARMDOG)

该犬警惕性强，性格友善，需要大运动量

体高
32~37厘米

体重
7~12千克

寿命 10~15年
原产地 丹麦/瑞典

这一工作犬种历史上在丹麦和瑞典农场用作放牧犬、看门犬、捕鼠犬和伴侣犬。该犬喜欢玩耍，对儿童友好，是优秀的家犬，但容易追逐小动物。

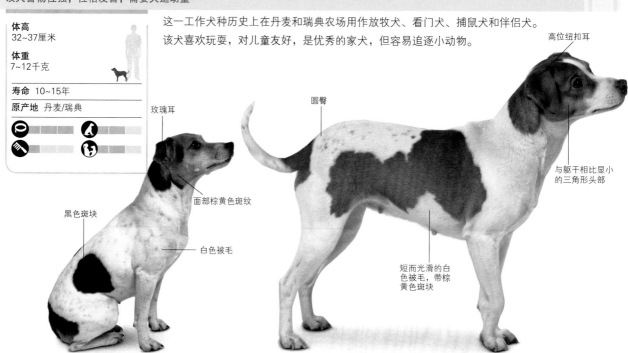

高位纽扣耳

玫瑰耳

圆臀

面部棕黄色斑纹

与躯干相比显小的三角形头部

黑色斑块

白色被毛

短而光滑的白色被毛，带棕黄色斑块

达尔马提亚犬 (DALMATIAN)

该犬性格随和，喜欢玩耍，需要充分运动和持久训练

KC

达尔马提亚犬在19世纪早期的英国特别流行，当时被称作马车犬，因为它被训练在马拉的车辆和消防车的下方或一侧跟随奔跑很远的距离。作为唯一的斑点犬种，达尔马提亚犬聪明友好，性格外向，是优秀的伴侣犬。然而该犬精力过于旺盛，有时性格会很固执，并对其他犬只有进攻性，所以主人需要投入大量时间对其训练。幼犬出生时为纯白色，使人们很难推测它成熟时身上的斑点会是黑色还是赤褐色，它的白色被毛脱落严重。

体高
56~61厘米

体重
18~27千克

寿命 10年以上

原产地 不详

赤褐色鼻子

白色被毛上有
赤褐色斑点

黑色鼻子

尾巴从尾根到
尾尖逐渐变细

界限明显的黑色斑点

高位垂耳，逐渐
变细到圆耳端

光滑的白色被
毛，短而厚密

圆形猫足，
拱形脚趾

北美牧羊犬（NORTH AMERICAN SHEPHERD）

这是一种忠于主人的小型犬，保留了祖先的放牧本能

体高
33~46厘米

体重
7~14千克

寿命 12~13年

原产地 美国

其他毛色

杂有黑斑的红蓝灰色

杂有黑斑的青蓝灰色

北美牧羊犬是美国繁育者用澳大利亚牧羊犬（见63页）培育出的小型犬种，有时称作迷你澳大利亚牧羊犬（Miniature Australian Shepherd）。该犬非常聪明，容易训练，对儿童很友善。北美牧羊犬渴望讨好主人，但如果被单独留置时间过长会变得神经质和具有破坏力。

垂耳

丰富丛毛尾巴

棕色眼睛

黑色被毛，带有棕黄色和白色斑纹

喜马拉雅牧羊犬（HIMALAYAN SHEEPDOG）

该犬天性谨慎，是很好的看门犬

体高
51~63厘米

体重
23~27千克

寿命 10~11年

原产地 尼泊尔

其他毛色

金色

黑色

喜马拉雅牧羊犬也称作博迪亚犬（Bhotia），这一稀有犬种来自喜马拉雅山麓，与体型较大的西藏獒犬（见77页）有血缘关系，但它确切的血统和最初用途尚不清楚。该犬健壮有力，放牧本能强烈。作为家庭宠物，它是优良的伴侣犬和工作高效的护卫犬。

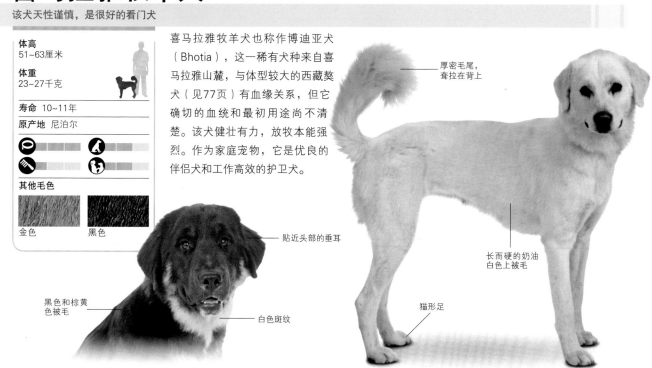

厚密毛尾，耷拉在背上

贴近头部的垂耳

长而硬的奶油白色上被毛

黑色和棕黄色被毛

白色斑纹

猫形足

泰国脊背犬（THAI RIDGEBACK）

该犬性格坚忍，思维独立，非常爱好运动

FCI

体高
20~24厘米

体重
23~34千克*

寿命 10~12年

原产地 泰国

其他毛色

伊莎贝拉色

红色

蓝色

泰国脊背犬是一个古老犬种，直到20世纪70年代中期仍不为泰国境外的人们所知，这之后在其他国家逐渐获得认可。该犬过去被用于狩猎、跟随车辆或作为护卫犬，因为早期与外界隔绝，加之鲜有机会与其他犬种杂交，导致泰国脊背犬保留了许多原始自然本能。现在该犬主要养作伴侣犬，对主人家庭保护意识很强，是忠诚而有爱心的宠物，但会对其他犬只持怀疑态度，如果不进行合理社交训练，它会具有进攻性或过分腼腆。

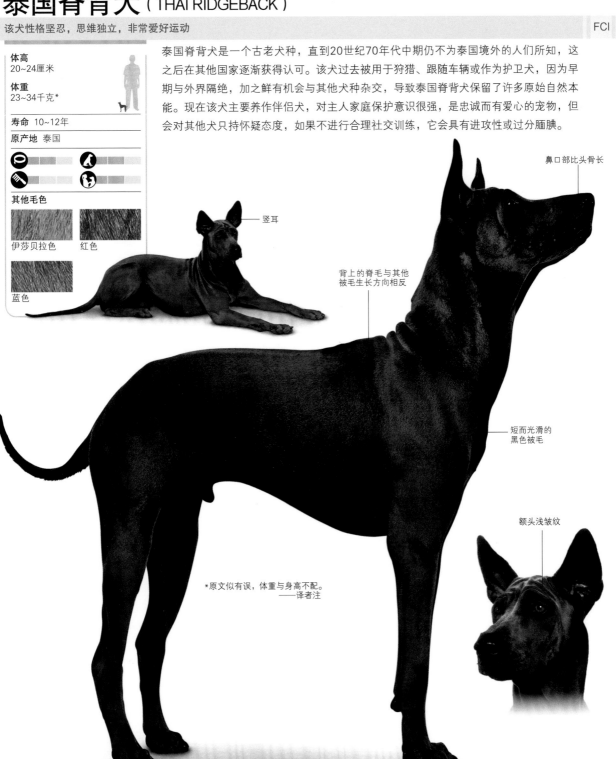

鼻口部比头骨长

竖耳

背上的脊毛与其他被毛生长方向相反

短而光滑的黑色被毛

额头浅皱纹

*原文似有误，体重与身高不配。
——译者注

金毛贵宾犬
这一吸引人的犬种是标准贵宾
犬和金毛寻回犬的杂交结果，
贵宾犬的主导特征明显。

杂交犬（CROSSBREEDS）

杂交犬种类型各异，有专门使用两种被认可的不同纯种犬繁育出的计划杂交犬，也有随机犬种杂交而成的具备各类特征的非计划杂交犬。一些计划杂交犬种现在非常流行，它们往往有着变化多样的混合名称，比如可卡颇犬（可卡犬和贵宾犬的杂交成果）。

没有谱系，父母不详，但却是优秀的伴侣

繁育现代杂交犬种的原因之一是想要把某一犬种的理想特征同另一犬种不脱毛、低致敏性的被毛特征结合起来。现在享有盛名的这类杂交犬是拉布拉多贵宾犬，它是拉布拉多寻回犬和贵宾犬的杂交结果。然而即使种犬父母双方都是容易认可的犬种，也不一定能预测幼犬的基因会倾向于父母哪一方。比如拉布拉多贵宾犬的不同窝幼犬并未表现出基因的连贯性，一些幼犬遗传了贵宾犬的卷曲被毛，而另外一些更明显受拉布拉多犬的影响。类似的杂交标准缺失在计划杂交品种中很常见。尽管有时被证明也可以建立一个杂交犬种标准，并按此杂交繁育犬只，其中一个例子是卢卡斯狸，它是西里汉姆狸和诺福克狸的杂交结果，但如今这样的杂交很少能达到犬种认可标准。

为培育某一具体特征而进行的两个特定犬种间的计划杂交自20世纪末以来迅速流行，但绝非是现代独有的趋势。最著名的杂交品种之一如乐驰尔犬（杂种猎狗），已存在数百年之久，该犬将奔跑迅速的视觉猎犬（如灵猩和惠比特犬）的品质和其他犬种（如牧羊犬的工作热忱和狸犬的坚忍）的理想品质结合于一身。

计划杂交犬种的未来主人应当全面考虑涉及杂交的一对种犬父母的品质特征。可能二者特征大相径庭，皆有可能成为杂交后代的主导特征。还应当考虑父母犬种对一般护理和运动量的要求。

所有杂交犬种通常被认为比纯种犬更加聪明，但并没有充足、确实的证据证明这一点。随机杂交犬种据说比纯种犬更健康，的确，它们患父母一方常见遗传性疾病的风险要低得多。

杂交枪猎犬
两种流行的枪猎犬——拉布拉多寻回犬和英国史宾格猎犬杂交繁育出的拉布拉丁格犬。

健康的犬种
类似图中的狸犬通常身体健康强壮，很少患遗传性疾病。

乐驰尔犬（LURCHER）

该犬在户外活动时行动迅速，在室内则安详悠闲

体高
55~71厘米

体重
27~32千克

寿命 13~14年

原产地 英国

其他毛色

任何毛色

乐驰尔犬以"偷猎者之犬"而著称，过去用于捕猎兔子，传统意义上讲，它是视觉猎犬和㹴犬或放牧犬的第一代杂交结果。今天它们在同一品种间进行繁育，灵猩体型的乐驰尔犬为最佳。该犬在家中性情安静而忍耐，是很好的家庭伴侣。

杂有黑斑的青蓝灰色粗被毛

细致的尖鼻口部

眼神警觉的圆眼睛

修长的肢体

腹部明显收起

光滑的浅褐色被毛

尾巴上有浅丛毛

光滑被毛型

粗被毛型

可卡颇犬（COCKERPOO）

该犬聪明、合群，性情悠闲，是随和的乡村和城市伴侣犬

体高
玩赏型：
可达25厘米
迷你型：
28~35厘米
标准型：
38厘米以上

体重
玩赏型：
可达5千克
迷你型：
6~9千克
标准型：
10千克以上

寿命 14~15年

原产地 大部分为美国

其他毛色

任何毛色

可卡颇犬大多数是玩赏型贵宾犬或迷你型贵宾犬（见271页）同美国可卡犬或英国可卡犬（见222页）的第一代杂交结果，它们因温顺和富有爱心的性格而特别受人珍爱。该犬的外观是种犬父母的综合显现，但都长有几乎不脱毛的卷曲被毛。

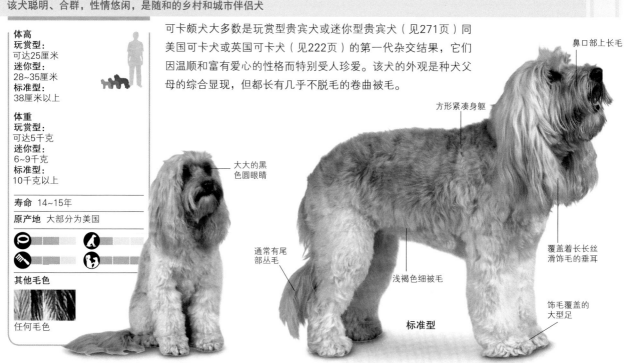

鼻口部上长毛

方形紧凑身躯

大大的黑色圆眼睛

通常有尾部丛毛

浅褐色细被毛

覆盖着长长丝滑饰毛的垂耳

饰毛覆盖的大型足

标准型

拉布拉多贵宾犬（LABRADOODLE）

该犬聪明、可靠，喜欢嬉戏，富有爱心，在当代日益流行

拉布拉多贵宾犬是拉布拉多寻回犬和贵宾犬的杂交后代，最初被用于充当辅助工作犬，适合敏感体质主人，但它很快成为人们喜爱的家犬。在它的原产地澳大利亚渐渐成为有书面繁育标准的独立谱系犬种，而在其他地区仍然被视为杂交犬种，没有正式身份，但需求量很大。第一代拉布拉多贵宾犬外貌各异，这之后同品系间杂交后代的外形逐渐可以预测。该犬的个性和外貌都非常吸引主人，它头脑一贯冷静，性情顺从，不会变得矜持或严厉。

体高
迷你型：
36~41厘米
中型：
43~51厘米
标准型：
53~61厘米

体重
迷你型：
7~11千克
中型：
14~20千克
标准型：
23~29千克

寿命 14~15年

原产地 澳大利亚

其他毛色

任何毛色

圆圆的黑色大眼睛

杏黄色垂耳

身躯比贵宾犬（见271页）略壮实

长长的卷曲尾巴

腹部收起

卷曲的奶油色被毛，几乎没有毛屑

标准型

中等大小的圆足

比熊约克犬（BICHON YORKIE）

这种小型伴侣犬最适合都市生活，喜欢嬉戏

体高
23~31厘米

体重
3~6千克

寿命 13~15年

原产地 英国

其他毛色

各种毛色

有些犬种是计划杂交犬，但第一代比熊约克犬作为卷毛比熊犬（见267页）和约克夏㹴（见192页）的杂交后代，是繁育者非常乐于重复繁衍的非计划杂交品种。该犬通常比娇小的约克夏㹴体型要大，有着约克夏㹴的好强性格，但被卷毛比熊犬顺从的性情所中和。

黑色鼻子

黑色圆眼睛

高位耳朵

带深色羽状毛的尾巴，运动时高耸

双层橙色和白色被毛，卷曲丝滑

紧致圆足

拳师斗牛犬（BULL BOXER）

该犬友好爱闹，比其他獒犬类犬种容易训练

体高
41~53厘米

体重
17~24千克

寿命 12~13年

原产地 英国

其他毛色

任何毛色

拳师斗牛犬是温顺的拳师犬（见88页）和诱牛犬如斯塔福德斗牛㹴（见214页）的杂交后代，非常受人喜爱，但难以与其他宠物相处。该犬中和了种犬父母的体型和性格，它需要主人付出精力，并能很好回报主人。

小小的半竖立垂耳

遗传自种犬的健壮体型

眼神警觉的圆眼睛

健壮的钝形鼻口部，悬垂上唇

长而弯曲的锥形尾

宽阔深胸

短而厚密的黑色亮泽被毛，光滑

足部白色斑纹

腿部长于斯塔福德斗牛㹴

卢卡斯梗 (LUCAS TERRIER)

这一友好而不爱吠叫的梗犬与儿童和其他宠物相处融洽

体高
23~30厘米

体重
5~9千克

寿命 14~15年

原产地 英国

其他毛色

白色

棕黄色被毛可能有黑色或獾灰色鞍背部。白色被毛可能有黑色、獾灰色或棕黄色斑纹

这种稀有的工作梗犬在20世纪40年代繁育成功，是诺福克梗和西里汉姆梗（见191页）的杂交后代。卢卡斯梗以第一位繁育者的名字命名，他是英国的政治家和运动家，当时想要培育一种灵活敏捷的小型犬，能比西里汉姆梗更高效地驱赶猎物至地面。该犬聪明安静，容易训练，渴望讨好主人，每天希望能充分散步。它有着典型的梗犬特征，比如喜欢玩耍和挖洞，但比其他许多梗犬吠叫少。

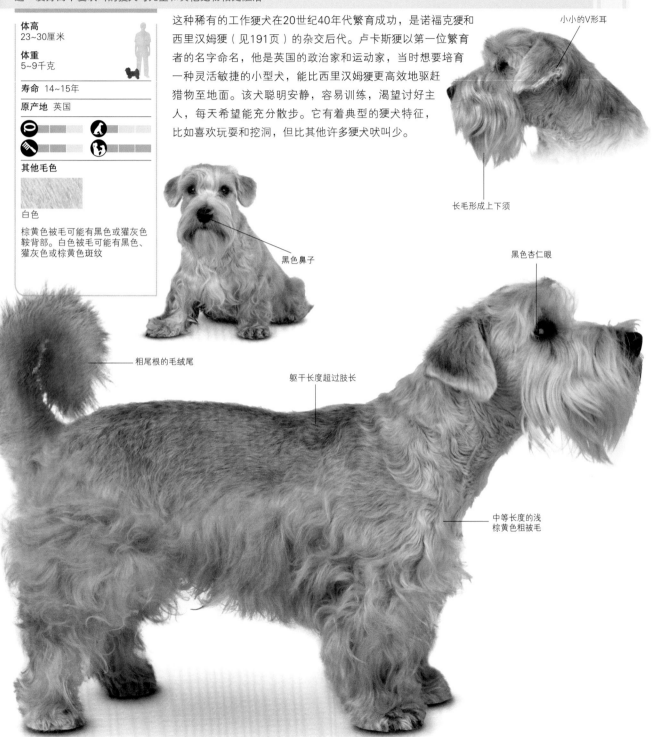

小小的V形耳

长毛形成上下须

黑色鼻子

黑色杏仁眼

粗尾根的毛绒尾

躯干长度超过肢长

中等长度的浅棕黄色粗被毛

金毛贵宾犬（GOLDENDOODLE）

这一令人喜欢的新型杂交犬种擅长交际，容易与之相处

体高
可达61厘米

体重
23~41千克

寿命 10~15年

原产地 美国

其他毛色

任何毛色

金毛贵宾犬是最新的计划杂交犬种，为贵宾犬（见271页）和金毛寻回犬（见258页）的杂交后代，在20世纪90年代的美国首次繁育成功，这之后逐渐受到人们追捧，促使世界各地的繁育者继续繁衍该犬种。金毛贵宾犬大多是一代杂交品种，外貌差异很大，一些是卷曲被毛，而另外一些是波浪被毛或直被毛。该犬的体型大小取决于贵宾种犬的品种（中型、迷你型或玩赏型）。它精力旺盛而活泼，但性情温和，容易训练，与儿童和其他宠物相处融洽。

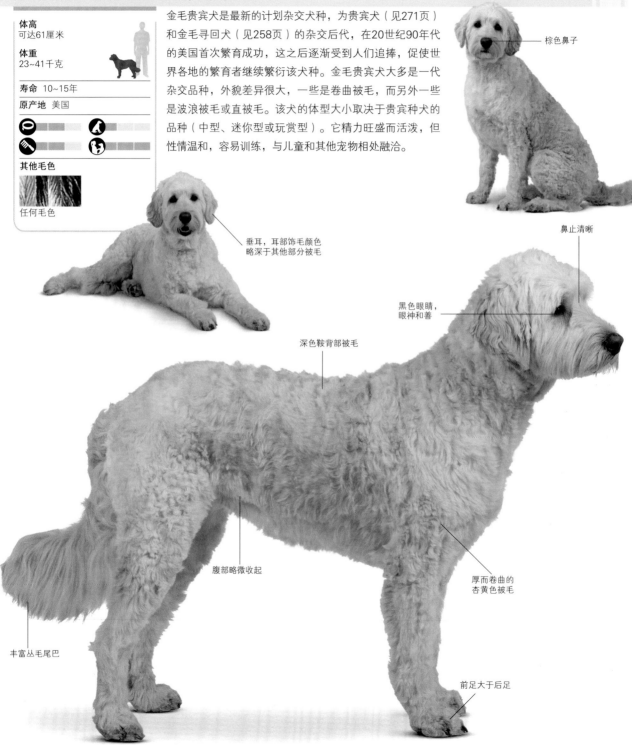

棕色鼻子

垂耳，耳部饰毛颜色
略深于其他部分被毛

鼻止清晰

黑色眼睛，
眼神和善

深色鞍背部被毛

腹部略微收起

厚而卷曲的
杏黄色被毛

丰富丛毛尾巴

前足大于后足

拉布拉丁格犬（LABRADINGER）

这一吸引人的多才艺犬种适合作为家犬和枪猎犬

体高
46~56厘米

体重
25~41千克

寿命 10~14年

原产地 美国

其他毛色

黄色

赤褐色

巧克力色

拉布拉丁格犬是拉布拉多寻回犬（见256页）和英国史宾格猎犬（见226页）的杂交后代，有时也称作史宾格德犬（Springador）。在养有该类型枪猎犬的传统乡村领地，非计划杂交犬种的繁衍可能持续了数世纪之久。得益于人们对时尚杂交犬种如拉布拉多贵宾犬（见285页）的兴趣，拉布拉丁格犬的名分如今得以确立并日益受人喜爱。它是优秀的枪猎犬，可以训练得像猎犬一样寻回和激飞猎物，也被证明是非常成功的家犬。

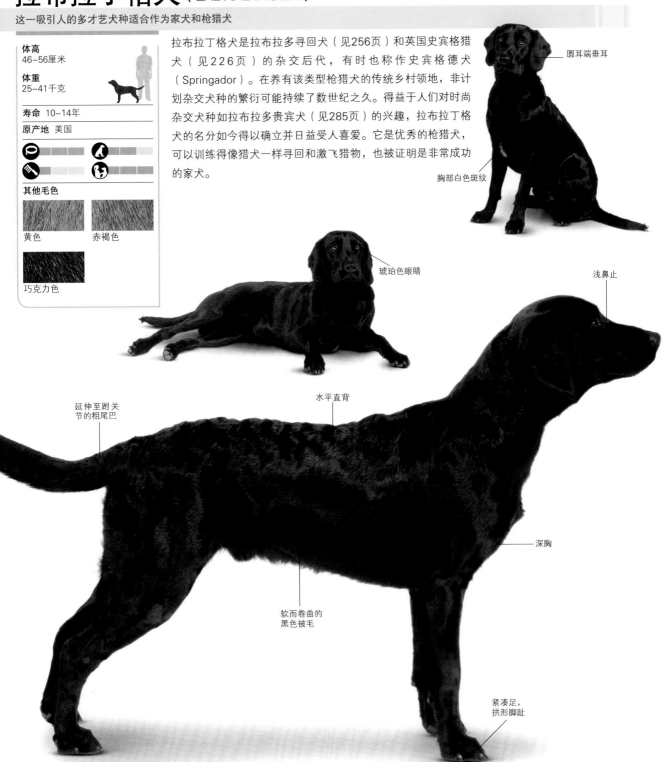

圆耳端垂耳

胸部白色斑纹

琥珀色眼睛

浅鼻止

延伸至跗关节的粗尾巴

水平直背

深胸

软而卷曲的黑色被毛

紧凑足，拱形脚趾

非计划杂交犬（RANDOM-BRED DOGS）

这些犬种缺乏谱系，但能提供给人们友爱、陪伴和乐趣

非计划杂交犬通常种犬信息不详，甚至种犬父母也可能是上推数代的随机杂交犬种的后代。选择一个非计划杂交幼犬，对主人来说就像碰运气买彩票一样，因为很难预测幼犬成熟后的模样。许多援助中心提供收养的犬种都是非计划杂交犬，大多数情况下，它们都是优秀的宠物。

长而粗的被毛
长着柔软、蓬松被毛的幼犬长大后被毛会变得长而粗糙，像图中犬只所示，因而需要定期梳理以防打结。

盖住足部的长饰毛

柔软丝滑的被毛
许多类似牧羊犬的杂交犬种有着柔软的被毛及胸部、腿部和尾部的丛毛，图中的犬也有着牧羊犬的斑纹。

大型杂交犬
非计划杂交犬种可以长成任何体型和尺寸，图中的这只大型杂交犬可能与种犬父母中的一方大小相仿，或介于二者之间。

表情丰富的棕色眼睛

短而光滑的被毛
图中这只犬的短被毛和垂耳表明它有猎犬祖先，但它的杂有黑斑的蓝灰色被毛却不容易解释得通。

黑色三角形垂耳

中型杂交犬
许多杂交犬像图中的这只犬一样有沙色被毛和中等身材。

小型杂交犬
图中的这一小型杂交犬有着明显的㹴犬特征，包括半竖耳和宽头。

丰富丛毛尾巴

独一无二的外貌
与纯种犬不同，没有两只非计划杂交犬是完全相似的。图中的这只犬外表像㹴犬，但它的后代外貌可能会大不相同。

护理和训练

CARE AND TRAINING

迎接准备（PREPARING FOR ARRIVAL）

超前思维和早期准备有助于你的幼犬尽可能无焦虑地接受新家。在家庭的新成员到来之前，要检查确认室内和户外环境对好奇心强的小狗狗是否安全，还要确保拥有幼犬成长和日常护理所需的全部基础用具，包括项圈、卧床和玩具等。

小狗狗会大大改变你的生活

防止狗狗捣乱

安全性检查要从巡视你的居室和花园开始，从幼犬的角度观察它能看到的一切物品。什么东西看起来会勾起它的啃咬欲望？放于主要位置的桌子是否容易被撞倒？花园篱笆上是否有狗狗能挤过的缝隙。一切都要防患于未然。

室内安全

像让家庭对儿童安全一样，让你的家对狗狗也没有危险。要记住狗狗一般通过咬啮新发现的物体来一探究竟，所以一定要把有潜在危险的任何物品放置在幼犬接触不到的地方。有毒家用化学物品是最明显的危险物，但你的狗狗也可能被许多其他东西毒害，比如某些盆栽植物和部分人类食品，包括巧克力。提醒孩子们不要乱放小玩具，以免狗狗吞下而导致窒息。注意电线、遥控器和任何接近地板的物品和小到狗狗可啃咬的

东西。你认为狗狗碰不到的东西可能正是狗狗惹祸的潜在原因，比如一个洗衣篮会被狗狗轻易碰倒，里面的物品会让具有破坏力的它玩上几小时。你可能需要关住你居室里的一些房门，或使用楼梯门来限制新狗狗能接触的活动区域。

户外安全

即使你有计划指导狗狗户外活动，也要注意花园篱笆上的缺口和开口。如果认为花园以外有有趣的东西，狗狗会穿过篱笆上的小洞，消失得无影无踪。一定要将园艺用化学物品放置在狗狗接触不到之处。除蛞蝓的药丸和花园用杀虫剂对狗狗来说就像美味的食品，尽管有些对宠物安全，但另外一些如被宠物吃下会很危险。不要让你的狗狗啃咬花园植物，因为许多常见植物品种都有毒性。要小心不把手推车或园艺用具靠篱笆放置，它们可能被活泼、爱闹的狗狗撞倒，从而造成伤害。

狗狗要避开的危险物

有毒植物

有毒化学用品

松开的电线

篱笆门下的缺口

除蛞蝓的药丸

重要提示

■ 记住把狗狗带回家之后要马上预约兽医以完成它的防疫接种。

■ 一份好的宠物保险合同能在紧急状况下提供安慰和保障。

■ 询问繁育者能否从他那里拿走一条有着狗狗所熟悉的气味的毛巾或毯子，这有助于在新家的头几个晚上让狗狗安心。

项圈和牵绳

最初你需要购买一个小而轻的幼犬项圈，并在它成长时不断更换。项圈的款式最好让狗狗感觉非常舒适，比如长毛犬种会发现光滑的皮质项圈佩戴更为舒适，因为它不像尼龙项圈那样拉扯被毛；灵缇类犬种更喜欢佩戴宽而平的项圈，这样不容易损伤它们敏感的颈部。无论你拥有何种犬只，一定要保证项圈宽度超过它的脖颈宽度。选择牵绳时，试上几条看看哪一条感觉最舒适。

胸背带和拉绳

典型的胸背带佩戴在犬的胸背部，还有牵绳于背部连接其上，这对一些犬种会有益处，胸背带会减轻颈部的压力，但要能灵活佩戴和去除，对活跃和过于兴奋的犬只尤其如此。胸背带应当佩戴到位，并留下足够空间让你能在带子和犬身之间容纳两个手指。与常见观点相反，胸背带并不能阻止狗狗拉扯牵绳，只有正确合理的训练才能奏效。如果你的狗狗拉扯牵绳坚决，你可以使用带固定鼻羁的拉绳来控制它。

姓名标牌

地址和持有人标环

姓名...................

电话...................

身份牌
包括你的姓名和紧急联系方式，便于在狗狗丢失时人们与你取得联系。

合适项圈
要选择舒适但不一定外观时尚的项圈，不要购买狗狗拉扯时会很紧绷的项圈，如链圈和半链项圈。

尼龙项圈

皮质项圈

牵绳种类
在需要密切控制时最好使用短牵绳，比如训练时段。长牵绳便于狗狗自由奔跑。

长牵绳

短牵绳

安装项圈

项圈应当牢固安装在狗狗颈部，但不要太紧。作为参考，你应当能将两指插入项圈和狗狗颈部之间。在狗狗成长期间定期检查项圈，如有必要应当调整，在因狗狗长大而不适合佩戴时，要立即更换。

胸背带

胸背带

带固定鼻羁的拉绳

胸背带
有时你不用项圈而使用胸背带和拉绳，你必须耐心向狗狗介绍并正确安装它们。一些短腿犬种无法佩戴胸背带，而短鼻口部的犬种无法使用带固定鼻羁的拉绳。

狗床类型

狗床价格差异很大，在你的狗狗适应家庭和充分训练之前，你不必购买太贵的狗床。一只新犬会咬坏或弄脏它的床铺，所以要购买一个廉价而可清洗的床。

狗床主要分硬床和软床两种类型。硬床由压模塑料做成，易于清理，也不会被幼犬轻易咬坏，尽管有时已经长了恒牙的狗狗会造成一些破坏。你可以使用一次性用品，如旧毛巾铺在塑料狗床上让狗狗感到舒适，如果被咬坏或弄脏，可以清洗或直接丢弃。这种材质的床铺也是患有失禁的年老犬只好选择。柔软的海绵填充式床铺会让狗狗睡得更舒服，尤其对关节开始僵硬的老犬更是如此。尽管这种狗床的床罩可以清洗，但并不适合幼犬，因为它们最喜欢把填充物给撕咬出来，使你不得不花钱再买张新床。

楼梯门栏

使用楼梯门栏可以让狗狗安全地独处一室，而不使其感觉受困。

笼子和游戏围栏

在你的新狗狗经过居家训练之前，使用笼子或游戏围栏充当它的私有领地。永远不要把限制你的狗狗活动作为一种惩罚，笼子和游戏围栏应当成为你的狗狗喜欢的地方，你甚至可以在那里给它们喂食。游戏围栏也可以让你处于另外一个房间时心情安静，并安全地使狗狗不惹祸。如果你在狗狗年幼时让它熟悉狗笼，它会很乐意一直使用。幼犬会很快将它的笼子视为一种巢穴，在它感觉困惑、焦虑、疲倦或想睡眠时可以进入的一个安乐窝。

压模塑料床

海绵填充床

狗床

塑料床铺卫生耐磨，用柔软的被褥铺垫床铺，让你的狗狗感觉舒适。填充式床铺和豆子袋感觉温暖，外观诱人，但不适合幼犬，要等到它们经过良好居家训练并不再撕咬时才可使用。软床通常有可拆洗的床罩，以便更换。

保持笼门敞开，除非你要离开房间

狗笼

游戏围栏上部敞开

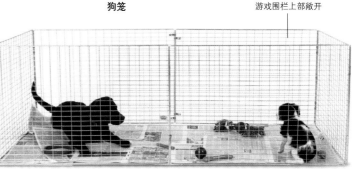

游戏围栏

使用笼子

一只狗笼或游戏围栏可以让你在忙碌时将狗狗置于非监管状态下。它可能睡上一段时间，但要给它充足的玩具来娱乐，而且不要一次单独留置时间太长。

小幼犬用玩具
柔软玩具最适合还未长出恒牙的小幼犬，它可能同时玩好几种玩具，不用买太贵的。

软玩具

线绳橄榄球

耐咬的橡胶玩具

啃咬橡胶圈的幼犬

绳胶骨

较大幼犬用玩具
随着幼犬长大，它会啃咬更为用力，因而需要更耐用的玩具。线绳橄榄球或线绳和可咬胶结合的玩具是好的选择，它们能使用很长时间。

成犬用玩具
成年犬也喜欢玩具，特别是玩质地和材料不同的玩具，此时最好购买更硬实一点、能承受成熟犬满口牙齿嚼力的玩具。

购买玩具

玩具提供给狗狗智力发育刺激和允许被撕咬的玩物，用于游戏和训练的玩具能充分促进狗狗与主人之间的交流。购买玩具时一定要挑选专为狗狗设计的玩具，人类儿童的玩具可能有小部件，狗狗会啃咬脱落并吞咽下。不要让你的狗狗单独长时间玩玩具，因为即使专门用于啃咬的玩物，比如牛皮骨，也有令其窒息的危险。

在幼犬长有乳牙时柔软玩具最为适合。随着狗狗长大并开始出牙，它们可能会撕咬，这个阶段更结实的玩具如线绳橄榄球是最佳选择。一旦狗狗长为成犬，你应该选择质地和形状不同的各种玩具。当你能与狗狗游戏时，能抛掷拉扯的玩具是最好的选择，否则就选取它能撕咬的玩具。一些磨牙类玩具有可口的味道，还有些食物分散型玩具在狗狗玩耍时能不断释放出奖赏物。这种玩具能使狗狗娱乐很长时间，如果你特别忙碌不能陪狗狗玩耍时，它们就显得非常有用。利用耐用的橡胶玩具可以使热衷啃咬的狗狗不搞恶作剧。大多数狗狗都有最喜欢的玩具，你很快就会知道你的狗狗最喜欢哪些。

重要提示

■训练幼犬不要咬手的一个好方法是和你的狗狗玩拔河游戏。主动和它玩游戏，一旦它的牙齿碰到你的手要马上结束游戏。

■如果你要单独留置狗狗短暂时间，可以让它玩食物分散型玩具。

■把狗狗最喜欢的玩具藏在它找不到的地方，只在训练时间使用。

食物和喂养（FOOD AND FEEDING）

让你的狗狗保持健康，重点在于喂食它适量的适当食物。狗粮可分为数种：配方全面的预制干吃狗粮；未烹饪加工的生狗粮；二者结合的狗粮。无论你选择哪一种，要力求营养全面均衡，并根据狗狗体型大小和年龄确定喂食数量。

幼犬的饮食随着成长需要变化

均衡的饮食

　　成品狗粮是许多犬主的选择，因其快捷方便。你需要仔细阅读加工的狗粮包装上的标签，从而知道它们适合哪种犬，一定保证使用适合你的狗狗年龄段的食品种类。一些狗粮分为幼年、少年、成年和老年等不同配方类型，购买合适配方非常重要。当不能确定喂食数量时，向你的兽医寻求建议。如果你决定喂食狗狗干湿混合食物，一定要记得两种类型各自减半，以免使狗狗进食过量。

　　一个均衡的饮食包含合理数量的营养成分：蛋白质、碳水化合物、脂肪、维生素和矿物质。使用加工食品能保证让你的狗狗营养均衡，如果你喂食狗狗新鲜食物，要多考虑食物结构是否合理。狗狗的营养要求随年龄变化而不同：幼犬需要高含量蛋白质和钙质，以促进生长发育；而另一方面，衰老的犬只特别需要高质量的蛋白质和增加部分维生素，因为它们的肾功能在下降。衰退的肾功能可能导致脱水，因为太多水分被排出，所以你可能需要喂食一只老犬湿粮而非干粮，以增加它的水分摄入。你的狗狗吃的食物种类会影响到它的牙齿健康，只喂食湿粮的狗狗更需要定时清洁牙齿。

选用哪个狗食碗？

最好购买坚固耐用并带有斜坡碗边的不锈钢狗食碗，尺寸大小要能让到新家的狗狗容易探进头去进食，不要使用塑料碗。

不锈钢碗

塑料碗

　　你的狗狗需要两只碗，一只盛食，另一只装水。你只在进餐时间摆出食碗，狗狗一旦吃完要马上撤走；而水碗应置于随时可利用的地方，还要总是盛满新鲜饮用水。在各类碗中，不锈钢材质最佳，因为在每次用后可以彻底清洗，不像塑料碗具经受不了狗狗啃咬。最好选择斜边碗喂食，让狗狗不难在其中探头。

食物种类

干粮提供给你的狗狗营养全面、适合年龄的饮食，只喂食湿粮会造成牙齿问题，而生食如肉类和蔬菜，主人需花费时间准备。

幼犬干粮

成犬粮

罐装粮

袋装肉食

生食

食物种类和每日摄入量

犬的体重	干粮	罐装食物 （400克/听）	袋装肉食	生食
京巴犬 5千克	75克	1听	300克	150克
比格犬 10千克	200克	2听	600克	300克
边境牧羊犬 20千克	400克	3听	1千克	600克
杜宾犬 30千克	500克	4听	1.2千克	900克
爱尔兰猎狼犬 40千克	600克	5听	1.8千克	1.2千克

重要提示

■ 打开的袋装或罐装湿粮需要在下次使用前封口并存放在冰箱中，干粮应当保存在封口容器内以保持新鲜并免受污染。

■ 幼犬需要一天三四餐，每餐少量，成熟期时要早晚喂食。每天喂成熟犬两餐，每餐适量，而不要只喂一顿大餐，以免增加它的消化系统负担。

■ 要用几天时间逐渐添加新食物，以免引起肠胃不适。

奖赏食物和咀嚼物

如果你在训练狗狗时使用很多可食用的奖赏食物，会让它有过度进食的危险。要考虑奖赏食物在狗狗一天饮食中所占比重，适当减少狗狗正餐的进食量；你还可以拿狗狗正餐的一部分在一天的训练当中作为奖赏食物给狗狗，尤其在你使用干狗粮时。

你要么从宠物店购买成品奖赏狗粮，或在家中切碎奶酪、鸡肉或香肠自制。狗狗特别喜欢气味和口味浓烈的奖赏食物。

咀嚼物是能让狗狗忙碌一阵，并避免狗狗撕咬家居用品的好材料，它们对保持狗狗牙齿清洁也很有效。给你的狗狗使用何种咀嚼物一定要谨慎，犬齿非常锋利强壮，能轻易撕裂咀嚼物，如果吞下了其中松散的部件，可导致狗狗窒息或阻塞消化道，在幼犬和小狗咬玩咀嚼物时主人一定不要远离。

实用选择
兽皮咀嚼物不仅让狗狗娱乐，还帮助清洁它的牙齿，在它啃咬时要看护它，用奖赏食物换取并拿走它咬掉的小碎块儿。

各类奖赏食物
用各类奖赏食物激发狗狗的训练热情并建立奖赏等级，知道狗狗最喜欢哪种奖赏食物会使训练容易和有趣。

奶酪块儿

小块训练用奖赏食物

肉棒

熟香肠

初到新家 （FIRST DAYS）

你的狗狗在新家的最初日子，对它一生的发展非常重要，一旦目标确立，就要马上着手制定规则。在狗狗落户新家时，不要忍不住对其宽厚仁慈，如果你条件界限设立清晰，它会更快更容易地适应新家。你建立常规制度越早，训练狗狗成功就会越快。

狗狗学习越早越好

为狗狗起名

如何给新狗狗起名字的家庭讨论可能会漫长难产。狗狗的名字应当使你在公共场合呼唤时不致尴尬，而且应当与你想教会狗狗的各种指令有明显区别，比如一只叫作"诺"的狗狗会发现学习"坐"的指令时非常困难。使用过长的狗狗名字会造成训练问题，所以最好选择只有一两个音节的名字。要记住，狗狗听不懂语言，只能理解声音。如果你给狗狗一个很长的名字，而有时又用简称呼唤它，会令它感到困惑，而且要保证家庭所有成员用同一名字来呼唤狗狗。

训练 | 教会狗狗它的名字

1 当你的狗狗在附近时，蹲下并用快乐热情的声音清楚地呼唤它的名字，用你的手来引导它对你的注意力。

2 当狗狗接近你时，用兴奋的声调来表扬它，当它到你身边时充分爱抚它。

3 一定要在狗狗面前表现出你有多么高兴见到它，给予它充分的关爱，永远不要用狗狗的名字来斥责它。

到户外如厕
你的狗狗必须懂得户外才是便溺的地方。带你的狗狗到花园里方便是每天早晨的第一件事，也是晚上它入睡之前的最后一件事，在它小憩、进餐和游戏之后也要如此。

夜间怎么办

　　你的新狗狗不可避免地会在夜间吠叫或长嚎，这是对脱离母犬和同窝伙伴的正常反应，不会仅仅持续几个晚上。你要学会忽略它，除非它变得异常吵闹，这有可能是它需要去便泄。如果你能在半夜带它到户外排泄，它会更快学会在室内保持清洁。白天使狗狗精力充分消耗，是夜晚求得平静的最佳方法。花时间陪它玩耍，喂食它一顿温热的晚餐，都会让它感到困倦，另外在你将它安顿在床铺上之前，一定要给它机会去排泄一次。

居家训练

　　一些狗狗比另外一些狗狗更快学会在室内保持卫生，对所有的狗狗来说，家居训练最重要的因素是高度注意力。主人的指导是最初几周训练的关键，你的狗狗可能随时需要排泄，所以你要学会及时发现迹象，比如它不停地嗅闻地面和兜圈子。你也可以尽量预测它最可能需要卫生间的时间，即使没有迹象，也要定期把狗狗带进花园方便。无论天气如何，你都要耐心在它身旁等待，保证其不受干扰。当它要排泄时，发出类似"快点"的命令，在它结束时要积极赞扬它。

　　偶尔的训练失误是难以避免的，除非你当场发现狗狗要便溺，否则你只能费力清理它留下的污物。永远不要因为意外而惩罚或斥责狗狗，但如果你在它附近，并看到它蹲下准备排泄时，要用类似拍手的清脆声音来打断它的行为。你的目的是要中途制止它，而非恐吓它。在它停下后鼓励它到花园去，并等待它排泄，用前面说到的方法发出催促命令，并随后表扬。

　　在狗狗不再随处排泄之后，还要继续定期带它到花园解决问题。你可以延长时间间隔，但要小心避免常见错误，即你的狗狗一旦养成卫生习惯，你就马上停止训练。因为你会发现不是它已学会在室内控制自己，而是你更擅长预测它的排泄习惯。

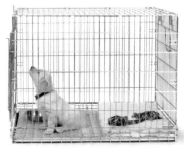

安全乐窝
使用狗笼是保证狗狗夜间安全和控制意外发生的最佳方法。你要在笼子底部铺上报纸，然后在一半位置上铺上毛毯。你也可以用纸箱来替代狗笼，不仅廉价，而且用后可以丢弃。

爱抚狗狗（HANDLING YOUR DOG）

让你的狗狗习惯于被爱抚

让你的狗狗早期习惯于被爱抚，会使得对它的日常护理更加让人愉快。你要教会它接受抚摸而不反抗，这样你就能进行常规医疗检查，或实施偶尔需要的治疗，比如说滴耳。为喜欢被抚弄的狗狗梳理被毛是一件乐事，像剪趾甲和刷牙也不再是可能会让它极力挣扎的烦恼琐事。

如何爱抚你的狗狗

让爱抚成为狗狗接受关爱、奖赏和表扬的机会，爱抚时段应该频繁而有趣，这样你的狗狗不会感到呼吸被抑制。开始时呼唤狗狗到你身边，当它靠近你时，多给予它温柔的关爱和表扬，然后通过检查它的耳朵、眼睛、口腔、足和趾甲来练习对它爱抚。每项检查后都要对狗狗予以奖赏，当你全部完成后，多花些时间体贴关心它。在初期，爱抚时间不应过分费力，如果你的狗狗看起来不愿接受爱抚，不要强迫它。

爱抚
你可以蹲至与狗狗一样的高度来爱抚它，用温柔的语调冲它谈话，不要过分侵入它的身体空间。如果它愿意，慢慢抽出你的手抚摸它的胸部，要避免将手直接盖在它头上。

实践｜给狗狗检查

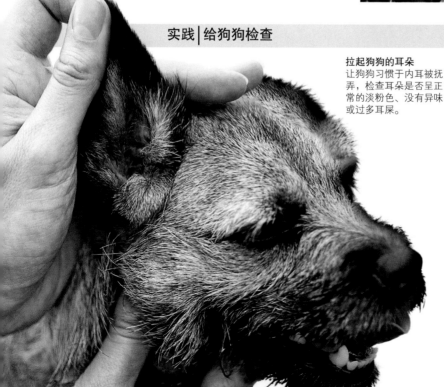

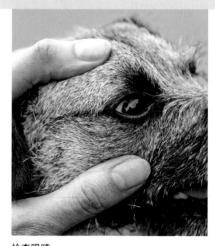

拉起狗狗的耳朵
让狗习惯于内耳被抚弄，检查耳朵是否呈正常的淡粉色、没有异味或过多耳屎。

检查眼睛
小心抚弄狗狗眼部的周围区域，如果眼睛需要清洗，用温水沾湿棉球，轻轻擦拭。

充分支撑
无论狗狗大小，举起它们时，你都要支撑好它的前部和后身，并将其贴近你的身体。

前部，另外一人扶住后部。有时狗狗会突然移动，给举抱它的人很大的瞬间压力，它们自身不但有掉落的危险，还使长时间的训练努力付之东流，而且给日后造成问题。当你举起狗狗时，从膝盖处屈身，以避免你的背部受伤，还要确认到目的地的途中没有任何障碍物。

举起你的狗狗

一只不习惯于被举高的狗狗可能会心生恐惧，如果你试图举起它，它会做出咄咄逼人的反应，所以很有必要练习如何举起你的狗狗。一开始，你只用手扶起它的前部和背部，要及时表扬它，并在不举起的情况下抱住它。如果狗狗能静止站立而不躁动，一定要给它一个奖赏物。在轻柔抱起它离开地面之前，要逐渐增加你怀抱它的时间长度，然后再放下它并给它一个奖赏物。

小型犬种和幼犬较容易单人举起，然而大型犬种不应单人举抱。任何超过15千克的犬只都要求两人举起：其中一人举起

缓坡
如果犬只过重而举不起来，可以使用坡道工具，这种好方法尤其适用于帮助老犬上到车上。

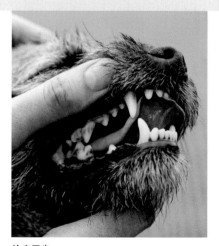

检查牙齿
轻轻拨开狗狗唇部，检查牙龈是否呈正常的粉色、没有红肿，牙齿应当洁白而无过多牙石沉积。

触摸足
检查足垫是否有溃疡或皮肤损伤，脚趾间有无伤口或肿胀，还要检查趾甲并在必要时进行修剪。

提拉尾巴
提起狗狗的尾巴，同时用另外一只手触摸它的肚子，要确认尾部以下区域清洁，没有红肿现象。

被毛梳理（GROOMING）

狗狗和主人都应当视被毛梳理为快乐的体验。人犬之间的这种交流有助于建立彼此密切的关系，对狗狗非常有益。为狗狗梳理被毛不仅使它感到轻松惬意，也对它们的皮肤和被毛很有好处。你可以在梳理狗狗被毛时检查其皮肤是否有肿块、隆起、寄生虫和微小损伤。

狗狗的被毛需要定期梳理，如果它是表演犬种，梳理频度要求更高

让狗狗学会享受梳理

被毛梳理其实是爱抚时间的延伸，如果你已经花费时间教会狗狗接受，梳理并非难事。你可将梳理当作训练，将毛巾放在地板上并鼓励狗狗站在其上静止不动以获取奖赏，平静地抚摸和夸奖狗狗，但不要令其过于兴奋。将每一种你以后将定期使用的梳理用具介绍给狗狗看，让它嗅闻每一种梳子，但要禁止它去啃咬。温柔地限制它活动并开始梳通它背部的被毛，不要过分用力。在梳理几下后停下并给予它奖赏和赞扬。

无论你的狗狗拥有何种被毛，每天都要花费一定时间练习梳理并使之习惯于这种感觉。对一只新狗狗梳理时间要短，一定要记得在它能保持静止不动时予以奖赏。用平静安抚的语调同它讲话，避免拉扯或缠结被毛，那样有可能伤害到它，然后逐渐增加你要求它静止站立的时间长度。从一开始你就要态度适当严厉，如果它想咬梳子，不要容忍它变梳理为一种游戏，相反，你应该轻轻将它的头从梳子处拨开。狗狗应保持站立状态，除非你要求它坐下或躺倒，这样你就能梳及它被毛的另一部分。一旦它习惯在毛巾上静止站立一段时间，你就可以进行日常被毛梳理了。

理顺被毛
有些类型的被毛，比如约克夏㹴的丝质被毛，特别容易缠绕打结，因而需要定时梳理，处理所有小的毛结，这样就不会形成非常不舒适的缠结。

剪趾甲
不经常在硬地面行走或足部周围有长饰毛的狗狗需要定期修剪趾甲，你只需剪掉趾甲尖，避免剪伤嫩肉。

梳理用具

一只橡胶梳或手套梳可以除掉软被毛犬种身上脱落的下被毛；对其他被毛犬种而言，针梳是最适合的常用梳具，但鬃毛梳更适合长被毛。各种类型的被毛在梳理的最后阶段都可用平梳。

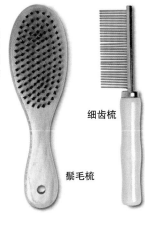

细齿梳

鬃毛梳

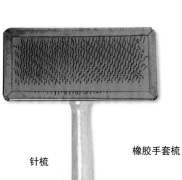

针梳

橡胶手套梳

沐浴

先梳通狗狗身上的所有毛结，然后将它浑身浸湿，要避免眼睛和耳朵进水；在被毛上涂上洗发香波并搓揉，记住不要使用人用洗发香波，以免造成痛苦的皮肤问题。冲洗干净洗发香波，将狗狗完全擦干，最后再仔细梳理一下它的被毛。

修剪方法

你要坚持有规律地梳理被毛，以保证狗狗的每一部分被毛都能被梳理到。先从它一条后肢的足部开始，用合适的工具（见上图）从被毛底部向外梳理。用你的另一只手压住皮肤，以防梳理时被毛被扯痛。无论你使用何种工具，要确保梳理顺畅，但要小心不要刮痛皮肤。梳理时顺序为：先顺着

后肢向上，然后沿着身体一侧梳理，再顺着前肢向下到足部，再穿过胸部，在身体另一侧重复这一过程，最后梳理尾毛和头部周边的饰毛。

当松散的下被毛缠绕或被毛打结时会形成毛结，在活动关节如腋窝中产生的被毛缠结，会让狗狗感觉非常疼痛。为解决被毛缠结，你需要一把开结梳来梳开缠结的被毛。有时你一次耗费很多时间梳通狗狗的被毛，但它却会在这当中感到非常难受，并因此讨厌梳理，所以最好至少每隔一天梳理一次狗狗，以防被毛打结而使问题严重。

剪毛

剪毛是大多数犬种的常见美容方式，应找专业的狗狗剪发师完成此事。一个好的狗狗剪发师不会草草剪除狗狗的被毛，而是花时间让它熟悉剪毛器的声音和感觉，并用奖赏来帮助狗狗感到舒适。

清洁牙齿

- 不要使用人用牙膏，要购买狗狗专用品。
- 每天清洁一颗牙齿，让狗狗感觉习惯。
- 人们设计出一些狗狗专用的啃咬物品来帮助清洁它的牙齿。

良好举止（GOOD BEHAVIOUR）

一个举止良好的狗狗不仅让主人乐于与其生活在一起，它自己也会很快乐。如果你的狗狗理解家规，它会远离麻烦，还能参与家庭活动，迎接宾朋。杜绝坏习惯养成要比日后戒除它们容易得多，所以在狗狗初到新家时，就教会它良好的举止吧。

合适的休息处

尽管有时你会忍不住允许新来的小狗狗跳到家具或床上，尤其在它非常娇小的时候，但当它个头变得很大、被毛很多、容易变脏时，你就不想让它如此了。在狗狗长大时突然改变家规是对它不公平的，所以最好一开始就决定哪些房间狗狗能进入，是否能卧在沙发上，要确认所有家人都同意这些规则并对待狗狗态度一致。

让你的狗狗有用于休息的独享角落非常重要，但它需要你的鼓励。在白天狗狗正常的睡眠时间里，你要用温柔的暗示，

安静角落

为鼓励狗狗去睡自己的床铺，可以给它一个奖赏食物或啃咬玩具。当它走向床铺时，温柔地表扬和鼓励它。

比如"该上床睡觉了"来哄它去自己的床铺。花些时间陪它待在那里，温柔地抚摸它并平静地赞扬它。在睡眠时间到来时，如果它自己主动去自己的床铺，要安静地表扬它，或扔到它眼前一个奖赏物。

训练｜远离家具

1 一条轻而长的牵绳，能轻松让你教会狗狗离开家具，这种方法适于训练初期，那时狗狗还不太明白合适的声音暗示。如果它卧在不该占据的椅子或沙发上，拉起长牵绳让它跳下来。

2 如果鼓励的话语和利用长牵绳轻轻施压都不能令它跳下家具，不要用牵绳强行将它拽离家具，而应用玩具或奖赏物进一步鼓励它。

3 当你的狗狗跳下家具时，你要清晰地发出指令"下来"，并予以鼓励，引导它到自己的床铺处，用鼓励的话语和奖赏让它安顿下来。

训练｜禁止扑跳

1 如果你的狗狗不停地跳跃，你要转过身去并抱起手臂，在狗狗停止跳跃前不要同它讲话并避免眼神接触。

2 当你的狗狗四肢着地时，用表扬奖赏和与之游戏的方式对它表示充分关注。如果它变得过于兴奋而又再次跳跃，马上转过身去，狗狗很快就会懂得保持四足着地是赢得主人注意力的关键。

举止有教养

幼犬往往在跳跃和吠叫时得到人们的最大关注，因此不难理解在它们渐渐长大时还会继续使用相同伎俩以获得人们的关注。但它们不知这种行为已不再受人喜欢，即使允许最小型的犬种扑向人们，也是主人的不明之举，因为动作猛烈的犬只会吓到人们尤其是幼童，甚至造成伤害。

要让狗狗学会礼貌举止，在它跳起或吠叫时你不能予以任何关注。这不光意味着决不赞扬，对有些狗狗来说，被主人叫嚷或推开也是令其满足的关注。因此你需要完全无视你的狗狗，以教会它懂得这个道理，即当它安静地蹲踞时，你才会接近它并用赞扬的话语和奖赏物来充分褒奖它。

迎接宾客
当宾客到访时狗狗会变得过于兴奋，用长长的牵绳控制狗狗，以保证它能举止文雅，然后再让宾客给它打招呼。

咬玩

如果你的狗狗一直喜欢咬玩游戏，那么无论何时你花时间与它玩耍，身边都要放置一个能迅速抓起的柔软玩具。记住要用一个大一些的玩具，这样你就能抓住玩具接近狗狗而不必把手放得离其牙齿过近。

出牙期问题

狗狗用它们的鼻口来探寻世界，尤其是幼犬，想要啃咬遇到的任何东西来一探究竟。这种习惯通常在4月龄时变得更突出，此时幼犬开始更换乳牙。幼犬会很自然地咬玩同窝伙伴，但它们必须学会决不能用同样的方式来咬人，这是教会幼犬文明举止的重要部分。当你的狗狗咬玩你的手时，你将手握拳使它难以啃咬，并给它提供一个柔软的玩具，令它着迷于玩具并与它游戏。一旦它的牙齿碰到你的手，马上停止游戏。你或者马上站起并走开，以表明游戏结束，或保持你的手不动，发出像另一只幼犬那样的尖叫。

训练｜轻柔取食

1 将美味的奖赏食品紧握于拳中，并拿给狗狗看，当狗狗试图得到食物时，你的拳头要静止不动，如果它触摸你的手或咬、抓时不要展开拳头。

2 当狗狗从你的手边走开时，哪怕是片刻，你可以展开拳头让它得到食物，这会教会它不要抢食而是要耐心等待。

训练 | 放弃咬嚼物

1 当你的狗狗一直在享受咬嚼物时，拿上一个味道浓郁的奖赏食物安静地接近它，让它嗅闻食物，并引诱它离开它的咬嚼物。

2 当它离开咬嚼物时，将味道浓郁的奖赏食物给它，同时用你的另外一只手平静地捡起它原先的咬嚼物，运用奖赏食物分散它的注意力。

3 一旦它吃掉奖赏食物，马上还给它咬嚼物，间隔规律地重复这一训练，不久狗狗就会学会愉快地放弃咬嚼物。

防止食物侵占

　　狗狗会对它们的食物占有欲非常强，大多会防范任何接近食物的人和其他动物。尽管这是很正常的犬类行为，却是人们不能容忍的宠物习性，必须在非常早的阶段予以阻止。训练狗狗不因食物而具攻击性其实很容易，你只需要教会狗狗产生这样的预期：在它进食时，接近它的任何人会给它更美味的食物。当你给幼犬食物时，在它旁边蹲下，在它进食时温柔地抚摸它，并同它谈话，给它一些真正美味的奖赏食物，比如熟鸡肉或奶酪，允许它从你身边叼走这些食物。如果它乐于这样做，可以进一步将你的手放进它的食碗，并让它从此处叼走奖赏食物，重复这一举动一到两次，再让它完成就餐。如果你接近幼犬时它抬头呈期望状，你要拿起它的食碗，放入一些美味的奖赏食物，再马上还给它。一旦它的反应完全可以预期，让若干不同的人包括儿童重复这一训练步骤。在幼犬成长期间，这种训练重复频率可以减少，但要直到狗狗完全长成熟，再彻底停止这种训练。一个已对食物养成进攻性的犬只，会带来真正的危险，并咬伤过于接近的任何人，千万不要在缺乏专业犬类行为指导师的建议下企图自行处理这一问题。

奖赏
将奖赏食物平放在手掌上递给狗狗，以防止它意外咬伤你，务必教会朋友和儿童用此方法喂食狗狗。

拔河游戏
拔河游戏是与你的狗狗交流的绝佳方式，但你要学会掌握何时开始并结束游戏。

兴奋追逐
许多狗狗喜欢追逐抛向空中的玩具，在此游戏中用长长的牵绳控制狗狗，直到它了解游戏规则为止。

游戏时间

作为高度社会化的动物，犬类需要和人类及其他犬只进行交流，正如它们需要身体和脑力活动一样。游戏能提供这种交流，并帮助狗狗健康成长。因此保障狗狗的游戏时间非常重要，但正是在游戏时间内，你的狗狗很可能过于兴奋而导致行为不当。你要教会狗狗同你和其他犬只游戏的规则，它必须懂得在你发出命令时要停止游戏。

用玩具帮助你的狗狗了解与人们进行游戏和与其他狗狗之间的游戏嬉闹是不同的，游戏时间应当以良好的举止表现开始和结束，比如蹲坐等待。如果你的狗狗变得过于兴奋，要停止游戏，直到它恢复平静。在游戏中不要用手限制狗狗，因为它可能会咬你或扑向你。在游戏期间，用轻而长的线绳控制狗狗很有作用，可让你不需用手就能让它安静下来。如果此招不能奏效，从狗狗身边走开，明确表示游戏结束。

重要提示

■ 从幼犬期就要教会你的狗狗不要过分霸占它的玩具。可以理解任何狗狗都会守护它喜欢的物品，不愿被人们拿走，但这种习性会导致咬人现象发生。你需要花时间用奖赏食物来交换狗狗的玩具，直到它明白允许人们拿走它的玩具会带来美味的奖赏食物。要让家中的儿童明白：从狗狗身边突然拿走物品可能会惊吓住它，并可能遭受它的攻击。

良好行为｜游戏

对新玩具做出反应
让你的狗狗啃咬一个新玩具，来发现是否美味可口，并检验玩具被咬后是否能恢复原状。

玩玩具
在狗狗低声吼叫时，你无须警觉，它只不过把玩具当作另外一只幼犬而已。这是正常的游戏，而非进攻。

放弃玩具
你要偶尔从狗狗身旁拿走玩具，并对它充分表扬后再将玩具归还给它，如果它不情愿，试着用奖赏食物来交换玩具。

吠叫

　　通常，幼犬在6月龄时会充分发现它们的声音能力。小狗狗尖叫不止，可能会很逗人，人们会忍不住鼓励它吠叫，其实这是不明智的。当狗狗长大时，你和邻居会厌烦它不停地吠叫。如果你的狗狗容易在某些高度兴奋时刻吠叫，比如在游戏时，你可以使用牵绳来控制这种行为。你要只在狗狗安静时才给它想要的东西。如果狗狗在你为它准备晚餐或散步等活动时兴奋吠叫，你需要停止所做活动，直到它安静下来，如有必要，你可以安静地坐在沙发上，直到它完全停止吠叫。在你出门带它散步之前，有必要多花几分钟，让狗狗安静下来。你的狗狗会很快意识到在想要某样东西时一味吠叫只会起反作用，是达不到目的的，而安静等待永远是值得的。

过度兴奋
当你要带狗狗散步时，如果它吠叫不停，要对它采取忽视态度，它会很快明白保持安静能更快得到想要的东西。

警觉
当邮件到达时，狗狗可能会用吠叫作为警示，你不应当斥责它，但也不要让它吠叫时间过长。

寻求注意力
当狗狗吠叫以寻求你的注意力时，不要满足它，而采取忽略它的态度，直到其变得安静，或先从它身边走开，在它安静后再走向它，并充分表扬它。

社交能力培养（SOCIALIZATION）

幼犬的经历会影响到它成年后对世界的反应方式。你应当在狗狗幼年时就介绍它认识从不同的人、其他犬只到汽车和真空吸尘器等一切可能遇到的事物。这一过程称为社交能力培养，是为确保你的幼犬成长为友善家庭宠物所需要完成的首要任务。

狗狗可以成为一切人和动物的好伙伴

理解你的狗狗

你对狗狗的社交训练必须从理解狗狗如何与周围的环境交流开始。狗狗看待世界的视角和人类差别很大，人类依靠眼睛获取有关外部世界的信息，而狗狗则更多依赖它们的嗅觉。一只新生犬通过嗅觉和啃咬能比用视觉更快地了解事物，事实上，狗不能像人类那样得到同样多的视觉细节，也区分不开红色和绿色，但它们的夜视能力却远远超过我们。狗的听觉比人

类要敏锐得多，这意味着我们听来无足轻重的噪声，对狗狗来说就可能听上去响亮而可怕。

幼犬成熟过程中要经历一系列发育阶段，这些阶段是让狗狗接受社交训练的好机会。在这些阶段积极的影响经历有助于塑造一只快乐而发展均衡的成年犬。在生命的最初几周，幼犬仍然好奇心强烈，喜欢嬉闹，渴望讨好主人，而且它对于新奇的事物并不像日后长大时那样警惕谨慎。当你的狗狗与繁育者

请勿拍头
即使是出于好意，拍打幼犬的头也可能使它受到惊吓。你可以蹲下身来，抚摸它的胸口。

狗狗的视角
对于一只没有怎么接触人类社会的幼犬来说，人是庞然大物，所以当你俯身接近它时，千万别吓到它。

从认识"门"开始
宠物狗需要你帮助它理解人类社会究竟是怎样的。它的思维过程不同于人类，比如起初它可能不理解类似于"门"这样的事物起什么作用。

在一起时，社交培养就可能已经开始了。这一时期（一般而言，8~12周龄）的社交培养至关重要，而你要在这之后才能将幼犬带回家。一旦你把幼犬带回家，社交培养必须继续下去。狗狗在此成长阶段没有遇到的任何陌生事物，以及没有产生积极联系的事物，在它成年遇到这些事物时，就会感到怀疑或恐惧，所以不要错过这一最后期限，赶快把你的狗狗介绍给你的朋友和他们的孩子，而且它与学步幼童和老人的接触尤为重要。一旦疫苗接种完全，就带它去会晤其他动物、乘坐公交车或逛公园看鸭子。使幼犬早点开始社交训练，并对它社交培养成功，你会发现这是一种有价值的快乐经历。

熟悉适应其他狗狗

　　狗狗需要尽早学会与其他狗狗交流。没有进行正确社交训练的幼犬在成长期会越来越害怕其他狗狗，而这通常会导致攻击行为。同龄幼犬间的玩耍能使你的狗狗最好地学会如何与其他狗狗相处。玩耍期间，狗狗们会发现如何理解彼此的肢体语言，并如何做出合适的反应。它们也能学会如何表示友好和判

结交新朋友
带狗狗去会晤不同体型的各类动物吧，这会使你的狗狗充满自信。

断其他犬只是否友好。

　　成年犬能很好地教给幼犬如何举止良好，而你要确保你的小狗狗只结交社交训练良好而友善的成年犬。但如果你带狗狗去公共区域将很难做到这一点，所以要时刻警惕，遇到潜在麻烦犬只要赶快离开。只要有一次负面的经历就足以让你的狗狗终生害怕其他犬只。一个优质的幼犬课堂应当包括与安全类型的成年犬的交流，让你的狗狗在与其他犬只交际时留下积极的经历，将确保它日后勇敢地和外界交流。

高度的感知力
虽然狗没有人类敏感的视觉，但它却善于洞察人们的举动，无论多么细微。这使得它能在我们自己有意识之前就预测到我们的举动。

幼犬课程
组织良好的幼犬课堂对你的狗狗非常有益，你要寻找那些基于奖励教学法并每一次组织有限数量幼犬游戏的课堂。

会见家人

如果想使你的狗狗变得有礼貌而自信，一定要把它介绍给不同的人群。狗狗很快就会和所有的家庭成员成为好朋友，但在陌生人面前会害羞。邀请不同年龄、不同性别的客人到家中见见你的狗狗。示意客人如何与你的狗狗交流，但不要让他们吓住狗狗。要告诉客人们：请耐心等待狗狗首次接近他们时再跟它打招呼。当狗狗接近客人时，要确保客人给狗狗足够的奖赏食物和温柔的关爱。

让狗狗尽早与孩子们多接触，从而使它适应与他们相处，教会孩子们和狗狗在一起时如何举止合理。你应该一直指导孩子们和狗狗的交流，因为孩子们突然的举动和闹声有时会使狗狗受惊。但是，不要过分保护狗狗而错过这样的机会：带着你的狗狗去校门口接送孩子。这是让狗狗和不同年龄段的孩子们接触交往的极好方法，在这些场合用大量的赞扬言辞和美味的奖赏食物能确保狗狗快乐地记住这些经历。

当你和狗狗在户外时，花些时间尽可能地会见和招呼不同的路人。如果你的狗狗对于慢跑者或骑自行车者的快速运动感到惊慌，不妨请他们停一下，向你的狗狗打个招呼。如果人们乐意的话，还可以请他们手拿奖赏食物并蹲下，等待狗狗接近他们。

小玩伴
孩子们会和狗狗成为最好的朋友，但是他们需要时间来彼此适应。

新生儿
慢慢让婴儿和狗狗认识，但是千万别让他们单独待在一起，可以从让狗狗熟悉婴儿衣物的气味开始。

介绍猫咪
介绍猫咪给狗狗，但要阻止狗狗去追赶猫咪，当猫咪感到有威胁时要让它有机会跑掉。

奇怪的声音
拿着很多奖赏食物慢慢介绍有噪声的物体（如真空吸尘器）给你的狗狗，让它习惯吸尘器的工作状态后再长时间开启机器。

新的视野和声音

除了其他犬只和人类，幼犬一生中将会遇到许多陌生的事物并且需要去适应它们。对幼犬来说，又大又响又可怕的东西有洗衣机、咖啡豆研磨机、割草机、吸尘器、滚筒烘衣机、汽车等。花一点时间，让幼犬以自己的节奏去适应诸如此类的东西是很有必要的。但不要强迫它去研究这些东西，而是制造一些情景，使它能够从远处观察这样的东西，当它有些信心时，再让它慢慢去接近。无论你去哪里，都带些狗粮，和你的狗狗一起玩耍并慷慨地奖励它，使每一次新经历都变得快乐有趣。你要仔细地照看你的狗狗，如果某些事物或经历使它感到困扰，不要一味避开，而是让它慢慢去熟悉，这样它才能学会不产生消极反应。在某些更有压力的情形下，用玩具来分散它的注意力或者和它谈话，直到它忘记自己的紧张。一旦它放松下来，你就可以鼓励它靠近些。

驶来的汽车
让你的狗狗以自己的节奏来适应汽车，用奖赏食物来嘉奖它冷静的表现。一旦它认识到汽车只是背景事物，没有伤害性，就不会再害怕了。

追赶游戏
如果你的狗狗去追赶车辆或者家畜，它很可能会受伤，所以从一开始就要阻止这种行为。如果需要的话，可以求助专业人士。

前方的危险
当你看到一位骑自行车的人或慢跑锻炼者迎面而来时，鼓励你的狗狗乖乖地待着，等别人过去马上奖励它。

汽车旅行

对幼犬来说，汽车旅行是一种非常陌生的经历，需要时间来适应。狗狗通常很警惕汽车旅行，因为最初两次旅行是令它不安的，一次是被带离母犬，还有一次是看兽医，都不是愉快的经历，留给许多狗狗关于汽车旅行的不良影响。花费时间调整你的狗狗对于汽车的看法，将会预防未来的旅行问题。

当汽车引擎熄灭时，鼓励你的狗狗在车上探个究竟，让它适应开关车门的声音及在车中的感受。花时间和你的狗狗待在车里，或者让它在那里睡觉，它会开始把汽车当作一个不错的地方。应把狗狗放在它未来旅行中会坐的位置上，比方如果你计划把你的狗狗放在车后的箱笼里带它去旅行，那从一开始就将它放在那里。

当你带着狗狗开车旅行时，出发前要确认它已经大小便。刚开始先进行一些短途旅行，并以快乐的插曲如林中漫步而结束。通过将汽车旅行和一些快乐的事情联系在一起，你的狗狗会很快忘掉先前几次旅行中的紧张和压力。随着时间的推移，当你的狗狗在车中更快乐放松时，再逐渐增加旅行距离。

系好安全带
在乘车旅行时为狗狗系上安全带非常必要，以防止它干扰司机或其他乘客，还能防止它在车里被甩碰。

训练 | 成功旅行

1 在狗狗乘车旅行之前，它应该了解汽车是有趣的。你要花时间陪它在车里或车周围玩，甚至在车里喂它晚餐。

2 抱起你的狗狗放进车里，并确保它不会跳下来，直到它长大能自己跳进车里并且不会伤到自己。与狗狗同时待在车中，表扬它并给它很多奖赏食物。

3 汽车里的整理箱或狗笼是让狗狗感到安全的好地方。那些已经习惯睡在笼子里或箱子里的狗，将会发现这尤其让它感到安心。

晕车

当狗狗发现自己很难适应汽车旅行中不自然的运动时，往往会晕车。事实上，当和狗狗一起旅行时，会遇到很多问题，例如过度吠叫或喘粗气，这表明晕车使它焦躁不安。对很多狗狗来说，可以随着时间推移而克服这些问题。然而，这可能还涉及心理因素，所以要考虑你的狗狗对车的感觉是良性情绪还是相反。如果你拥有一条被救助犬，你对它之前坐车旅行的经历一无所知，要防止它生病可能更困难。治疗有习惯性晕车症的狗狗要使用与训练从未随车旅行过的狗狗一样的方法：花时间与狗狗待在一起，创造一个与车辆的积极联系。关闭引擎，与你的狗狗在车周围玩游戏，使用许多奖赏食物。当你的狗狗

重要提示

■ 确保狗狗在车里站在一个防滑的表面来帮它避免晕车，转弯时要缓慢，加速时要平稳。

■ 即使在凉爽的天气里，狗狗在车里也能很快中暑，因此不要把它单独放在车中过久。

安全第一

坚持让你的狗狗一直等到主人允许它下车时再跳下，永远都不能让它一打开车门就跳出来，因为有一天它会突然跳到路中间。如果必要就限制它的活动，充分表扬它能安静等待。首先教它学会等待很短一段时间，然后逐渐增加等待时间。

在车中放松时，迅速发动引擎，然后和狗狗玩耍。在第一次和你的狗狗旅行时，一直走到路的尽头，再停车陪它玩更多的游戏，并给它更多的奖赏食物。在极端的个例中，你需要咨询兽医。

爱渴的乘客

汽车是为数不多的一个狗狗不能轻易喝到水的地方。要确保能定时停车给它喝水，并且让它大小便。因为车里的热量散发，狗狗可能比平时更需要多喝水。

心满意足的狗狗
在离开狗狗之前，要带它去散步。如果它疲倦而满足，它可能会愿意被单独留在家中，蜷起身来去睡觉。

学会独处

每个人都想花很多时间在狗狗到来后的最初几周和它玩耍。大家的爱抚和关注，加上社交培养训练，通常意味着幼犬在清醒时刻很少会孤独。随着它渐渐长大而不再得到时时的关注，它被单独留置时可能会变得焦虑。幼犬社交训练的一部分应该包括教它学会独处。

选择一个你的狗狗准备睡觉的时间，带它到房间外排泄，然后引导它到睡床，接着安静地离开它的房间。在你身后关住门，忽视狗狗的呜咽、吠叫，直到它自己放弃并入睡。这一训练应当一再重复，直到狗狗学会自己安静地待上几小时为止。

狗狗喜欢跟随主人到任何地方，这种行为应当被阻止。当你在房中走动时，要记住关上身后的门，这样狗狗就不能总是跟着你了。最初训练时，要马上回到狗狗身边，让它感到安心，这样它知道自己没有被遗弃，并且你永远不会离开太久。它会很快明白，在被单独留下时没有必要感到焦虑和不安。

永远不要因为你不在时发生的事情而斥责你的狗狗。如果你离开狗狗半小时，回来发现它咬坏了它的毯子，不要惩罚它。狗狗会把发生的事紧密地联系在一起：责骂你的小狗会使它害怕你回家，而不是害怕咬坏毯子这件错事被你发现。

缓慢分离
用一个楼梯门栏帮助焦虑的狗狗建立起一种让它感到充实的分离状态。即使它不能跟着你，只要能看见你和听到你的声音，它就会感到安心。

大狗狗的焦虑

从未习惯被单独留下的成熟大狗狗在被主人留置时，会变得极度焦虑。它会在门口乱抓、喘粗气、来回踱步、吼叫，以及如厕训练失误，所有这些都是狗狗拼命抗拒自己独处的迹象。由焦虑的大狗狗造成的破坏要花费很多钱去修复，还存在伤害狗狗自身的危险。

根深蒂固的分离焦虑可能会很难克服，有些狗狗太过焦虑以至于仅仅看到主人拿钥匙就感到恐慌。长期病例可能需要从专业犬类行为顾问那里得到帮助，短期内可用药物帮助你的狗狗安静下来，从而集中注意力进行新的训练。社交训练包括耐心返回基础课程，先让狗狗习惯于一次被单独留置几秒，然后你可以逐渐增加分离时间。

分离焦虑

当狗狗真正感到焦虑时，它会通过啃咬身边的任何东西来释放它的不安，包括家具和其他财物，这是狗狗不能适应被长时间单独留置的一个迹象。

> **重要提示**
>
> ■ 在训练初期，让狗狗独处时感到舒适。在白天设置一些时间段短暂离开你的狗狗，它会很快获得自信。

训练爱犬（TRAINING YOUR DOG）

要享受与狗狗相处的时间，不管是在家中还是在户外，你需要训练它举止有教养。训练会增强你们二者之间的联系，并提供狗狗渴望的精神激励。如果你学会如何与狗狗交流，读懂它的肢体语言，将会使训练变得更容易和更令人满足。

与你的狗狗交流

狗狗和人有非常不同的交流方式。尽管狗狗非常善于理解人们的意思，成功的训练仍依赖于人们学会怎样"和狗说话"。

狗狗不懂语言，它只会回应不同的声音。"卧倒"和"蹲下"的命令可能对所有人来说意味着相同的含义，但是狗狗听起来却完全不同。因此你应当选择一个简单的口头信号来发出每一个命令，并坚持使用它而不轻易改变。声音的语调同样重要，幼犬很快就知道一个低沉、咆哮的声音意味着它做错事了，而奖赏食

邀请手势
面向你的狗狗，蹲下来并张开双臂是一个积极的信号。任何时候直接面对狗狗，你都将会招来狗狗与你的交流。

物和爱抚往往伴随着欢快的语调。最重要的是肢体语言，眼神交流是与你的狗狗交流的重要组成部分，但要记住一个长时间的注视会被看作一个威胁。狗狗不会立即理解手势，例如指点，它必须学会在你的手势和它必须完成的任务之间建立某种联系，才会赢得你的奖赏。

手势信号
在知道语音信号含义之前，你的狗狗可能已会识别你的手势。你的手势和你的语音提示保持一致是很重要的。

语音提示
通过重复词语，你的狗狗会知道特定词汇意味着它应当去做什么。一个很好的实验可以告诉你狗狗是否正确领会了你给它的语音信号，就是看狗狗是否在你背向它时，也能回应你的声音。

读懂狗狗的肢体语言

能够理解狗狗的肢体语言就意味着你能清楚地知道狗狗的感受。只有你了解了狗狗开心或是害怕的迹象后，你才能有效地训练它。当狗狗感觉很紧张时，它是不能集中注意力去学习东西的。如果你的狗狗对训练反应不好的话，你就要停止训练并离开，试着分析一下狗狗出了什么状况。

如果狗狗没有一点紧张迹象而又放松的话，它会把尾巴伸到大约与背部水平的高度，并且轻轻地摇摆尾巴。而大多数情况下，狗狗的表情安静，耳朵向前伸。相反，如果狗狗感觉紧张或者焦虑的话，它会耷拉着耳朵，把尾巴夹在两条后腿中间，同时你能注意到狗狗身体紧张或蜷缩。其他能表明狗狗感觉害怕或者焦虑的迹象还有：过度喘粗气、步伐过快或者突然厌食。如果狗狗感到恐惧，你需要帮助它解除忧虑，而不应施加惩罚，那样只会让它更加焦虑。

你也可以通过观察两只狗狗碰面时的动作与行为，更多地去了解狗狗的肢体语言。如果你的狗狗弓起背部，尾巴直直地竖向空中，这表明它很担心，在尝试让自己看起来很强大。两只狗狗彼此打招呼时，它们的肢体语言通常会发生变化。如果另一只狗狗很友善的话，那么你的狗狗之前的紧张情绪就会消失；如果两只狗彼此都无好感时，弓起的背就是惹麻烦的前奏。

放松的狗狗
一只开心又自信的狗狗会以一种放松的姿态走动。任何紧张迹象，比如身体明显僵硬，都在警示主人它感觉不适。你要注意狗狗尾巴的姿势，尾巴直立可能表明狗狗过度兴奋或者要发起进攻，而夹着的尾巴则意味着它的恐惧和焦虑。

打哈欠
狗狗有很多表现焦虑或恐惧的微妙方式，比如在没有理由感觉疲倦时，它却打哈欠和表现困倦。

舔鼻子
在身边没有诱人食物时狗狗不停地舔舐鼻子或者嘴唇，这可能是它在传递恐惧、焦虑或者紧张的情绪。

头转向一侧
有时狗狗会通过将头或者整个身体转向另一边、打断眼神交流或远离被视为威胁的物体等来表明不安的情绪。

基于奖励法的训练

　　已经有很多关于最佳训练狗狗方法的研究。研究结果显示：因不服从主人管教而对狗狗使用严厉的惩罚，如使用很紧的狗链，训斥、击打乃至摔倒狗狗，不仅不起任何作用，还会带来更多的行为问题，比如进攻性和焦虑。训练狗狗最有效的方法是找出什么东西能激励狗狗，并在它按你要求的方式表现时以此奖励它。

　　想要奖励你的狗狗，就要了解它对什么感兴趣。每只狗狗都是与众不同的，因此对奖励的反应也不尽相同。但是，有一些共同的激励因素可以用来帮助训练绝大多数狗狗。简单的表扬对小狗来说就是非常有效的奖励。狗狗是社会化动物，它能发现与家庭成员积极的接触是很值得的。为得到奖励，大多数狗狗乐意做你要求它们做的事情。

　　然而有些狗狗注意力很容易分散，那些令它们取悦主人的激励因素很快会被更强烈的欲望所取代。比如，你的狗狗会不

最喜爱的玩具

许多狗狗在训练中被玩具所激发。如果你的狗狗喜欢玩玩具，将它最喜欢的玩具放置一旁，等到训练后再拿出来作为对它的奖赏。

顾你的呼唤去追赶一只兔子。这并不是因为它不再爱你或者不再尊重你，而是因为在有些兴奋时刻，它发现追逐所带来的不同寻常的刺激比你通常给予的赞美更富有吸引力。在训练狗狗过程中，为了避免这样的注意力分散，你必须发现其他对狗狗来说更有价值的东西。在狗狗训练中，最具诱惑力的是玩具和食物。你要使用狗狗真正喜欢的东西，让它更有动力接受训练。

赞美
训练中最好的奖励之一是赞美，而且不需要辅助物品。你只需要对狗狗充分赞扬，还可以友善地同它谈话并抚摸它。

奖赏食物
所有的狗狗都觉得食物具有激励性。用来训练用的奖赏食物应该是对它来说特别美味的小块食物，最好选择健康的食物，比如烹饪过的鸡肉或奶酪。

奖励的时机
给狗狗的奖励太慢会让它养成不良习惯。如果得到奖励时狗狗分散了注意力，它就不能在奖励和理想的"坐"姿之间形成关联（见上图）。你的狗狗一服从你的命令（见右图），马上给它奖励，这样它就能学得非常快。

选择时机的重要性

　　作为一名狗狗训练师，也许你需要掌握的最重要技巧是选择好训练时机。狗狗的学习完全依赖联系和联想，这就意味着如果狗狗按你的要求做事并立刻得到奖励，它可能会重复刚刚的行为。当然，这也导致一些行为问题。比如，如果一只想寻求关注的狗狗跳起来，你推开或者呵斥它，它仍然得到了想要的关注。实际上，狗狗已从跳起动作中得到了回报，因此可能还会再继续扑跳。如果该动作这样重复下去，就会成为一种习得行为并在以后经常重复。

　　然而，狗狗的这种联系学习方式在教它如何举止文明方面非常有用。如果每一次你的狗狗坐下来会立刻得到奖赏食物，它就会更加频繁地坐下。"坐下"这个行为和奖励就已经关联起来。当狗狗蹲踞时，你能容易地加入声音提示，这样就能创造出一种按照命令而产生的习得行为。但是，如果你把奖赏食物放在口袋里，过一会儿再把它拿出来，狗狗坐下后就会变得很烦躁，当你给它食物时它就会朝你扑过来。它再次认识跳跃是一种有价值的行为，因此会更频繁地去重复这种不良行为。

睡觉时间
如果你的小狗狗在训练之间休息的话，它会学得更好。一只幼犬很容易犯困，所以训练时间要短一些，并让它经常休息。

基本命令

　　"坐下"对小狗狗来说是生来就会的行为，因此从这个行为开始正式训练是很好的出发点。对于小狗狗来说，坐下是一项很容易就能学会的指令，而且还能保证主人给予它奖励。因此，当有奖励时小狗狗就会立刻坐下。随着年龄的增长，坐下这个行为很平常了，狗狗从中很难再得到奖励，它就会用其他的方法得到关注，比如跳跃或吠叫。无论什么时候狗狗坐下来，你都要奖励它，以此强化狗狗理想的安静行为。

　　教会狗狗卧倒比教它坐下更难，这是狗狗必须学会的最有用的基本姿势之一。卧姿是比坐姿更稳定的姿态，这意味着狗狗卧倒后不太情愿再运动。下达有效的"卧倒"命令在紧急状态下需要就地阻止狗狗前行时至关重要，比如在它冲向马路时。卧姿还能强化松弛心态，帮助狗狗在兴奋情况下保持安静。你应当尽早让狗狗学会卧倒，因为在训练期间狗狗分神而不注意主人命令时，"卧倒"命令非常实用。在小狗狗积极主动时开始训练它卧倒，比如，如果你饭前训练饥饿的小狗狗，

在路边

无论何时需要控制你的狗狗，都可实践"坐下"的命令。例如：让小狗狗在每一条路边坐下，就能教会它不要直接闯入车流（不可能每次都能及时拉短牵绳来避免灾祸）。记住在每条路边，不仅仅是主干道，都要让狗狗练习坐下，因为你的小狗狗不能辨别它接近的是何种类型的道路。

它就会反应灵敏，因为它渴望得到奖赏食物。先在柔软的物体表面（比如地毯或者草地）进行训练，随后再转移到更硬、不太舒服的地方。至于你使用的所有命令，一定要注意每个词汇的准确含义。如果你命令狗狗卧倒时使用"下"这一词汇，那么让狗狗从家具上下来时，就不要再使用同一用语。

训练 | 坐下

1 让狗狗站在你前面，把奖赏食物放在它鼻子前，然后在它头部上方附近向上和向后慢慢移动你的手，不要立刻放下食物。

3 一旦每次奖赏食物在它头顶诱惑时，小狗狗都能确实坐下，你就开始在让它"坐下"的同时做出一个明确的手势，然后你再蹲下引诱它到以前的位置上去。

2 当狗狗鼻子跟着食物向上时，它的后臀必须挨着地板。让狗狗"坐下"，它的后臀一坐下，你就让它吃食物同时还要夸奖它。只要它保持这一姿势就要一直夸奖它。

训练 | 卧倒

1 在无干扰的环境中，比如你的后花园，向狗狗表明你有美味的奖赏物，从而吸引它的注意力，用奖赏物引诱狗狗呈坐姿，但不要让它叼走奖赏物。

2 将奖赏物从狗狗鼻子处以直线方向挪走至地面，动作要缓慢，让狗狗的鼻子追随你的手，但你仍要紧握奖赏物，让它啃咬奖赏物，从而对训练不失去兴趣。

3 当你的狗狗跟随奖赏物时，它会逐渐蜷缩身体至卧倒姿态。一旦它充分卧倒，发放奖赏物并表扬狗狗。当狗狗肘部触地时发出"卧倒"的命令。

替代训练方法
如果你的狗狗不愿卧倒，你可以采取另外一种方法：用你的腿部拱成桥梁，诱使它从下面钻过，使你的腿部一直保持桥梁形状，并使用很多奖赏物直到它充分卧倒。

复杂指令

教会你的狗狗"待在那里等我回来"这样的命令在许多场合下都非常有用。该命令不仅适用于家庭中和散步时的日常用途，在其他麻烦境遇中也非常有用，比如当狗狗从你身边逃跑并穿越马路后，你希望它原地等待，而不是让它重新穿越路面而面临危险。狗狗的本性驱使它时时跟随你，所以当你想让它停留在某一特定位置时，如果你身体侧面冲它，并避免眼神接触，会使训练较易进行。这样做时狗狗会认为你没有同它在交流，从而不会老是跑到你身边。

所有的狗狗都要学会佩戴牵绳散步，而且不能拉扯牵绳，这样散步会是快乐的体验，而非主人和狗狗之间一路上的争斗。幼犬并不会马上明白牵绳的用途，因而会本能地拉扯牵绳，以图更快到达它喜欢的目的地。如果狗狗从一开始就明白拉扯牵绳永远不会奏效，它很快就会停止这种尝试。在狗狗无论何时拉扯牵绳时，一定做到停下脚步，直到它停止拉扯，或呼唤它恢复正确的姿势。

抵御诱惑

"原地不动"命令可以用来教会狗狗无视食物和其他诱惑。当狗狗学会远离人类食物时，要马上奖励更适合它吃的食物。

训练 | 佩戴牵绳散步

1 在几乎没有干扰的地方开始训练，用长牵绳控制狗狗，用奖赏食物引诱它到你腿旁边的合适位置，当它处于正确位置时，充分夸奖它，并让它吃奖赏食物。

2 在狗狗失去兴趣并企图跑开之前，表明你还有奖赏食物，但让它无法拿到。呼唤狗狗的名字以保持它的注意力，当你移动时不要让牵绳绷紧。

3 往前走出一步，向狗狗发出"站住"命令，马上弯身下去给它奖赏食物。重复训练步骤，每次一步，然后停下迅速取出另外一个奖赏食物，这样狗狗就不会失去注意力。

训练｜原地不动

1 让你的狗狗"坐下"，你要先站立然后迅速弯身奖给它奖赏食物。下一次你站立并数到2时，再给它奖赏食物，逐渐延长狗狗蹲坐和得到奖赏之间的时间。

2 当狗狗能在你面前逗留一段时间时，离开它一步远，再给它奖赏食物，重复该步骤，逐渐延长奖赏的间隔时间。当它能够距你一步距离而保持坐姿时，逐渐增加距离。

4 随着狗狗更有自信并注意你的命令，增加与它的距离步数，再给它以奖赏。训练要循序渐进，你要始终对其予以表扬。一旦牵绳绷紧，停下你的脚步，诱使狗狗恢复正常姿势，然后重新开始。

跟紧主人

让你的狗狗始终紧随你之后并无必要，只要它不绷紧牵绳即可。但是有时让狗狗紧随你之后很有益处，比如在人行道上经过其他人身旁时，可以借用训练使用长牵绳散步的方法（详见326页）。通过奖赏狗狗食物使它保持正确的行走姿态，一旦狗狗能稳定跟随你之后，逐渐减少奖赏直至停止。

听口令马上返回

所有的狗狗都喜欢去公园或到乡村户外,在那里它们可以自由奔跑、充分舒展肢体、玩玩具或与其他犬只戏耍。但是直到狗狗学会听到你的呼唤便即刻返回之前,让它脱离牵绳四处乱跑并不安全。你可能遇到非常害怕狗狗的人,或其他不友好的犬只,也许你的狗狗会看到兔子或松鼠而跟随其后跑向马路。无论遇到何种干扰,一个负责任的犬主要使狗狗处于掌控之中,甚至在它不佩戴牵绳时也是如此。教会你的狗狗听到命令时即刻返回非常重要。狗狗天性追随主人,不愿远离你,这使得狗狗很早就能习惯于"回来"命令的含义。当狗狗离你距离不远时,你蹲下的同时用力挥舞你的手臂并呼唤它的名字,当它向你一路跑来时,夸赞它是个好乖乖,并加入提示性命令。每次它听到呼唤并马上跑过来后,都要记得特别奖励它食物,这样它会懂得它的所作所为具有价值。当狗狗长大并更加独立时,它不太情愿听到命令就非得径直向你跑来,而更可能继续探究吸引它注意力的东西。在最初与狗狗散步的日子里,教它学会佩戴牵绳,听到命令要马上返回,直到你确信它每次都能正确反应,可换用长牵绳继续训练"回来"的命令,直到最后完全去除牵绳。这一阶段需要一个安全的训练场地。

重要提示

■ 在训练狗狗听到命令回来时,无论它花费多长时间完成任务,都要记住夸奖它。切勿因狗狗慢腾腾的行动而斥责它,这会令它日后更不情愿听到命令后回来。

■ 用哨子发出召回命令是非常有用的方法,因为哨子声音清晰而且传输距离很远。

教会你的狗狗取回一个玩具,是通过游戏有效强化"回来"命令的好方法。当你的狗狗跑到你抛掷的玩具跟前时,它会把玩具叼回到你身边,于是你能够再次进行抛掷游戏。让狗狗听到命令自然返回,是帮助它学习"回来"命令的好办法。教会狗狗正确取回物品,也能杜绝问题行为的形成,比如偷窃物品和逃离主人。

训练 | 听到口令返回

1 让狗狗看到你手上有非常美味的奖赏食物,然后走开一段距离,如果狗狗不能等待,请别人轻轻拉住牵绳而控制它。

2 转身面对你的狗狗蹲下并充分展开胳膊,用响亮欢快的声音呼唤狗狗名字,让它"回来",持续喊叫直到狗狗有所反应。

训练｜取回物品

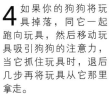

1 与狗狗和它的玩具一起游戏，让它兴奋起来。当它注意力完全聚焦于玩具时，将玩具扔至不远处。

2 当狗狗朝玩具跑去时，发出"取回"的命令。当它跑到玩具跟前时，先充分表扬，再用欢快的声音召回它。

3 当狗狗带着玩具向你跑回时，马上蹲下鼓励并表扬它。用奖赏食物来交换玩具，并重复这一步骤。

4 如果你的狗狗将玩具掉落，同它一起跑向玩具，然后移动玩具吸引狗狗的注意力，当它抓住玩具时，退后几步再将玩具从它那里拿走。

4 当它来到你身边时，轻轻抓住项圈给它奖赏食物并充分表扬，以防止它又马上从你身边跑开。

3 当狗狗向你跑来时，充分表扬，一直到它回到你身边，给它看到奖赏食物，并诱使它走近你。

健康和医疗（HEALTH）

让你的狗狗一生中尽可能保持健康是你的职责所在，你应该了解狗狗健康医疗的基本常识并判断何时有必要带狗狗去看医生。要确保狗狗从早期就能在兽医诊所里感觉快乐而放松，这是日后轻松拜访医生的重要准备。

如果你的狗狗搔抓不停，检查它是否有狗虱

会晤医生

在你将新狗狗抱回家之前，就应当在当地兽医诊所注册登记，你可以拜访数个诊所，询问有关问题，并做出比较，也可以向其他犬主了解信息，他们也是很好的建议来源。一旦你拥有一只新狗狗，最好尽快带它到兽医那里做一次全面的医疗检查和疫苗接种。这也是一个学习喂养知识和了解本地幼犬课堂等事宜的很好机会。

尽管兽医诊所是个陌生的地方，充满特殊的气味和声音，但狗狗们并非天生害怕兽医。如果狗狗的最初几次兽医诊所之旅是很愉快的经历，而且得到了充足的奖赏食物和拥抱，那么在日后有必要就医时，它就不会抗拒偶尔进行的注射和感到紧张。即使你没有预约，诊所也可能会让你和狗狗做一次社交性访问。请护士或接待人员给你的狗狗一些奖赏食物，这样它就能对诊所和其中的人员产生好的印象。

在你第一次正式访问兽医时，要记住让你的狗狗在离家之前有机会大小便，并一定要早些时间到诊所。当你进到诊所时，要小心其他动物，不要以为所有的犬只都喜欢看到一只小狗狗。

初次见面
狗狗与兽医的初次见面不仅仅是一次健康检查，也是重要的社交能力培养，一定要保证这是一次快乐之旅。

疫苗接种
一般来讲，幼犬在繁育者那里接受初次疫苗接种，在搬到新家不久需要第二次接种。常规防疫接种能使狗狗抵御多种潜在致命疾病，如犬温热、肝炎和副流感等。

被阉割的犬只
大多数犬主将爱犬阉割，你的兽医可为你建议最佳的手术时间。

诊所会有许多人对你的狗狗很感兴趣，请他们多多爱抚它。但除非狗狗已经接受全面的免疫接种，不要将它放在地板上。在就诊过程中，你的兽医需要彻底检查狗狗并进行注射，这一过程要缓慢、轻柔地进行，用安抚的语气同狗狗说话，在整个检查过程中，让它从你和兽医的手中得到许多奖赏食物。

预防措施

如果你的狗狗还未被繁育者植入芯片，请兽医帮你完成这一任务。虽然狗狗会随时佩戴项圈和标签，但植入了芯片意味着即使它丢失项圈，也很容易让人们识别它的身份。在狗狗每年进行加强防疫时，请你的兽医检查它的芯片情况是否正常。

在常规访问兽医的间隔中，你还需要采取措施来保护狗狗免受常见寄生虫的侵袭。有多种有效的除虫和除虱手段可供你选用，兽医会建议哪种最适合你的狗狗。

如果你并不打算利用你的狗狗繁育后代，那么你可以在对兽医的早期访问中探讨阉割事宜。雌犬通常在第一个发情期后被阉割，这样做的好处之一是除了避免意外怀孕，也可减少乳腺癌的发生率。被阉割的雄犬较少具有进攻性和随意四处流浪。阉割手术一般只在狗狗生理成熟时才能进行，你的兽医会向你充分解释这一措施的利弊，如果你确定给狗狗进行手术，他还会向你建议手术时间。阉割手术通常在麻醉情况下进行，所以你还要询问有关狗狗的术后护理事宜（见333页）。

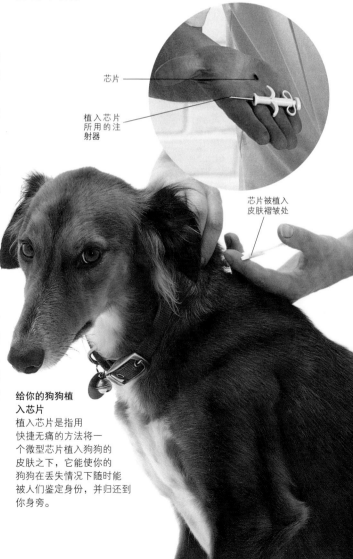

芯片

植入芯片所用的注射器

芯片被植入皮肤褶皱处

给你的狗狗植入芯片
植入芯片是指用快捷无痛的方法将一个微型芯片植入狗狗的皮肤之下，它能使你的狗狗在丢失情况下随时能被人们鉴定身份，并归还到你身旁。

辨明狗狗是否生病

不同的犬种对疾病的反应方式不同，作为主人你非常了解狗狗的日常生活习性和日常状态，因此在狗狗生病时你最有能力辨别不同于正常情况的变化。如果健康问题能早期识别并诊断，就可以及时地进行治疗，治疗效果也会更好。

如果你的狗狗正遭受病痛，当它运动时可能一瘸一拐，或被抚摸时不正常吠叫，通过这种方式狗狗将它的病痛明显表现出来。其他疾病表现症状包括呼吸困难，如咳嗽或不明原因喘粗气，还应当注意眼睛和鼻子是否有不正常的分泌物，过度搔抓，比正常脱毛量大的被毛缺损，懒于运动，饮食、进水习惯突然改变，等等。但不是所有的疾病指征都能在身体上反映出来，性格和行为的不正常改变也可能表明你的狗狗生病了。比如，如果狗狗突然具有明显的攻击性，这可能是因为身体不适或痛楚而表现出的自我保护机制。

另一个好方法是跟踪观察狗狗的如厕习惯，从而了解什么是正常情况。尿液和粪便的数量、外观和发生频率的任何突然改变，都可显示健康问题。同样呕吐也是疾病的症状，但要记住狗狗是天生的食腐动物，拥有非常积极的呕吐反射能力来保护自己不受可能吞下的有毒食物的侵害，因此你要区分正常反射呕吐和疾病性呕吐。

安全毛毯
一条温暖的毛毯，在处理多种状况时都很有用，比如休克或高热。如果你需要将狗狗留在兽医诊所，这条毯子还能极大地安慰它。毯子的味道能使它想起自己的家，在你回来看它之前能很好地安抚它。

轻微伤害和急救

在应对任何伤害时，你的第一反应是带狗狗到兽医那里就诊，但是在有些情况下，你可以先采取急救措施，再送狗狗到兽医诊所。遇到严重伤害时，打电话寻求医生帮助，然后将狗狗置于复苏急救状态：让它右侧卧身，放直头部和颈部，将舌头牵拉至鼻口部一侧，以保证呼吸道畅通，检测它的呼吸和脉搏，直至援助到来。

如果伤口有大出血，在医生接管之前，你必须先予以处理：用一块干净吸水的材料，如纱布，盖在伤口处，并用绷带

紧急情况下的耳部包扎
护耳部伤口并防止狗狗抓挠，你应当将其耳扇平贴头部上端进行包扎。可以用一件紧身衣套在狗狗颈部，充当合适的绷带，但记住不要包扎得太紧。

重要提示

■ **脱水检查**
轻轻地捏住狗狗背部的松弛皮肤，略微拉起然后松开。水分摄入充足的犬只的皮肤会马上弹回原状，而脱水犬只的皮肤恢复原位要缓慢一些。

■ **牙龈颜色检查**
苍白的牙龈，表明休克或内出血；而鲜红的牙龈，则可能由中暑或高热造成；青色的牙龈表明机体缺氧。

包扎和固定位置。如果你怀疑伤口里有碎片，不要施加太大压力，因为你有可能将碎片压进更深的部位而造成更多伤害。不要企图从伤口向外拔出任何大的异物，比如碎玻璃或金属，否则有可能造成严重出血。

术后家庭护理

接受过手术的狗狗从兽医诊所回家后需要充分护理和关爱。如果它还在麻醉恢复期，可能会非常无精打采；另一方面，它会表现得好像完全康复了，想要正常活动，这对它的恢复很有损害。跳跃可能会使伤口缝合处崩开，或断裂的骨骼再次错位。所以你要鼓励处于恢复期的狗狗保持安静，可以将它安顿在房屋一处安静区域的毛毯上，还可以在医生许可的情况下给它一个可咬嚼玩弄的玩具。要保证家中的孩子理解他们的玩伴，在完全康复之前不能活跃地玩耍或脱离牵绳运动。

在术后狗狗几乎都要服用某些药物，还可能有缝合伤口或缠有绷带。它可能需要佩戴叫作伊丽莎白项圈的特制项圈，以防止碰触伤口。如果你的狗狗在幼犬期就得到过很好的照顾，你可能在按医生嘱咐对其进行后续治疗时并无太大困难，而且这还是它享受特殊关爱的一个好机会。

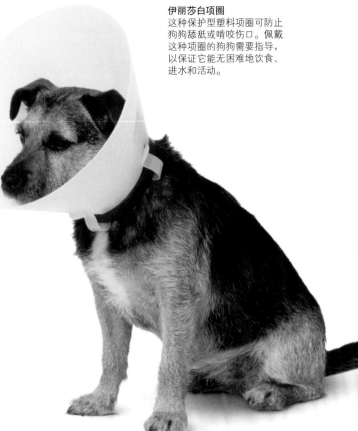

伊丽莎白项圈
这种保护型塑料项圈可防止狗狗舔舐或啃咬伤口。佩戴这种项圈的狗狗需要指导，以保证它能无困难地饮食、进水和活动。

隐藏的药片
给狗狗服用药片的最容易方法是将其藏在食物中，狗狗进食时你可以站在旁边观察，在它进食后检查食碗以确保隐藏的药片已被吃掉。

给狗狗服用液体药物
最好使用注射器给狗狗喂食液体药物。用你的一只手轻轻抓住并封闭狗狗的嘴，将注射器插入嘴唇一侧，将药物缓缓注入它的口中。

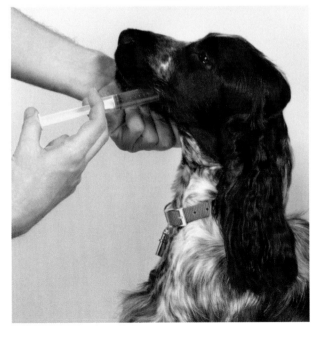

与特定犬种有关的健康问题

自从人类首次繁育犬类以来，就一直为不同目的而定向繁育，因此犬种的类别非常多样，每一个犬种都有它自身的特殊品质和特征。在部分犬种的繁育中，某些特征被人为地极力突出。如果这些特征为你所选择的宠物所有，一定要对其充分考虑，因为它们可能造成健康问题。比如某些犬种被专门繁育出带有皱纹的赘皮，它们容易患皮肤感染，因此需要定时清洁皱纹皮肤。同样被繁育用于抵御严寒的犬种生有非常厚的被毛，当它们被喂养在相对温和的气候中时，会产生非常不舒服的皮肤疾病。无毛犬种易感风寒，也容易被阳光灼伤，在外出时需要保护它们的皮肤。背部长的犬种可能善于钻入地洞，追捕小型哺乳动物，但在上下楼梯和跳上沙发时会遇到困难。被繁育成拥有短平面部的犬种容易罹患呼吸疾病和中暑，因为尽管它们大口呼吸，但短短的鼻口部不能提供有效的降温方式。

体重问题

狗狗们是食腐动物，一般会碰到什么吃什么，唯恐不知下一餐会在何处。没有食物忧虑的宠物犬在此天性支配下往往身体发胖得厉害，像肥胖人群一样，肥胖狗狗处于健康高风险状态。你的狗狗腰围日趋增加，但你天天陪伴左右，所以很难察觉，最好把定期给它称量体重作为常规体检的一部分。大型犬的主人可能需要到兽医诊所使用专用体重计。如果你发现狗狗过于肥胖，那就开始努力帮它逐渐减肥吧！你可以增加狗狗的运动量，同时减少它的饮食摄入，兽医还会为胖狗狗推荐低脂肪食谱。

超重
许多健康问题与过高的体重相关，最近的研究表明，狗狗承受的体重压力可以最多减少它两年的寿命。

皮肤问题
像沙皮犬之类的犬只，深深的皱纹皮肤成为细菌的滋生地，需要主人帮它定期清洗以防感染。

下颌突出的颌部
像斗牛犬一类的犬种有着下颌突出的颌部和短鼻口部，空气在其中通过时没有时间充分冷却体温，所以这一类狗狗体温容易迅速上升，因此需要比其他种类犬只更长时间地大口喘气。

检查狗狗健康
随着狗狗变老，定期检查它身上可能显现的新肿块或皮肤隆起更为重要。

充分休息
老年犬需要增加睡眠时间并趋于深沉睡眠，所以不要让你的狗狗在睡眠时受到打扰，并尽可能让它自然醒来。

老年犬

　　老年犬可以健康生活多年，但正如人类一样，老龄化带来需求的改变。如果你喂养的老年犬因部分牙齿脱落而饮食困难，一定要将食谱更换为适合它年龄段的配方（要包含更多容易咀嚼的柔软食物），以满足它正常的营养需求，它的饮食还应当包括减轻老年犬常见关节疼痛的营养物。你还要记住经常清洗老年犬的牙齿，因为它的牙齿最容易积淀牙菌斑。

　　一只老年犬的运动量需求也比年轻时下降，但仍需要每天散步改善机体循环，并需提供必要的视觉和嗅觉刺激锻炼。当你的老年犬躺卧时间更长时，可能会患上压疮，所以要密切注意它肘部一类的脆弱部位。如果你的老年犬是长被毛品种，要经常检查被毛是否打结缠绕。

　　精心照顾你的老年犬的整体健康，保证它能得到所需要的任何帮助，比如在它上下楼梯发生困难时，或不能容易地探头到水碗中充分饮水时，等等。

视力衰退
许多老年犬开始视力衰退并依赖以往环境经验在屋内走动，所以你要在移动家具之前慎重考虑，以免使狗狗困惑于意想不到的障碍。

遗传性疾病

遗传性疾病是指由上一代遗传给下一代的疾病，这意味着个体可能在出生时就患有某种疾病或日后有患上这一疾病的基因倾向。就犬类而言，有些遗传性疾病是所有犬种都可能遗传给后代的，包括关节疾病、失明和耳聋。一个负责任的繁育者会尽力保证将那些患遗传性疾病的犬只阉割，以阻止它们遗传疾病给后代。但是，遗传规律意味着如果某些犬种仅仅是未发病的疾病基因携带者，繁育者则无法完全发现并根除隐患（见以下图表）。

许多遗传性疾病可以通过犬种谱系来追踪，因此繁育者可以通过认真筛查种犬血统，并采取措施减少繁育有缺陷幼犬的风险。负责任的繁育者能追踪调查一个犬种的数代犬只，然后告知你他们繁育的狗狗是否有遗传性疾病风险，他们还会告诉你在选择购买幼犬时应当关注什么样的遗传性疾病因素。

对许多情况而言，尤其是遗传性疾病的隐性基因模式（见以下图表），可以进行基因筛查。应请繁育者出示与你购买的幼犬及其种犬相关的基因筛查结果报告。如果种犬一方是隐性遗传性疾病基因携带者，那么很可能它们的下一代也是如此，因此不经筛查再用你的幼犬繁育是不明智的。如果种犬双方都是隐性基因携带者，你的幼犬患遗传性疾病的风险就会很大。在造访繁育者之前，尽可能多了解你选择的幼犬的基因筛查情况和未来可能的身体健康状况，并确定你知道要了解哪些方面的筛查结果。

即使有理想的基因筛查结果也不能保证你的幼犬将来一定不会患上慢性遗传性疾病。如果你真有此问题，可以联系兽医解决，但一定要反馈给繁育者，以避免曾给你的幼犬带来问题犬的重复交配。

基因和遗传性疾病

遗传性疾病传播给下一代的常见方式是通过隐性基因遗传。以先天性失明为例，幼犬可分为先天失明犬、健康犬和携带隐性失明基因的犬。右面图表显示一只幼犬如何从两只视力完好的种犬遗传失明症状。在遗传阶段1中，两只未受遗传性疾病影响的健康种犬进行交配，但其中一只携带失明疾病的隐性基因（r）。它们生下的所有幼犬都有正常视力，但平均一半幼犬携带失明疾病的隐性基因；如果携带这种隐性基因的犬中的一只未来与另外一只携带相同隐性基因的犬只（阶段2）进行交配，那么有四分之一的下一代幼犬会失明，因为它们从种犬父母那里同时遗传了失明疾病的隐性基因；另外四分之三的幼犬视力完好，因为它们从种犬父母那里遗传了至少一方的正常视力显性基因。

R代表正常视力的显性基因
r代表失明疾病的隐性基因

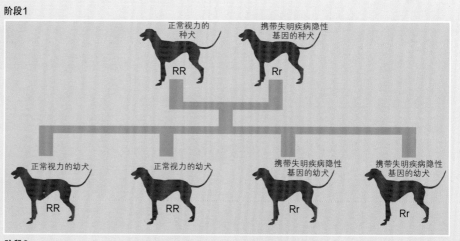

阶段1

正常视力的种犬 RR　　携带失明疾病隐性基因的种犬 Rr

正常视力的幼犬 RR　　正常视力的幼犬 RR　　携带失明疾病隐性基因的幼犬 Rr　　携带失明疾病隐性基因的幼犬 Rr

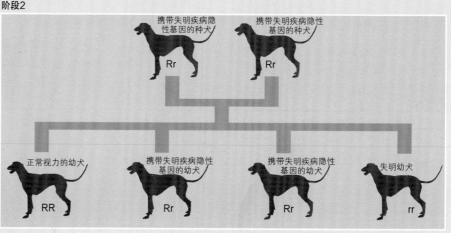

阶段2

携带失明疾病隐性基因的种犬 Rr　　携带失明疾病隐性基因的种犬 Rr

正常视力的幼犬 RR　　携带失明疾病隐性基因的幼犬 Rr　　携带失明疾病隐性基因的幼犬 Rr　　失明幼犬 rr

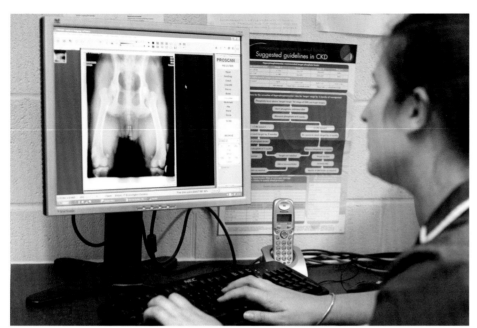

筛查

通过检查种犬父母，可以避免繁育患髋关节发育不良遗传性疾病的幼犬。筛查途径是评估种犬髋关节的X光照片并依项打分，再对比该犬种的平均检查值。

先天性耳聋

一些犬种会遗传完全或部分耳聋。色素沉着和遗传性耳聋之间有一定联系，一些犬种如达尔马提亚犬的白色品种患此病的概率更高。先天性耳聋应当在所有易感幼犬和阉割犬中进行筛查。

考虑未来

当你已经决定购买某一犬种时，研究与这一犬种相关的常见遗传性疾病非常重要。你要仔细了解每一种情况，并清楚喂养带有遗传性疾病的幼犬可能带来的问题。有些遗传性疾病较容易治疗，并不会太影响狗狗的整体健康和自然寿命，但有时需要做些调整。比如，一只耳朵失聪的狗狗需要学习你的肢体语言，大多数时间它不能在不佩戴牵绳的条件下安全奔跑。而另外一些遗传性疾病可能危及狗狗生命并要求主人精心地长期照顾。

你还要考虑照顾一只患慢性遗传性疾病的狗狗的费用支出。你可能要应对多年的兽医账单、常规药物和特殊饮食，而且费用会增加很快，因此在探访一窝狗狗之前要考虑清楚你的现实应对能力。繁育者会很容易说动你买下一只可爱乖巧的狗狗，但你可能缺乏技巧、经验、时间或金钱来充分照顾它。

遗传性疾病

疾病名	症状表现	能否筛查	治疗措施	易患病犬种
椎间盘疾病	与人类椎间盘突出或滑脱症相似，可引起剧烈疼痛甚至瘫痪	不能。基因遗传机制尚不完全清楚	休息或服用消炎药物，严重情况下有必要手术	因基因突变造成四肢短小的软骨发育不全性侏儒犬种
髋关节发育不良症	髋关节发育异常	可以。可进行X光片分析并与正常犬种对比	精心护理和镇痛，手术可行，但不多用	类似獒犬一类的壮硕犬种
肘关节发育不良症	肘关节发育异常	可以。可进行各个肘关节X光片分析并给出数值分析，整体数据高出正常值	病患犬种可进行锻炼管理和镇痛处理	该病常见于大型犬种，雄犬较雌犬更易患此病。生长过快或体重增加会加剧症状
髌骨脱位	先天性病症，髌骨从骨凹槽脱出	不能。病患犬种不应用于配种	主要手段为控制饮食和锻炼，必要时镇痛处理，手术只适用幼犬和行动重度困难犬只	该病常见于玩赏犬种
主动脉狭窄	先天性病症，主动脉血管狭窄，从而减少了血液供应量，造成呼吸短促	不能。病患犬种不应用于配种	运动管理有利于体力消耗时呼吸困难的犬种	该病常见于大型犬种
血管性血友病	最常见的犬类遗传性出血疾病，严重程度各异，但可能致命	可以。根据血液和DNA检测	调整生活方式和使用凝血药物	无特定犬种和犬组
进行性视网膜萎缩（PRA）	视网膜逐渐退化恶变，最终导致失明	可以。简单测试即可将犬只归类为病患、携带和健康个体	调整生活方式	该病可见于大多犬种，但遗传情况各异；遗传基因可能是显性或隐性，3岁龄犬症状已经明显
白内障	眼睛晶状体混浊，从而造成视力受损	可以。一些犬种可进行DNA检测，病患犬种不应用于配种	相对简单的手术即可去除白内障	无特定犬种和犬组，各年龄段均可发病
眼睑内翻	眼睑向内生长，造成眼球损伤	不能。病患犬种不应用于配种	可进行手术矫正	该病常见于短头颅犬种（带短鼻口部的平脸）和头部有厚褶皱皮肤的犬种
眼睑外翻	下眼睑向外生长，可导致干眼症和感染	不能。病患犬种不应用于配种	可进行手术矫正	该病常见于面部皮肤松弛的犬种，如猎犬类

疾病名	症状表现	能否筛查	治疗措施	易患病犬种
双行睫	眼睫毛生长异常，可导致疼痛不适	不能。病患犬种不应用于配种	可请兽医拔除异常睫毛	该病可见于任何犬种，但更常见于头部有中度或重度皮肤褶皱的犬种
耳聋	部分或全部听力丧失，可发生于出生时或其他生命阶段	不能。病患犬种不应用于配种	出生时全聋的犬不推荐求医，部分失聪的犬可享有正常生活	该病可见被毛为白色，带有斑点、斑纹或杂有黑斑的蓝灰色的犬种，以及蓝眼睛的犬种
牙齿异常	大多数犬种的正常牙齿呈剪刀咬合状，若牙齿发育异常会造成上颌突出或下颌突出	不能。病患犬种不应用于配种	大多数犬能正常生活，如果进食、饮水困难可进行手术矫正	下颌突出在有些短头型犬种标准中可以接受，而在其他犬种中则视为缺陷
软腭过长	口腔后部的软腭异常阻塞呼吸道，造成呼吸障碍	不能。病患犬种不应用于配种	情况严重时可手术去除腭部的多余组织	该病最常见于短头颅犬种
甲状腺功能减退症	甲状腺激素分泌不足导致新陈代谢缓慢	可以。可进行血液检测，病患犬种不应用于配种	典型症状如体重增加、嗜睡和被毛缺损，可进行药物控制	该病可见于中、大型犬种，在中年期症状开始显现
糖尿病	犬代谢血糖能力受损，饮食、进水量异常大的犬可能患上糖尿病	可以。可进行DNA检测，但并未常规开展。病患犬种不应用于配种	可进行药物控制	该病可见于任何犬种，但更常见于雌犬，在中年期症状开始显现
腭裂	腭不能在中央正常吻合，导致幼犬无法正常吮奶	不能。任何产下腭裂幼犬的犬种不应用于进一步配种	大多数兽医建议对腭裂幼犬实施安乐死，偶然情况下可以人工喂养幼犬，直到足龄再接受矫正手术	该病可见于任何犬种或杂交犬，但常见于短头颅犬种
巨食道症	食道肥大且缺少吞咽肌，不能容纳下行到胃部的食物，患病犬种持续反刍	不能。任何产下巨食道症幼犬的犬种不应用于进一步配种	治疗措施根据病情严重程度决定，用加高的食碗少量喂养有积极效果	该病可见于任何犬种，如果是先天性的，症状在出生后头几周或数月开始显现
癫痫症	神经性疾病，可造成特有的痉挛发作	可以。可进行DNA检测，病患犬种不应用于配种	癫痫症无法治愈，但药物治疗可大大减少痉挛发作	该病可见于任何犬种，如果是先天性的，症状在6月龄和5年龄之间开始显现

术语（GLOSSARY）

软骨发育不全症：影响犬类四肢长骨发育的一种侏儒症，导致长骨向外拱起，是犬种繁育中专门选育的基因突变，可繁育出像腊肠犬一类的短腿犬种。

杏仁眼：眼角略平的椭圆形眼睛，常见于像库依克豪德杰犬和英国史宾格猎犬一类的犬种。

下须：粗糙浓密的面部下方区域的厚密毛发，常见于刚毛犬种。

双色：任何结合白色斑纹的被毛颜色。

黑色和棕黄色：带有明显界限的黑色和棕黄色被毛，黑色通常见于躯干而棕黄色见于腹部、鼻口部或眼部上方斑点处。这种分布也见于赤褐色和棕黄色、蓝色和棕黄色被毛。

毯状披毛，毯状斑纹：背部和体侧大片的色斑区域，猎犬类常见。

焰斑：从接近头部顶端处延伸至鼻口部的白色宽斑纹。

短头颅：因为鼻口部缩短而显得宽度和长度几乎相同的头颅类型，以斗牛犬和波士顿㹴为典型代表。

布雷克犬：指欧洲大陆猎犬，专门用于追撵如兔子和狐狸一类的小猎物。

马裤：顺腿股部生长的长饰毛，也称为裙裤。

犬种：经选择性繁育并具有相同的特有外观的家犬，符合某个犬舍俱乐部制定的犬种标准并为国际性犬类认可组织认可，如KC、FCI和AKC。

犬种标准：有关一个犬种的精确具体的繁育标准描述：如外观，认可的毛色和斑纹，体高和体重范围等。

斑纹：深色毛在浅色的棕黄色、金色、灰色或褐色被毛上形成的条纹，从而形成了混合毛色。

胸骨：胸部骨骼。

纽扣耳：半竖立耳朵，即耳朵上半部朝眼部方向下折并盖住了内耳，该耳型常见于猎狐㹴。

烛焰耳：像烛光火焰的狭长竖耳，该耳型常见于英国玩赏㹴。

披肩：覆盖肩部的厚毛。

裂齿：上颌的第四颗前臼齿和下颌的第一颗臼齿，可以像剪刀一样切碎肉、兽皮和骨头。

猫形足：脚趾紧凑的圆形足。

标准符合：由个体发育特征和彼此关联而决定的犬种外观一致性。

臀部：尾根之上的后躯部分。

剪耳：手术去除部分耳部软骨而形成的竖尖耳，通常在幼犬10～16周龄大时实施手术。该手术在包括英国在内的许多国家为非法行为。

皮屑：从犬身上脱落的死皮屑。

花斑纹：浅底色上的带深色斑纹的斑点被毛，一般只用来描述短被毛犬种；长被毛犬种的同类被毛称作杂有黑斑的蓝灰色被毛。

残留趾：足部内侧生长的轻质假趾，像挪威卢德杭犬一样的犬种长有双残留趾。

喉部垂肉：在一些犬种的颌部、喉部和颈部折叠堆积的松弛皮肤，如寻血猎犬。

剪尾：根据犬种标准剪至特定长度的犬，通常在幼犬仅出生数天后实施手术。该手术在包括英国在内的部分欧洲国家为非法行为，像德国指示犬一类的工作犬的剪尾行为除外。

长头型：长而窄的头颅形状，鼻止几乎看不出，如俄国猎狼犬的头型。

双层被毛：由厚密保暖的下被毛和防风雨的上被毛组成的被毛类型。

垂耳：从耳根处耷拉的耳朵，更长、更厚实的吊耳是垂耳的极端耳型。

竖耳：耳端尖或圆的竖立耳朵，烛焰耳是竖耳的极端耳型。

丛毛（羽状毛）：在耳际、腹部、腿后和尾巴下侧常见的流苏饰毛。

下垂的上嘴唇：犬的嘴唇部位，常用来描述獒犬类犬只肉乎乎的悬垂上嘴唇。

额毛：前额上在双耳间垂落的簇毛。

皱纹沟：从头顶到鼻止之间的皱纹浅沟槽，见于部分犬种。

步态：犬走动时的姿态。

格里芬被毛：指粗被毛或刚被毛。

斑白色：黑色和白色毛的混合，使被毛呈蓝灰色或铁灰色的底色，常见于部分㹴犬类。

犬组：犬种被英国犬舍俱乐部、国际犬类联盟和美国犬舍俱乐部按实用功能归类为不同组别，但组别名称、认可犬种及每一组的犬种数量各不相同。

乘马步态：有该种步态的犬种，如迷你宾莎犬，在行走时腿的下部抬得很高。

斑块：由白色底色上的不规则黑色斑块组成的颜色图案，仅见于大丹犬。

跗关节：犬类后肢上的关节，等同于人类的脚后跟，因为犬靠脚趾行走，所以该关节升至高处。

伊莎贝拉色： 见于部分犬种的浅褐色被毛颜色，包括贝加马斯卡牧羊犬和杜宾犬。

假面： 通常见于鼻口部和眼睛周围的深色区域。

中型头颅： 基底和宽度适中的头型，该类头型的犬种代表有拉布拉多寻回犬和边境牧羊犬。

阉割： 杜绝犬类生殖能力的手术。雄犬在6月龄阉割，雌犬在第一次发情期后3个月摘除卵巢。

发情期： 母犬交配期内的3周时间。原始犬一年发情一次（和狼一样），其他犬种一般一年发情两次。

水獭尾： 粗圆的厚毛尾巴，尾根宽，尾尖变细，尾巴下侧毛分开。

群猎犬： 指群体围猎的嗅觉猎犬或视觉猎犬。

骹骨： 腿骨下端（前腿腕骨下端或后腿跗关节下端）。

吊耳： 从耳根处悬垂的耳朵，为垂耳的极端耳型。

摆动的嘴唇： 松弛悬吊的上唇或下唇。

玫瑰耳： 向后并向外收起的小型垂耳，部分耳道暴露，常见于惠比特犬。

领毛： 颈部周围的厚而长的立毛，形成衣领状。

黑貂色： 在浅色被毛基底上覆盖有黑色毛尖的被毛颜色。

鞍背部被毛： 在背部延伸的深色被毛区域，呈马鞍状。

剪刀咬合： 中等头型和长头型犬种的正常牙齿咬合状态，上门齿略超出下门齿，但口腔闭合时上下紧密咬合，其他牙齿间无咬合缝隙，形成紧密咬合状。

半竖耳： 仅耳端前倾的竖耳，见于苏格兰牧羊犬（见右下图）。

芝麻色： 由黑色和白色被毛均匀混合的被毛颜色，其中黑芝麻色被毛中黑色毛多于白色毛；红芝麻色被毛为红色和黑色毛混合。

镰刀尾： 尾巴在背部上卷为半圆形。

调羹足： 与猫形足相似，但中间脚趾长于外脚趾，所以形状更近椭圆形。

鼻止： 鼻口部与头顶之间和两眼间的凹陷处。长头型犬种的鼻止几乎缺失，如俄国猎狼犬；而短头型和圆头头型犬种的鼻止非常显著，如美国可卡犬和奇瓦瓦犬。

性情： 犬的整体性格。

上被毛： 外层防护被毛。

顶髻： 犬头部的长簇毛。

背线： 犬的上背部从耳朵到尾部的轮廓线。

三色： 在界限清晰的斑纹处的三色被毛，通常为黑色、棕黄色和白色。

收起的腹部： 腹部朝后躯方位向上收起，见于灵缇和惠比特犬等典型犬种。

下被毛： 通常短而厚、有时卷曲的贴身被毛，在上被毛和皮肤间提供保暖层。

突出下颌： 下颌比上颌突出的面部特征，见于斗牛犬类犬种。

下颌突出式咬合： 像斗牛犬类的短头型犬种的标准咬合状态，因为下颌长于上颌，下门齿位于上门齿之前。

肩隆： 肩部的最高处，颈部与背部交接处。犬的体高一般指从地面到肩隆的垂直高度。

索引（INDEX）

本索引列举的犬种名称后面会有KC（英国犬舍俱乐部）、FCI（国际犬类联盟）和AKC（美国犬舍俱乐部）三个首字母缩写词，它们代表认可该犬种的世界三大犬类认可组织。有时KC、FCI和AKC认可同一犬种，但与本书所用犬种名称不同，这种别名也随认可组织的缩写列在一起。一些犬种获得FCI暂时认可，以缩写形式"FCI*"标明。还有其他一部分犬种没有KC、FCI和AKC等标识，但为起源国的犬舍俱乐部认可，并处在世界三大犬类认可组织认可接受过程中。

索引

索引

索引

索引

致谢 (ACKNOWLEDGMENTS)

多林·金德斯利有限公司非常感谢下列摄影机构善意允许复制他们的图片:

(Key: a-above; b-below/bottom; c-centre; f-far; l-left; r-right; t-top)
6-7 Fotolia: lunamarina. 8 Dorling Kindersley: Jerry Young (br). 20-21 Alamy Images: Juniors Bildarchiv. 22 Corbis: Cheryl Ertelt / Visuals Unlimited (c). 23 Alamy Images: FLPA (bl). 32 Getty Images: AFP (c). 70 Animal Photography: Eva-Maria Kramer (b, tr). 83 Flickr.com: Yugan Talovich (tr). 84 Animal Photography: Eva-Maria Kramer (t). 85 Courtesy of Jessica Snäcka: Sanna Södergren (b). 87 Animal Photography: Eva-Maria Kramer (t). 96 Getty Images: Zero Creatives (c). 108 Alamy Images: imagebroker (br). Photoshot: imagebroker (bl). 115 Getty Images: Mitsuaki Iwago (bl). NHPA / Photoshot: Biosphoto / J.-L. Klein & M (br). 124 Getty Images: Jupiterimages (c). 136 Getty Images: Jupiterimages (c). 148 Alamy Images: imagebroker (t). 172 Animal Photography: Eva-Maria Kramer (b). Photoshot: NHPA (t). 173 Animal Photography: Eva-Maria Kramer (tr, cl). 175 Animal Photography: Sally Anne Thompson (tr, cl). 186 Alamy Images: Juniors Bildarchiv (c). 215 Getty Images: Mark Raycroft (br). 220 Getty Images: David Tipling (c). 224 Pamela O. Kadlec: (t). 260 Alamy Images: RJT Photography (c). 263 Alamy Images: Farlap (tr). 282 Getty Images: Steve Dueck (c). 292-293 Corbis: Ben Welsh / Design Pics

All other images © Dorling Kindersley
For further information see:

www.dkimages.com

Jacket image: front: Corbis

出版商非常感谢下列协助本书出版的人员:

Lez Graham for text; Johnny Pau for design assistance; Monica Saigal, Gaurav Joshi, Suparna Sengupta, and Sreshtha Bhattacharya for editorial assistance; Caroline Hunt for proofreading; Margaret McCormack for the index; The Kennel Club; Jean-Baptiste for help with the Saint Germain Pointers at the Paris Dog Show; John Wilesmith and Stewart Comely from the Three Counties Showground, Malvern; Project Manager Afa Yahiaoui for her help at the World Dog Show, Paris; All committee members and show organisers of the International Dog Show, Genk, Belgium with special thanks to Chairman Willem Vervloet and Deputy Secretary Patricia Claes; Special thanks to the dog handlers and photographer's assistants Hilary Wilkinson, Stella Carpenter, Stephanie Carpenter, and Kim Davies, and photographer Tracy Morgan

出版商非常感谢下列犬主允许我们为他们的爱犬拍照:

Breed name (owner's name/dog's name) Airedale Terrier (Graulus Francois/Hurbie Van'tasbroek); Akita (D and J Killilea and A Clure/Ch Redwitch What Goes Around); Alaskan Malamute (Sian and David Luker/Anubis); American Cocker Spaniel (Wilma Weymans/Chicomy's Midnight Special); American Staffordshire Terrier (Kim Hahn/Beauty Power Pride Justify); American Water Spaniel (Sanna Kytöjoki and Tiina Närhi-Jääskeläinen/Afire's Chocolate Robber "Aapo"); Appenzell Cattle Dog (Claas Wentzler/C-Mexx vom Markgrund); Australian Shepherd (Jens Goessens/Leading Angels Diamond Shock Factor); Australian Silky Terrier (I Leino, shown by Mr and Mrs De Bondt/Bombix Moren par Noster); Australian Terrier (Iris Coppée/Ch Cidan von den Grauen Anfurten); Auvergne Pointer (Peteris Zvaigzne/Khyannes Fata Morgana); Beagle (M Cherevko/Valsi Imagemaker for Bravo Vista Maxim; Peter Lakatos/Black Magic of Celestina's Garden); Belgian Griffon (Mr Nikulins and Patricia Blacky/Harpersband Aleksandra); Blue Picardy Spaniel (Nichael Chayentien/Defi de la Ferme de la Condeune; Richard Floquet/Fangio); Boston Terrier (R Lutz/Macho Tex Mex); Bourbonnais Pointing Dog (Irma Širmeniene/Canine Dawenasti); Bouvier des Flandres (Peter Aerts/Hero von Gewdraa Oel; Nadine and Johan Schoonackers/Juno Black Mystic Legend); Boxer (Mr and Mrs Cobb/Topauly Wizard Apprentice); Bracco Italiano (Mr and Mrs M E Wilson/Braccorions Cruz); Broholmer (Peeraer Alfons/Hugin); Bulldog (Mr and Mrs P W Davies/Quintic Doris at Kismond JW and Flash Zach Kismond); Caucasian Shepherd Dog (Patrick Juilla/Cal); Chinese Crested (D Rich and J and B Long/Champion Sole Splash Russian Dancer Rudy); Clumber Spaniel (Sandra Queen/Tweedsmuir Makaya; Mrs Monaghan/Tweedsmuir Dambuster; Susan Boden/Tweedsmuir Beautiful Dream Among Suelynda and Tweedsmuir Klassic Edition Among Sueynda); Corded Poodle (Françoise and Nadége Baillargeaux/Amazone de Cybele des Can'Tzu and Alaska de Cybele des Can'Tzu); Cursinu (Gilles Cano/T'Ribellu); Dalmation (R and H Tingey/Hoderness Hillbilly by Dallyador JW); Dogo Argentino (PHC Bakkereren/Intl Paradero del Montero and PHC Bakkereren/Jomilito Paradero del Montero); Drentsche Partridge Dog (Niels Peter Jakobsen/Fog's Lucca); English Cocker Spaniel (Luise and Peta Doppelreiter-Baines/JW Riondel Riddick's Cronical from Furians); English Pointer (Mrs Siddle/Wilchrimane Ice Maiden); English Springer Spaniel (C Woodbridge and T Dunsdon/Seaspring Shipwrecked "Eddie"); Entlebucher Mountain Dog (Dog's Name: Kazanova iz Blagorodnogo Domh); Field Spaniel (CH and J Holgate/Ewtor McEwan at Nadavin); Flat Coated Retriever (Steve

Hammersley/Stranfaer Doctor Foster); Fox Terrier – Smooth-haired (Mr and Mrs Pitel/Clara); Fox Terrier – Wire-haired (Veronique Gehan/Legend of Crudy Zapphir); French Bulldog (Jack Meerten/Usm u.d Mestreechteneerkes); French Pyrenean Pointer (Mr and Mrs Jacques Brain/Elfy de Bois le Bon; Maria Fernelius/Farin de la Balingue; German Hunting Terrier (W.F.D (Fred) Amiabel/Faita vom Eichblatt); German Pointer – Short-haired (Shelley Fisher/Will I Am Of Ankherwood JW); German Pointer – Wire-haired (Karel Brusten/Hans); Giant Schnauzer (Marie-France Seewald/Gloris Gaia); Glen of Imaal Terrier (Marc Vande Wiele/Fiddlers Green Bel-Ami); Goldendoodle (James Harrison/Elsie); Great Swiss Mountain Dog (Astrid and Oliver Thomas/Aljosha vom Muckenbruch); Greyhound (Uwe and Cordelia Schmidt/Artefakt Demigodat Resch Wind); Griffon Fauve de Bretagne (Michel Imbert and Daniel Carrat/Carlos); Hungarian Kuvasz (Jeanette De Jong/Grada-Merieno A Gázdaság Rol); Hungarian Vizsla – Smooth-haired (Jessie Claire Van Brederode/INT LUX NL CH Bink V D Achtoevenslag; Irma Sirmeniene/Malomkozi); Hungarian Vizsla – Wire-haired (Mrs Jane Delf/Tragus Kashka); Irish Terrier (Nanna Pesola/Karamell-in Kuutar); Italian Corso Dog (Wendy van den Berg/Estilo Bettino Del Montagna Oro); Italian Spinone (M D Wellman and A J Cook/IR SH CH NL ch Jaspins Be My Sweetheart JW); Jack Russell Terrier – Wire-haired (Agnes Polleunis/Suzan's Pride Houplapoum); Korthals Griffon – Wire-haired (Reisa Antila/D'Wicca Dubois Du Onzion); Labradinger (Jemima Dunne/Winston); Labrador Retriever (Jenny King/Rollo and Sky); Lakeland Terrier (Mr and Mrs Friedrich-Wilhelm Schöneberg/Nujax Rising Sun At Saredon); Mallorca Mastiff (Noelle Lecoeur/Cave Canem de la Tour Gelee); Mexican Hairless (Dog's Name: Fernando du Coeur Des Tenebres); Miniature Pinscher (Yvan Hulpiau/A Dreams Black Y Cha); Miniature Schnauzer (D L and M May/By God Sir Maybe A Rumour); Norfolk Terrier (Theo and Sophie Braam/R U Kidding Me John Owen); Norwegian Buhund (M E Leoehoorn/Yrsa-Yitze Fra Den Norske); Norwich Terrier (Mr and Mrs Souply Philippe/Antares Du Taillis De La Grange Au Rouge); Old English Sheepdog (E S and C J Jones/Wenallt Wonder Why); Otterhound (Rae Ganna/Champion, French Champion, World Champion Keepcott Connoisseur); Parson Russell Terrier – Wire-haired (Katinka Stotyn/Jenny and Coldy); Pembroke Welsh Corgi (J Whitehead/Wharrytons Golden Legacy; L A Weedall/CH Bronabay Cherish The Moment JW; L A Weedall and N A Bogue/Bronabay Troopin The Colour; M Fairall, handled by Emma/Bertley Harvester); Petit Brabançon (Olga Gordienko and Patricia Blacky/Zerkalo Dushi Eminem); Pont-Audemer Spaniel (Mr and Mrs Stalter/Divora des Marais de la Risle); Poodle – Miniature

(A Corish and J Rowland/Dechine It's A Secret At Tinkersdale); Poodle – Toy (S É Martin/Philora Silver Thomas and Philora Vanilla Ice); Pyrenean Sheepdog (Per Toie Romstad/Quidam); Romanian Shepherd Dog – Carpatin (Marian Crisan/Cronos and Dog's Name: Gorun de Ovican); Romanian Shepherd Dog – Mioritic (Anne Lasti/Agada and Boss Nordic Delight); Rottweiler (Yvonne Bekkers/Munanis Enjoy); Rough Collie (J Margetts/Libby); Russian Black Terrier (Kristiane van den Driesch and Elena Graf/Christo Russkaya 12 Chigasovo); Russian Toy – Long-haired (Anna Bogdanova/Stempfort Beatrix); Russian Toy – Short-haired (Dog's Name: Malenkaya Makiya Detomasopantera); Saint Germain Pointer (Brigitte Turmel/Diwan de Rosa Bonheur; Corinne Mercier/Divine de la Noue des Aulnes); Samoyed (Chris Brookes/Kyia); Sealyham Terrier (owned by A Klimeshova bred by Olga Ivanova/Olbori Missis Marpl); Shipperke (Mrs Lefort/Buffy; Mrs Oreal/Frambois); Slovakian Pointer – Rough-haired (L A H and A J H van Heynsbergen/1X Yvka Van De Merlin Hoeve); Smooth Collie (Jane Evans/Southcombe Starman); Soft Coated Wheaten Terrier (Ammette Buscher and Alima Lammering/Duke-Camillo Vombelker-Bad); Spanish Water Dog (Dawn Galbraith/Valentisimo Neuschocoa); Standard Poodle (L Woods and J Lynn/Afterglow Tough Luck); St Miguel Cattle Dog (Noelle Lecoeur/Dolce Querida da Casa de Praia); Sussex Spaniel (Mr and Mrs J C Shankland/Jubilwell Mars At Nyrrela); Swedish Vallhund (A W M Muys/Stenrikas Ivriga IDA); Vizsla (Gillian Ellis/Finch); Weimaraner – Short-haired (C Mutlow/Risinglark Hawk Wing JW); Weimaraner – Long-haired (Kimberley Harman/Lassemista Tango); Welsh Springer Spaniel (Karolien Kemerlincke/Precious; Loyal Jada and Marian Smolenaers/Mastermind From Kind Of Magic); Welsh Terrier (PMJ Krautscheid/Nagant From Michel); Whippet (E C Walker/Shoalingam Silver Willow); White Swiss Shepherd Dog (Andre Maryse/C'Keops and Doumo); Yorkshire Terrier (S T Carruthers/Champion Frasermera Tempting Kisses JW; Margaret Comrie-Bryant/Roxanne)

Original title: THE COMPLETE DOG BREED BOOK
Copyright © 2012 Dorling Kindersley Limited,London
A Penguin Random House Company

本书由英国多林·金德斯利有限公司授权河南科学技术出版社独家出版发行

版权所有，翻印必究
著作权合同登记号：图字 16—2012—136

图书在版编目（CIP）数据

世界名犬驯养百科／（英）丹尼斯－布莱恩编著；章华民译 .—郑州：河南科学技术出版社，2014.6（2022.9 重印）
ISBN 978-7-5349-6572-2

Ⅰ.①世… Ⅱ.①丹… ②章… Ⅲ.①犬—驯养 Ⅳ.① S829.2

中国版本图书馆 CIP 数据核字 (2014) 第 050832 号

出版发行：河南科学技术出版社
　　　　　地址：郑州市郑东新区祥盛街27号　　邮编：450016
　　　　　电话：(0371) 65737028　65788613
　　　　　网址：www.hnstp.cn
策划编辑：刘　欣
责任编辑：葛鹏程
责任校对：徐小刚　张小玲
封面设计：张　伟
责任印制：张艳芳
印　　刷：鸿博昊天科技有限公司
经　　销：全国新华书店
幅面尺寸：195 mm×235 mm　　印张：22　　字数：500千字
版　　次：2014年6月第1版　　2022年9月第7次印刷
定　　价：138.00 元

如发现印、装质量问题，影响阅读，请与出版社联系并调换。

For the curious
www.dk.com

混合产品
纸张｜
支持负责任林业
FSC® C018179